Shader开发实战

[英] 凯尔·哈拉迪(Kyle Halladay)　　　著

郭华丰　韦　静　　　　　　　　　译

清华大学出版社

北　京

北京市版权局著作权合同登记号 图字：01-2021-2703

EISBN：978-1-4842-4456-2

First published in English under the title Practical Shader Development: Vertex and Fragment Shaders for Game Developers

by Kyle Halladay

Copyright © Kyle Halladay, 2019

This edition has been translated and published under licence from APress Media, LLC, part of Springer Nature.

图书在版编目(CIP)数据

Shader开发实战 / (英)凯尔•哈拉迪(Kyle Halladay) 著；郭华丰，韦静译. —北京：清华大学出版社，2021.7（2023.11重印）

书名原文：Practical Shader Development: Vertex and Fragment Shaders for Game Developers

ISBN 978-7-302-58334-9

Ⅰ. ①S… Ⅱ. ①凯… ②郭… ③韦… Ⅲ. ①图像处理软件—程序设计 Ⅳ. ①TP317.4

中国版本图书馆CIP数据核字(2021)第 102336 号

责任编辑：王 军
装帧设计：孔祥峰
责任校对：成凤进
责任印制：刘海龙

出版发行：清华大学出版社
　　　　网　　　址：http://www.tup.com.cn，http://www.wqbook.com
　　　　地　　　址：北京清华大学学研大厦A座　　邮　　编：100084
　　　　社 总 机：010-83470000　　　　　　　　邮　　购：010-62786544
　　　　投稿与读者服务：010-62776969，c-service@tup.tsinghua.edu.cn
　　　　质 量 反 馈：010-62772015，zhiliang@tup.tsinghua.edu.cn
印 装 者：三河市东方印刷有限公司
经　　销：全国新华书店
开　　本：170mm×240mm　　　印　　张：19.75　　字　　数：420千字
版　　次：2021 年 7 月第 1 版　　印　　次：2023 年 11 月第 4 次印刷
定　　价：98.00 元

产品编号：088759-01

译 者 序

Shader的中文名为"着色器"，顾名思义，它的作用可以被简单地理解为给屏幕上的物体上色。负责给屏幕上的物体填加颜色的硬件设备是GPU，编写Shader的目的就是指挥GPU工作。一听就很高级，对不对？因为普通的应用编程只会指挥CPU工作，包括游戏逻辑的开发。只有游戏开发的渲染部分才使用Shader编程。

国内游戏行业，大厂已经入局，游戏产品逐渐精细化，一个游戏项目团队中有专人负责渲染问题。最基本的需求是要实现一些特殊效果，如碧波荡漾效果、布料烧毁时的溶解效果、技能释放时的气浪等。虽然Unity这样的引擎有很多资源可用，但有的效果还是需要自己来实现。这几年国内的手游市场，不少产品都在渲染上下了很大功夫，例如《崩坏3》《原神》和《明日方舟》等。如果渲染上没什么亮点，就很难有竞争力。

说到这里，你可能已经开始急不可耐地要四处搜寻有关Shader的资料，恨不得立刻上手找一份出来。但看了一些资料甚至看了不少着色语言的语法之后，还是很迷茫，想学但是又不知道如何去学，或者学了一段时间发现捕捉不到核心点，始终感觉游离在外，无法开窍。Unity_Matrix_MVP到底是个什么矩阵？统一变量如何与游戏代码交互？

我在2006年开始接触Shader编程，那时业界才逐渐开始使用可编程管线，国内能找到的学习资料很少。当时着色器开发环境也不方便，很多情况下都是徒手编写代码，而现在有了Unity和Unreal等引擎，着色器的开发和调试能与游戏项目无缝衔接。这些改变都极大地降低了着色器开发的门槛，让更多对渲染效果感兴趣的新人轻松加入这一行列。

本书深入浅出地介绍了完成一个常见游戏需要的所有着色器技术，并通过实际的代码示例，让读者及时获得反馈，理解了原理后就能灵活运用所学技术创建自己独一无二的渲染效果。作者不拘泥于同类技术书籍的写法，舍弃入门阶段不需要知道的大量枯燥难懂的理论和公式，对初学和进阶开发人员非常友好。例如，在介绍向量运算时，没有搬出数学课本上复杂的点乘、叉乘和除法的定义，而是介绍了向量在图形学中颜色计算的使用方式，简单易懂。浮点数的细节常常能把人转晕，在调试和优化着色器介绍浮点数时，作者也不是采用经典方法；顺着作者的思路能很轻松地理解浮点数引起的精度问题。

同为读者，我深知翻译质量对阅读的重要性，本着对读者和自己负责的原则，在翻译过程中始终力求准确，在句法与修辞上再三斟酌，力求再现原著风格。但是，无论如何尽力，疏漏在所难免，敬请广大读者批评指正。

感谢隋昕审阅了第 17 章，并提出了宝贵的修改意见。感谢清华大学出版社的编辑，他们为本书的出版付出了很多心血。

译　者

作 者 简 介

　　Kyle Halladay是一名职业游戏程序员，居住在美国芝加哥市。在为游戏和建筑可视化编写着色器和构建图形技术方面，Kyle拥有七年以上的工作经验。

技术审校者简介

　　Ben Garney是The Engine Company的创始人。该公司是一家技术咨询公司，提供从产品架构和开发的实现，到兼职CTO的服务。Ben的职业生涯经历了核心员工、联合创始人和创始人。他的工作推动了数亿用户的体验，并在TED Prime舞台上展示，还被用于行星机器人研究。Ben与他人合著了*Video Game Optimization*一书，并为其他许多书籍做技术审稿。他的研究领域包括互联网视频、AR/VR、游戏引擎和工程团队领导。

致　　谢

首先，我要感谢我的妻子Sarah在我编写本书的过程中给予的所有支持。她不仅阅读了本书的初稿，并提供了有关如何使事情变得更清晰的建议，而且她还独自度过了我在电脑前伏案的所有周末，以及忍受许多个早晨我第一件事就是与她谈论这本书。

我的技术审稿人Ben Garney也值得特别感谢。尽管几乎不了解我，但他还是参加了这个项目，不仅对本书内容提供了很好的反馈意见，还从他在技术写作方面的经验提出了明智的建议。可以肯定地说，没有他，这本书将不那么完整(或准确)。

最后，我要感谢Apress团队给予我写作一本真正的实体书的机会！感谢你们一直以来花了大量的时间指导我完成本书，提供反馈意见，并让我按时完成任务。

前　　言

欢迎来到实用着色器开发。本书旨在深入浅出地介绍编写视频游戏着色器的理论和实践。编写着色器是一个非常宽泛的话题，当我刚起步时，感到非常迷茫。希望本书能够帮助你避免同样的感觉，并让你快速而自信地踏入着色器和游戏图形的广阔世界。

本书的指导思想是："木匠不需要知道如何制作扳手"。同样，你不必知道如何构建渲染引擎就可以使用着色器创建美观的视觉效果，尤其是在刚入门时。本书旨在帮助你进行实验、发挥创造力、创造有趣的事物，并希望在此过程中有所收获。为此，本书不会尝试教你如何成为图形程序员，也不会尝试提供系统的数学知识(尽管将逐步介绍一些数学知识)。相反，本书将从一开始就讨论现代游戏中如何在屏幕上放置东西，然后直接进入编写着色器，以使我们在屏幕上放置的东西看起来像我们想要的那样。将会有大量示例代码，大量图片，并且到本书结束时，将从着色器编写的基本知识转向编写与市场上一些最流行的游戏中使用相同光照的着色器。

如果在本书的最后，你决定想更深入地研究图形编程，甚至编写自己的渲染引擎，或者更复杂的着色器技术，那么本书将为你提供扎实的基础知识，为你处理更复杂的主题做准备。

0.1　本书读者对象

本书适用于想要学习如何使用着色器代码为游戏或实时应用程序创建视觉效果的任何人。假设你已经知道如何编写一些简单的 C ++代码，但这就是你阅读本书之前需要掌握的全部背景知识。将解释我们所需的所有数学运算(你会惊讶地发现其中的数学运算很少)，并从 3D网格开始，分解将使用的每种图形技术。如果你对C ++有点生疏，那也没问题！由于本书的重点是着色器开发，因此根本不会编写太多的C ++代码，并且我们即使要写也将保持尽量简单短小，不给读者增加额外的负担。

0.2 如何使用本书

第 1~12 章的重点是着色器技术的教学和介绍新的图形概念。如果你完全是初学者，建议你从第 1 章开始，并按顺序阅读所有内容。每章都基于之前的内容，因此，如果你跳过太多内容，就有可能最终迷失方向。

如果你已经掌握了一些着色器开发知识，那么直接跳到你以前从未学过的章节可能会更有趣。

第 13~15 章涉及调试和优化着色器代码。如果你是因为项目以 10fps 的速度运行而选择阅读本书，并且需要对其进行修复，那么可能更值得直接跳到那里去解决当前碰到的问题。否则，你可能会因为前几章的轻松和缓慢的节奏而感到沮丧。

第 16~18 章讨论了如何在当今使用的 3 种最流行的引擎中实现本书中所教的概念：Unity、Unreal Engine 4 和 Godot。建议你将这些保留到最后，以准备将本书中讲授的概念应用于你的项目中。

最后，本书结尾处的附录中有一些重要的代码片段，这对于本书中的某些示例是必需的。这些代码片段不是着色器代码，因此不会对其进行详细说明。

如果你在没有互联网连接的情况下阅读本书，则需要参考附录中的代码，以便跟随后续章节中的示例内容进行学习。章节的内容将告诉你何时需要那些代码。

0.3 示例代码约定

本书使用了大量示例代码。为了使讨论代码更容易，这些示例均使用编号进行了注释，如下所示：

```
int main(){
    return 0; ❶
}
```

行❶引用了返回 0 的代码行。

0.4 软件要求

由于我们将使用一个名为 openFrameworks 的开源框架(默认情况下使用 C++ 14)，因此，如果你拥有能够支持 C++ 14 的编译器，那么你的编程生活将最为轻松。我们不会使用任何C++ 14 功能，但是框架需要在幕后使用它们。如果你使用的是openFrameworks支持的IDE，你的编程生活也会更加轻松。幸运的是，支持openFrameworks的IDE很多，当完成所有设置后，你就可以自由选择你想要的IDE。

最后，我们将使用OpenGL运行所有着色器。OpenGL是一个"渲染API"，这是用来与图形卡(GPU)进行通信的一组函数。有很多不同的API供你选择，但OpenGL的优势是可在尽可能广泛的硬件上运行，并可与openFrameworks很好地集成。你应该确保GPU至少支持OpenGL 4.1，这是本书假定你正在使用的。从OS X High Sierra开始，苹果公司已不推荐在其台式PC上使用OpenGL，这意味着如果你在Mac上学习本书，则本书中的示例可能无法正常运行。

目　　录

第 1 章

初识游戏图形

在我们开始编写着色器之前，首先需要介绍一些关于游戏如何在屏幕上显示物体的背景知识，以及这一过程中使用的一些基本数学知识。本章介绍什么是渲染，以及游戏如何渲染视频游戏的帧。接着，讨论着色器是什么，以及它如何融入我们刚刚介绍(学习)的渲染过程。最后，我们将非常简短地介绍向量，它提供了在接下来的章节中编写我们自己的着色器需要的所有知识。

1.1   什么是渲染

在计算机图形学中，渲染是创建图像的过程，从一组 2D 或 3D 网格，以及有关游戏场景的信息(如灯光的位置或游戏摄像机的方向)创建图像的过程。由渲染过程创建的图像有时被称为渲染或帧，该图像每秒多次在用户的计算机屏幕上呈现。事实上，大多数游戏每秒会渲染 30～60 次新的帧(以提供电影级的流畅画面)。

许多渲染术语都是从电影中借用的，因为计算机图形学和电影制作之间的许多概念非常相似。在我们对渲染的定义中，提到了"游戏摄像机"，这是借用的术语之一。就像在电影中，摄像机的位置和方向决定了屏幕上的内容一样，游戏使用游戏摄像机的概念来表示基本上相同的东西：包含游戏场景应该从哪里观看的一个数据结构。究其本质，游戏摄像机可用一个位置和一个方向来表示。此信息用于确定游戏中哪些对象当前可见，并且需要在当前帧中渲染。

视频游戏代码中负责渲染帧的部分称为渲染引擎。如果你曾用过像 Unity、Unreal或 Godot 这样的游戏引擎，那么你已经使用过渲染引擎，即使你当时并不知道它。渲染引擎用于将网格数据转换为新帧的一系列步骤称为渲染管线(或图形管线)。稍后将讨论管线，但在这之前应该先讨论网格是什么，因为它们是管线操作的对象。

1.2 网格是什么

网格是用计算机能理解的方式描述形状的方法之一。如果你以前玩过电子游戏或看过动画电影，很可能你已经看过了很多网格。为了定义形状，网格需要存储 3 个信息：顶点、边和面。

顶点是三维空间中的点。如果只看到网格的顶点，则它看起来如图 1-1 中最左边的部分。边是连接顶点的线段。这些线段定义了顶点如何连接以形成形状。图 1-1 中间的图就是网格的边。最后，面是由 3 条边或更多边组成的二维形状。你可以将面视为网格的边所围成的空间。在图 1-1 中，最右边的球体看起来是实心的，因为网格的所有面都已填充颜色。网格的面可以是任何二维形状，但是为了速度和简单性，许多游戏引擎要求对其使用的网格进行三角形剖分(这意味着它们只包含三角形面)。

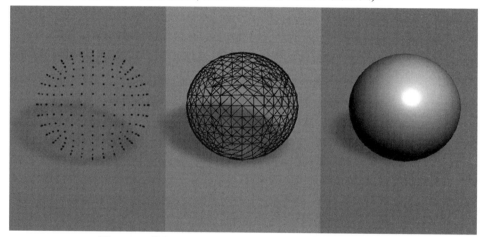

图 1-1　网格的不同成分的示例：从左到右是顶点、边和面

网格在计算机图形学中如此流行，其中的一个原因是它们在代码中定义起来非常简单。只有网格的顶点存储在内存中，而网格的边和面是由顶点的顺序隐式定义。有时顶点顺序只是网格的形状数据中顶点的存储顺序，有时它由称为索引缓冲区的数据结构定义，我们将在后面的章节中讨论。

顶点的顺序也很重要，因为它用于定义网格面的哪一侧被视为该面的二维形状的“正面”。对于本书中的所有示例，当查看网格面时，顶点是围绕该多边形的中心以逆时针顺序定义的，那么这个面就是网格面的“正面”。这里选择逆时针方向是随意的，而其他游戏或引擎可能选择使用顺时针方向作为正面。你选择的这个方向称为网格的缠绕顺序。

作为示例，假设要定义如图 1-2 所示的三角形。我们希望三角形的正面朝向我们，因此可以按(200, 200)，(400, 100)和(400, 300)顺序定义顶点。我们将在整本书中大量使用网格，因此不必担心，即使现在感觉有点抽象。我们将在第 2 章中创建自己的网格，你很快就会获得一些实际操作的经验。

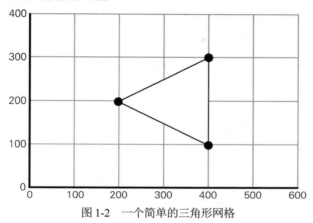

图 1-2　一个简单的三角形网格

判断面的哪一侧是正面很重要，因为许多游戏不会渲染网格面的"背面"。这是一种称为背面剔除的优化，是游戏中常用的一种优化。在比较复杂的应用场景中，有时可能需要禁用背面剔除，但对于游戏来说，启用此功能是更常见的做法。为了简单起见，本书中的示例不会启用背面剔除的功能，但了解它对于你自己的项目很重要。

需要注意的一点是，网格的顶点是使用向量定义的，这是一个非常重要的数学知识点，因为它们是着色器代码中使用的基本数据类型之一(因此，编写着色器的编程语言默认都提供向量数据类型)。我们目前不打算深入讲解向量数学，但在开始着色器探险之旅前，必须先了解一些基本知识。

1.3　向量入门

许多人首先在数学课上学习到向量，然后得到"向量是一个既有方向又有大小的量"的类似解释，这在技术上是正确的，但不是很直观。相反，可将向量看成自驾游的方向。如果需要向北行驶 3 英里才能到达下一个加油站，可以将其视为一个向量，方向为"北"，大小或长度为 3 英里。图 1-3 显示了这个向量在图上的两个例子。

需要注意的一点是，尽管两个向量位于不同的位置，但它们的方向和大小都是相同的。这是因为向量不表示任何关于位置的信息，所以它们需要一个参照点才能在空间上有意义。在图 1-3 中，根据我们的车是在位置(1, 0)还是位置(3, 1)，我们的行程向量将分别是 A 或 B。这个参考点称为向量的起点，向量的终点称为其终点。把向量看成从一个点到另一个点的运动是很常见的，这正是其名称的来源：向量的名称来自拉丁语单词

vehere，意思是"携带"，因此你可以把向量看成携带某物从一个点到另一个点。

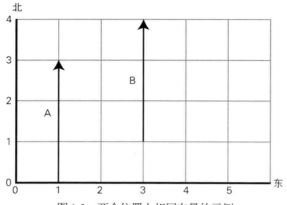

图 1-3 两个位置上相同向量的示例

尽管向量本身不表示任何位置信息，但用向量定义位置非常常见。当一个向量被用来指代某物的位置时，该向量的起始点被假定为在我们的向量所用的任何坐标系中的零点。在二维空间，这是点(0, 0)；在三维空间，这是点(0, 0, 0)等。这个"零点"被称为原点。因此，当我们说一个物体位于位置(2, 1)时，我们的意思是，如果你从原点开始，在 X 轴上移动 2 个单位，在 Y 轴上移动 1 个单位，你就会到达我们的位置。图 1-4 显示了在图上绘制位置的几个示例。

在图 1-4 中，图上的点是两个不同向量的端点，它们都从原点开始。如果在图 1-4 中添加箭头来显示这些向量，那么图 1-4 将如图 1-5 所示。

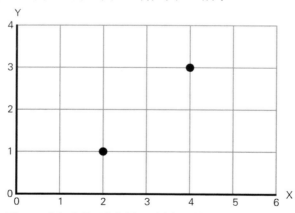

图 1-4 空间中的两个位置，通常把这样的位置表示为向量

向量通常被称为括号内的一系列数字，如(1, 2, 3)。这些数字被称为向量的分量，向量的分量数决定了我们所说的向量有多少维。一维向量将包含单个值，而三维向量将包含 3 个值。实际上，一个向量可以有任意数量的维度，但在图形中，最常见的是使用高

达四维的向量。

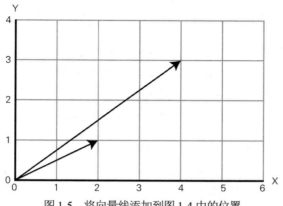

图 1-5　将向量线添加到图 1-4 中的位置

对于高达三维的向量，通常会看到它们的值以坐标轴的通用名称命名为 X、Y、Z。当使用四维向量时，通常会将最后一个值引用为 W，因此四维向量的分量通常被命名为 X、Y、Z 和 W。你经常会听到人们谈论的向量是它们所包含的分量的数量，而不是它们的维数，如果我们开始谈论"4 分量向量"而不是"四维向量"，别困惑，它们是同一回事。正如你稍后将看到的，着色器代码也按分量的数量引用向量，我们将看到许多使用 vec2、vec3 和 vec4 变量的代码，分别表示 2、3 和 4 分量的向量。

虽然向量可以处理很多事情，但是目前只需要知道 4 个操作就可以了，它们听起来应该非常熟悉：加法、减法、乘法和除法。首先讨论加减法，因为它们最直观，便于理解。回到我们的自驾游比喻：向量就像旅行过程中的阶段性目标的一个方向(即向北行驶 3 英里)，但公路旅行从来没有那么简单，总是需要行驶很多不同的路段，才能到达目的地。把向量加在一起有点像把行驶过程中的所有向量加在一起，将得到一个从起点指向终点的向量，如图 1-6 所示。

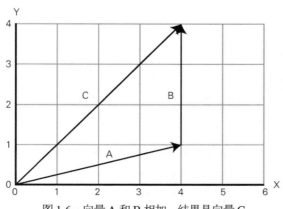

图 1-6　向量 A 和 B 相加，结果是向量 C

在图 1-6 中可以看到，我们有两个向量 A 和 B，它们首尾相连放置。标记为 C 的第三个向量是这两个向量的和。不管是按照顺序跟随 A 和 B，还是仅跟随 C，都会到达相同位置。这就是向量加法的原理。

若要将两个向量相加，请分别考虑向量的每个分量，因此结果向量的 X 值是要相加的两个向量的 X 分量之和，Y 值是 Y 分量之和。向量减法的原理与向量加法相同。如果我们用一些数学符号表示，可能更容易理解。

$$(200, 200) + (200, 100) = (200 + 200, 200 + 100) = (400, 300)$$

$$(200, 200) - (200, 100) = (200 - 200, 200 - 100) = (0, 100)$$

向量的另一个重要操作是将它们乘以一个数(称为标量)。如果把我们的道路行程向量乘以 5，就有点像是说"向北行驶 3 英里，行驶 5 次"——最终会向北行驶 15 英里，用数学符号表示，即为

$$(1, 3) \times 5 = (0 \times 5, 3 \times 5) = (0, 15)$$

一种非常特殊的向量称为单位向量，它是一个大小为 1 的向量。这些很重要，因为如果你把一个单位向量乘以任何一个数，你最终得到的向量的长度就是你乘以的数的长度，这意味着你可以很容易地表示向量方向上的任何运动长度。例如，图 1-7 显示了两个向量，其中一个是单位向量，另一个是单位向量乘以 2.5。注意，相乘后，乘积是一个长度正好为 2.5 的向量。

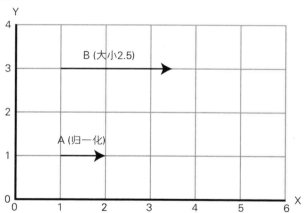

图 1-7 向量 A 是一个归一化向量。如果我们把向量乘以 2.5，我们就得到向量 B

向量乘以标量很像加法和减法，因为我们仍然只是孤立地考虑每个分量。如果我们用数学符号表示，则图 1-7 中的乘法将如下所示。

$$(1, 0) \times 2.5 = (1 \times 2.5, 0 \times 2.5) = (2.5, 0)$$

将非单位向量转换为单位向量的过程称为归一化(normalization)，通过将向量的每个分量除以该向量的大小来完成。例如，图 1-7 中的向量 B 的大小为 2.5，因为通过将单位向量乘以 2.5 创建了该向量。如果我们想重新归一化向量 B，即(2.5, 0, 0)，只需要将每个分量除以 2.5，就得到向量 A(1, 0, 0)。不必记住这一点，因为我们将使用一个特殊的着色器函数来归一化向量。现在重要的是要记住单位向量是什么，以及为什么当我们想要存储方向(而不是距离)信息时要使用单位向量。

将向量除以标量的方法与乘法相同，即将向量的每个分量单独进行除法运算。

$$(1, 2, 3)/(4, 5, 6)=(1/4, 2/5, 3/6)=(0.25, 0.4, 0.5)$$

在深入到着色器代码之前，需要知道的最后一点向量数学知识是如何用另一个向量乘或除一个向量。就像乘以标量值一样，这些操作也是按分量进行的。这些运算通常不用于存储空间数据的向量上，因此不用图形来表示，而直接使用数学符号表示，如下所示。

$$(1, 2, 3)\times(4, 5, 6) = (1\times4, 2\times5, 3\times6) = (4, 10, 18)$$
$$(1, 2, 3) / (4, 5, 6) = (1/4, 2/5, 3/6) = (0.25, 0.4, 0.5)$$

如果你学习过计算机图形学以外的向量，这两个例子可能会让你感到困惑，因为它们并不是标准向量数学的一部分。这样做的原因是，虽然向量在数学和物理中有一个非常正式的定义，但在代码中，向量只是一个有序的数字序列，有时前面的运算对某些类型的数据来说是有意义的或只是很方便。这种情况的一个例子是当向量存储颜色而不是位置和方向时。以上面的运算方式将一种颜色与另一种颜色相乘是非常有用的，但是我们现在不讨论为什么，而是在第 3 章中再详细讨论。现在，只需要知道在图形代码中用另一个向量乘和除一个向量的工作方式与前面的示例一样，即使在更大的向量数学世界中不存在这些操作。

我刚才提到将使用向量存储颜色信息。取决于你以前编写的程序的类型，向量如何存储颜色数据可能并不是众人皆知，因此下面花点时间讨论一下图形代码通常如何表示颜色。

1.4　在计算机图形学中定义颜色

在所有类型的编程中，通常是将颜色表示为 3 个值的序列，一个表示红色分量，一个表示绿色分量，一个表示蓝色分量。有时这些不同的值被称为颜色通道。有时它们表示为一系列整数(通常的取值范围是 0 表示无颜色，最大为 255)、一系列浮点数或一系列十六进制数。例如，图 1-8 显示了几种不同的颜色，以及用数字表示这些颜色的不同方法。

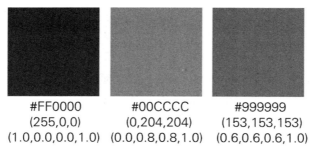

#FF0000　　　#00CCCC　　　#999999
(255,0,0)　　　(0,204,204)　　　(153,153,153)
(1.0,0.0,0.0,1.0)　　(0.0,0.8,0.8,1.0)　　(0.6,0.6,0.6,1.0)

图 1-8　程序员表示颜色的不同方法示例

在着色器中，我们几乎总将颜色视为一系列浮点数，但还会在其中添加一个数字。最后这个值表示颜色的 alpha 值。alpha 是计算机图形学中表示颜色不透明程度的术语。如果你查看 alpha 为 1 的红色箱子，你就看不到箱子里面有什么。如果把箱子颜色的 alpha 值改为 0.8，就能看到箱子的内部，或者透过箱子，就像它是由有色玻璃制成的，效果如图 1-9 所示。

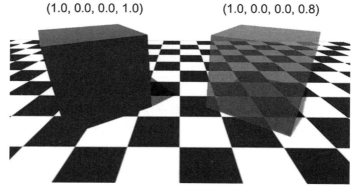

图 1-9　左边立方体的 alpha 值是 1.0，因此是实心的；右边立方体的 alpha 值是 0.8

在计算机图形学中，通常使用 4 分量向量(也称为 vec4)存储颜色数据，X、Y、Z 分量分别表示该颜色中红色、绿色和蓝色的数量，W 分量表示 alpha。当颜色的 alpha 值始终为 1 的情况下，通常将颜色表示为 vec3。如果使用向量存储颜色数据，通常将向量的分量称为 R、G、B、A，而不是 X、Y、Z、W。正如我们将开始编写自己的着色器时所见，在编写代码时可以使用这两种命名约定。

1.5　渲染管线

我们已经定义了术语"渲染管线"(rendering pipeline)。它用来表示图形卡(也称为 GPU)将网格数据转换为屏幕上的图像所需的一系列步骤。在整本书中，渲染管线非常重要，因为着色器作为管线的一部分完成其工作。我们将用几页篇幅来讨论更多关于着色器的内容，不过目前，我们知道着色器是在渲染管线的某些步骤中执行的小程序，将影响这些步骤的输出，这便已经足够。

因此，在讨论着色器的更多细节之前，至少对渲染管线的步骤要有所了解。我们不会详细讨论每个步骤(有很多步骤，并且目前我们不必担心其中的大多数步骤)，而是只考虑本书中要涉及的步骤，渲染流程如图 1-10 所示。

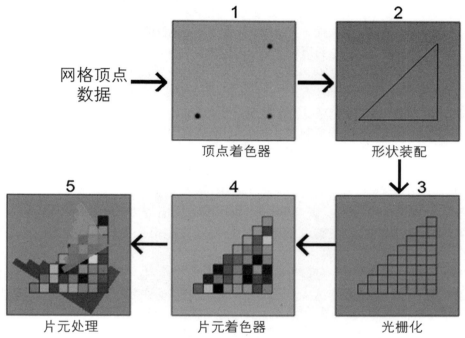

图 1-10 图形管线的简化视图，步骤的顺序由箭头和位于每个框上的数字所示

管线在 GPU 当前正在渲染的帧要考虑的每个网格上运行。一旦所有这些网格都经过管线后，我们便有了一帧图像。这些步骤只在 GPU 上运行，而图形卡对游戏如此重要的原因之一是，它们是为了尽快运行图形管线而生。

可以看到，顶点着色器是简化过的管线视图中的第一步。顶点着色器关心的是弄清楚当前正在处理的网格中的每个顶点的屏幕位置。还记得前面看到的球体网格，如果只是顶点，会是什么样子吗？顶点着色器可以确定每个顶点放在屏幕上的位置。当物体在视频游戏中移动时，这是因为该物体的位置被发送到顶点着色器，然后顶点着色器将其与其他信息(例如关于游戏摄像机位置和方向的数据)组合在一起，并使用所有这些信息来决定将该物体网格的顶点放置在屏幕上的位置。

在顶点着色器处理完网格中的所有顶点后，它会将所有数据发送到管线的下一步，即"形状装配(shape assembly)"。这个阶段负责连接刚处理过的所有顶点。本质上，这个阶段负责将网格的边(线条)放在屏幕上。

简化了的管线的下一个阶段是光栅化(rasterization)。在这个阶段，GPU 计算出网格可能占据屏幕上的哪些像素，并为这些潜在像素中的每一像素创建一个片元。片元是一种数据结构，其中包含在屏幕上绘制单个像素需要的所有信息。可以把一个片元视为一个潜在的像素，但并不是所有的片元最终都会变成屏幕上的像素。

光栅化步骤对网格的表面一无所知，需要片元着色器的帮助来填充关于每个片元需要什么颜色的信息，因此它将所有片元发送到管线中的下一步，在此，我们的代码将填充该信息。几乎可将片元着色器看作是为"形状装配"步骤中创建的线条着色。

在屏幕上显示图像之前还有一个步骤，在图中把它标记为"片元处理"，这个阶段的管线有两个主要作用：片元测试和混合操作。片元测试包括决定将哪些片元放在屏幕上，以及丢弃哪些片元。片元是为网格生成的，没有任何关于场景其余部分的信息，这意味着 GPU 通常创建的片元比屏幕要填充的像素多。例如，如果玩家注视着一堵后面有一辆跑车的砖墙，GPU 将创建跑车将填充的所有像素的片元(就如同墙根本不存在)，以及墙覆盖的所有像素的片元。直到管线的"片元处理"阶段，我们才知道哪些片元将出现在屏幕上，哪些将被丢弃。片元混合允许图 1-9 中的 alpha 立方体将其颜色与后面的片元混合。混合功能非常有用，但由于稍后将用一整章的篇幅讨论它，在这里就不过多地讨论了。

片元处理步骤完成后，帧就可以显示在屏幕上。请记住，这些只是渲染管线中开始编写着色器时需要考虑的步骤，真正的渲染管线还有其他许多步骤，但现在没有理由关心它们。

1.6　着色器是什么

在上一节中，简要介绍了着色器是什么，但现在我们有了足够的背景知识来真正定义它。着色器是在图形卡上执行的程序，这与人们编写的大多数程序不同，后者通常由 CPU 执行。这意味着着色器可以做一些常规程序做不到的事情。就我们的目的而言，它们可以做的最重要的事情是控制部分渲染管线。不管渲染的是哪种类型的物体，很多管线都保持不变，例如 GPU 总以相同方式从顶点生成形状，但是着色器允许我们控制管线的关键部分，以创建完全符合我们要求的游戏和应用程序。

在管线的不同阶段运行的着色器的名称不同。如图 1-10 所示，我们将重点关注顶点着色器和片元着色器。这些是最常用的着色器类型，因为它们是将物体经过渲染管线处理然后显示在屏幕上所需的最低要求。由于管线的每个阶段都不同，因此为每个阶段编写的着色器也不同：不能使用顶点着色器进行片元处理，反之亦然。不要太在意着色器被定义为"程序"这一事实,虽然这是正确的定义,但我认为当你第一次入门时,这有点令人困惑。完全可将它们视为 GPU 运行的一部分代码,而不用太拘泥于正确的术语。

着色器使用一种被称为"着色器语言"的专门编程语言编写,有很多着色器语言,但实际上它们都非常相似。一旦你熟练使用其中一种,学习其他的就不难了。由于本书使用 OpenGL 作为图形库,因此将使用 GLSL(OpenGL Shading Language,OpenGL 着色语言)。这种语言看起来很像 C 语言,这意味着可以快速上手,而不必学习其语法方面的基础知识。

本章讨论了很多理论,现在我们终于准备好开始编写自己的应用程序了!

1.7　小结

以下是本章内容的简要总结:

● 网格是顶点位置的集合,用于在 3D 游戏或应用程序中定义 3D shape。

● 向量是由两个或多个浮点组成的数据结构,将使用它存储位置、方向和颜色数据。

● 颜色通常表示为一个 4 分量向量,最后一个分量存储 alpha,这是不透明度的图形术语。

● 可以对向量执行加、减、乘、除运算。所有这些运算都以分量方式完成。

● GPU 按照称为"渲染管线"的一系列步骤在屏幕上生成图像。我们详细介绍了这个过程中的步骤,这些步骤在全书中都至关重要。

● 着色器是在渲染管线的某些步骤中执行的程序,用于控制这些步骤的输出。

第 2 章

第一个着色器

现在该开始构建着色器了！正如之前提到的，本书不会涵盖从头开始编写渲染引擎所需的代码(因为大多数人都有机会使用提供了渲染引擎的游戏引擎)。然而，本书并不是限制在一个特定的游戏引擎中开发着色器。除了使用 Unity、UE4 或 Godot 之类的工具外，我们将使用一个名为 openFrameworks 的创意编码框架。openFrameworks 的优势在于它足够小，刚好"足以"让我们专注于着色器，而又不像一个完整的游戏引擎那么复杂。它也是完全开源的，由麻省理工学院授权，可在每一个主流操作系统上使用。希望无论你使用什么平台，或着色器开发的最终目标是什么，openFrameworks 都能为你服务。

首先，请访问 http://openframeworks.cc/download/并下载 openFrameworks。本书使用的是 0.10.0 版本，为了顺利地阅读和试验代码，请你也尽量使用这个版本。openFrameworks 只提供源代码，如何构建框架并用它创建项目，这取决于你使用的操作系统和 IDE。预计大多数读者都将使用 Windows 和 Visual Studio，因此将详细介绍这种情况。这将是本书关注单一平台的为数不多的几次之一，如果你使用的是其他平台，不必担心。如果你使用的不是 Windows，openFrameworks 为它们支持的每个平台都提供了安装指南。返回到下载页面，你应该在"Setup Guides"标题下找到操作系统的链接。然后，不要按照本书的下一节进行操作，而是根据你的实际情况按照安装指南中的步骤进行操作。Windows 和 Visual Studio 的读者，请根据本书下一节进行安装。

2.1 在 Windows 上安装

在 Visual Studio 中设置常规项目和使用 openFrameworks 之间最大的区别是 openFrameworks 附带的项目生成器(project generator)应用程序。这是一个小型实用程序，用于创建新的 Visual Studio 项目，使创建的新项目与 openFrameworks 正确链接，并且含有创建一个窗口所需的最少代码量。这使得上手 openFrameworks 比使用大多数第三方代

码要容易得多。下面列出需要执行的所有步骤:

(1) 将你从 openFrameworks 下载的压缩包解压缩到你想放的硬盘上的任何位置。

(2) 导航到 projectGenerator-vs 文件夹并运行 projectGenerator.exe。应该显示一个窗口,询问一些项目设置的详细信息,例如项目名称和文件路径。

(3) 输入项目的名称,指定项目的放置位置。然后单击 Generate 按钮。

(4) 应该会显示一个新界面,其中包含一个标记为 "Open in IDE" 的按钮。单击该按钮,将打开一个 Visual Studio 解决方案,其中包含两个项目,一个是 openFrameworks 库;另一个是你的项目。

(5) 为刚创建的项目构建解决方案(这还会自动构建 openFrameworks),然后运行它。你的程序将包含一个灰色窗口。如果你看到了这个窗口,则说明已准备好了。

2.2 创建项目

从现在开始,将假设你已经创建了一个 openFrameworks 项目,并且你将在自己的代码中跟随示例学习。默认情况下,新的 openFrameworks 项目将有 3 个源代码文件:main.cpp、ofApp.h 和 ofApp.cpp。main.cpp 包含程序的 main()函数,负责创建一个 ofApp 类型的对象,然后告诉该对象从那里接管应用程序。如果对 main()函数不做任何操作,它将创建一个配置为使用 OpenGL 2.0 版本的 ofApp 对象。OpenGL 是一种 "渲染 API",它是指一组可以用来与 GPU 通信的函数的术语。有很多不同种类的 API 可供选择,但是 OpenGL 的优点是可以在尽可能广泛的硬件上运行,并可以与 openFrameworks 很好地集成。不过,我们将使用比 OpenGL 2.0 更现代的工具,因此需要稍微修改 main()函数来指定要使用的 OpenGL 版本。main()函数起初应该如代码清单 2-1 所示。

代码清单 2-1 初始 main() 函数

```
#include "ofMain.h"
#include "ofApp.h"

int main( ){
    ofSetupOpenGL(1024,768,OF_WINDOW);❶
    ofRunApp(new ofApp());
}
```

默认情况下,从 main()中的两个函数调用开始。第一个(见❶)是设置 OpenGL 并创建窗口,应用程序将在其上显示帧画面。接下来,调用 ofRunApp()将控制流程传递给 ofApp 对象。请注意,openFrameworks 提供的函数都以 of 作为前缀,这使它们很容易与为示例编写的代码区分。

现在，main()很好而且很简单，但遗憾的是，为了配置 OpenGL 版本，需要多写一些代码。为此，需要用代码清单 2-2 中的代码片段替换❶行。

代码清单 2-2　设置窗口以使用 GL 4.1

```
ofGLWindowSettings glSettings;
glSettings.setSize(1024, 768);
glSettings.windowMode = OF_WINDOW;
glSettings.setGLVersion(4, 1);
ofCreateWindow(glSettings);
```

这应该是正确设置需要对 main()执行的所有操作。我们将在另外两个文件(ofApp.h 和 ofApp.cpp)中花费更多时间，因为这些文件用于主函数创建的 ofApp()对象。生成的默认 ofApp 文件已经包含一些来自基类(ofBaseApp)的函数重载，可使用这些函数响应 openFrameworks 事件。默认情况下，所有这些重载都是空函数，但随着示例变得更复杂，我们将填充它们。

首先，查看 ofApp.cpp 中的 setup()函数。构造 ofApp 对象时将会调用此方法，它是加载资源或创建对象的好位置，它们将用于渲染应用程序的第一帧。我们知道着色器控制着渲染管线的各个阶段，以及渲染管线操作的对象是网格，因此首先要在 setup()函数中编写创建网格的代码。

2.3　创建第一个三角形

openFrameworks 中表示网格的类是 ofMesh。创建一个 ofMesh 并向其添加顶点非常简单，所需的只是使用其默认构造函数创建一个 ofMesh 对象，并以 3 分量向量的形式向该对象的 addVertex()函数提供顶点位置。openFrameworks 使用数学库 GLM 来处理向量数学，因此 vec3 数据类型来自 glm 命名空间，如代码清单 2-3 所示。

代码清单 2-3　创建一个三角形网格

```
void ofApp::setup()
{
    ofMesh triangle;
    triangle.addVertex(glm::vec3(0.0, 0.0, 0.0));
    triangle.addVertex(glm::vec3(0.0, 768.0f, 0.0));
    triangle.addVertex(glm::vec3(1024.0, 768.0, 0.0));
}
```

上面就是创建第一个网格所需的全部代码，但遗憾的是，这还不足以让我们在屏幕上看到它。为此，需要修改 ofApp 的 draw()函数。此函数每帧调用一次，并负责记录一系列命令，作为渲染管线的一部分，GPU 将执行这些命令。

令人困惑的是，ofMesh 类也有一个名为 draw()的函数，将使用它告诉 GPU 希望它在这一帧中绘制网格。最方便的做法是将三角形的声明移到文件头部，然后在 ofApp 的 draw()中调用网格的 draw()。如代码清单 2-4 所示。

代码清单 2-4　绘制三角形网格

```
void ofApp::draw()
{
    triangle.draw();
}
```

如果我们不指定任何自己的着色器，openFrameworks 会为网格提供一个默认的顶点和片元着色器。这些默认着色器将顶点坐标变换为屏幕像素坐标，并将网格渲染为白色实心(solid)形状。如果现在运行应用程序，会看到一个白色的三角形覆盖了一半屏幕，而另一半是灰色的，如图 2-1 所示。

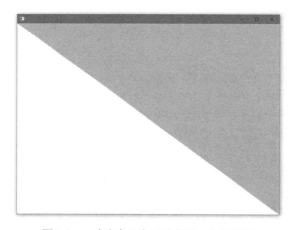

图 2-1　一个白色三角形遮住了一半的窗口

我们用 Y 轴坐标值 768 创建的两个顶点位于屏幕底部。在 OpenGL 中，像素坐标从屏幕左上角开始，Y 轴向下为正方向。这意味着如果我们想把一个顶点放在屏幕的右上角，可以把它放在坐标(1024.0,0)处。这可能有点混乱，让我们修改一下程序，动手测试屏幕像素坐标。

我们将修改 keyPressed()函数，下面移动三角形的一个顶点以响应按键。将代码清单 2-5 的代码添加到 ofApp.cpp 文件。

代码清单 2-5　移动三角形以响应按键

```
void ofApp::keyPressed(int key)
{
    glm::vec3 curPos = triangle.getVertex(2);
    triangle.setVertex(2, curPos + glm::vec3(0, 20, 0));
}
```

代码清单 2-5 中的代码将导致每次按键盘上的键时，三角形的右下顶点向上移动 20 像素。完成该试验后，尝试修改用于移动顶点的向量，使其不是向上移动，而是向左移动(朝向左下角的顶点)。

着色器编写涉及许多不同的坐标系，我们将很快介绍另一个坐标系，现在花点时间确保你对屏幕像素坐标如何与屏幕上的位置匹配有很好的掌握是很重要的。接下来，将用自己的顶点和片元着色器替换默认的 openFrameworks 着色器，因此一旦你掌握了上面的示例代码，就可以开始编写第一个着色器了！

2.4　第一个顶点着色器

着色器代码通常放在与 C++代码分离的文件中。按照惯例，GLSL 中的顶点着色器存储在扩展名为.vert 的文件中，通常放置在与存储图像或网格等资源相同的文件夹中，而不是代码文件所在的文件夹中。这是因为着色器与所有其他类型的资源一样在运行时加载。对于 openFrameworks 应用程序，资源目录是 bin/data 文件夹。在此处创建一个名为 first_vertex.vert 的新文件，然后打开它。

通过示例代码介绍新的编程语法效果更好，因此下面先看看最简单的顶点着色器，然后讨论每一行代码。首先，将代码清单 2-6 中的代码复制到顶点着色器文件中。

代码清单 2-6　第一个顶点着色器

```
#version 410 ❶

in vec3 position; ❷

void main()
{
    gl_Position = vec4(position, 1.0); ❸
}
```

我们将介绍每一行代码，但在深入研究细节之前，对事情有一个总体认识将有助于之后的理解。顶点着色器告诉管线的其余部分网格的每个顶点在屏幕上的位置。顶点着色器每次只操作一个顶点，并且不知道网格的其他顶点的信息，除非手动为它们提供该数据。上面所示的顶点着色程序只是获取每个顶点的位置，然后不加修改地将其传递给管线的其余部分。有了上述认识后，再来逐行查看该顶点着色器是如何工作的。

2.4.1　#version 预处理器指令

首先声明将使用哪个版本的 GLSL(见❶)。本书将始终使用 410 版，它对应于 OpenGL 4.1 版。如果将来要编写使用更新版本 GLSL 中引入功能的着色器，则可以更改此行以指定所需的 GLSL 版本。本书中，编写的每个着色器的第一行都与这里的第一行相同。

2.4.2　GLSL 的 in 关键字

第 2 行是声明网格信息的地方，顶点着色器将使用这些信息完成其工作。由于网格只有位置数据，因此这就相当简单。只需要指定期望的是 3 分量向量(GLSL 称之为 vec3)的位置数据，因为网格的每个顶点现在只是一个 3 分量向量。如果你以前从未见过着色器代码，那么此行可能有两个难点：in 关键字和变量的数据类型。

in 关键字是 GLSL 特有的。它用于指定着色器希望从渲染管线的上一步接收哪些数据。对于顶点着色器，渲染管线中的上一步是 GPU 将应用程序提供的网格数据转换为可由顶点着色器以及管线后面阶段读取的格式。在❷处，期望顶点着色器用来处理一个由 3 分量向量组成的顶点，并且希望将该 vec3 存放在一个名为 position 的变量中。

GLSL 还有一个 out 关键字，用于声明我们希望在管线的下一阶段可用的变量。当我们学习片元着色器时，将详细讨论 out 变量。

2.4.3　GLSL 的 vec 数据类型

下面进一步讨论用来存储位置数据的数据类型。与 C++代码不同，不必使用像 GLM 这样的数学库来给向量提供数据类型。向量是着色器代码中不可或缺的一部分，因此它们是 GLSL 中内置的数据类型。就像 C++代码中的 GLM vec3，GLSL 中的 vec3 只是 3 个浮点值的集合，分别称为 x、y 和 z。此外，GLSL 还提供了 vec2 和 vec4 数据类型(如❸处所示)。

很多着色器代码都涉及操作向量，因此 GLSL 提供了一些便利，使我们的编程生活更轻松。其中之一是能够使用较小的向量作为较大向量的构造函数的一部分，就像❸处代码所示。在示例代码中，将位置 vec3 传递给 vec4 的构造函数。这允许使用 vec3 的 x/y/z 分量，然后手动指定 vec4 的 w 分量，对于位置数据，w 分量始终是 1.0。为什么需要将位置向量转换为 vec4，这涉及很多数学知识，但我们不必对此进行深入研究。我们有很多着色器编程知识要学习，因此此刻不适合再引入过多的数学课程。

2.4.4　写入 gl_Position

我们知道 GLSL 使用 out 关键字定义要从着色器传递到渲染管线的下一阶段的数据，但这并不是着色器输出信息的唯一方式。GLSL 还定义了一些特殊的"内置变量"，用于不同用途。gl_Position 变量是这些特殊变量之一，用于存储顶点着色器要发送到管线的其余部分的位置数据。我们编写的每个顶点着色器都涉及将 vec4 写入 gl_Position。

2.4.5　归一化的设备坐标

上面已经涵盖了顶点着色器中的所有代码，但如果现在运行这个顶点着色器，结果将不是期望的那样。这是因为默认的 openFrameworks 着色器做了一些额外的工作，以使顶点坐标与屏幕像素位置相匹配。而顶点着色器不会自动这样做。因此，从顶点着色器输出的位置应该是归一化的设备坐标。

本章前面讨论了屏幕像素坐标，它将位置(0, 0)放在窗口的左上角，将位置(1024, 768)放在窗口的右下角。使用这个坐标系的一个问题是它依赖于分辨率。如果窗口是 800 像素宽，400 像素高，那么窗口的右下角将是位置(800, 400)，而不是(1024, 768)。这意味着具有相同像素坐标的顶点将在不同屏幕或窗口大小上的显示方式不同。归一化的设备坐标通过将所有尺寸的屏幕映射到同一组坐标来解决此问题。如果我们想在屏幕上方放置一个网格，用归一化设备坐标标记屏幕位置，那么该网格将如图 2-2 所示。值得注意的是，图 2-2 显示了 OpenGL 如何处理归一化的设备坐标。其他图形 API 会以不同方式处理它们。

归一化的设备坐标解决了之前使用屏幕像素坐标的问题，因为无论屏幕大小如何，归一化的设备坐标都保持不变。例如，在不知道屏幕大小或形状的情况下，可以确定，如果我们想要一个顶点在屏幕的中心，它应该在坐标(0, 0)处。如果希望当前顶点着色器输出与前面看到的三角形相同(3 个顶点在屏幕的 3 个棱角上)，则需要修改 setup()方法以指定归一化的坐标中的顶点位置。代码如代码清单 2-7 所示。

代码清单 2-7　指定归一化的设备坐标中的顶点位置

```
void ofApp::setup(){
    triangle.addVertex(glm::vec3(-1.0f, 1.0f, 0.0f));
    triangle.addVertex(glm::vec3(-1.0f, -1.0f, 0.0f));
    triangle.addVertex(glm::vec3(1.0f, -1.0f, 0.0));
}
```

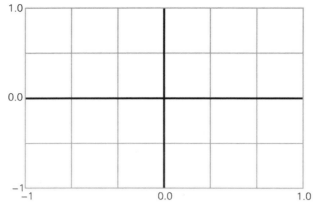

图 2-2   将归一化设备坐标覆盖在窗口上的情形

注意，必须交换所有顶点的 Y 分量上的符号。这是因为 Y 轴的方向在像素坐标和归一化的设备坐标之间是不同的。

如果我们不想修改网格的顶点位置，可改用顶点着色器来执行与默认 openFrameworks 着色器相同的数学运算，将顶点位置从屏幕像素坐标转换为归一化的设备坐标。这需要一些简单的数学知识(如代码清单 2-8 所示)。为简单起见，代码清单 2-8 硬编码了应用程序窗口的尺寸(1024,768)。如果你想在一个更大的应用程序中使用这个方法，可以把这些尺寸从 C++代码传递给着色器，这样就可支持不同的分辨率。

代码清单 2-8   如何从像素位置转换为归一化的设备坐标

```
void main() {
    float x = (position.x / 1024.0) * 2.0 - 1.0;
    float y = (position.y / 768.0) * 2.0 - 1.0;
    gl_Position = vec4(x, y, 0.0, 1.0);
}
```

虽然代码清单 2-8 可以工作，但网格使用归一化设备坐标比使用像素坐标要常见得多。因此，从现在起，我们将始终在归一化的设备坐标中指定顶点位置，而不是在着色器代码中将屏幕像素位置转换为归一化的坐标。

这就准备好顶点着色器了，但这还不足以让我们在屏幕上看到任何东西。现在该继续下一个着色器了。

2.5   第一个片元着色器

与顶点着色器一样，片元着色器不会同时对网格的所有片元进行操作，也是每次只处理一个片元，其主要工作是确定每个片元应该是什么颜色。请记住，"片元"是计算机图形学术语，指在计算机屏幕上填充 1 像素所需的信息。

为此，第一个片元着色器将把三角网格生成的每个片元的颜色设置为红色。和之前一样，先提供着色器的全部代码来实现这一效果，然后再讨论它。片元着色器通常存储在扩展名为.frag 的文件中。如果你正在按照示例进行操作，请在项目的 bin/data 目录中创建一个名为 first_fragment.frag 的新文件，然后将代码清单 2-9 中的代码复制到其中。

代码清单 2-9　输出红色的片元着色器

```
#version 410
out vec4 outColor;

void main(){
    outColor = vec4(1.0, 0.0, 0.0, 1.0);
}
```

在浏览了顶点着色器之后，感觉上面的代码有点熟悉。片元着色器和顶点着色器最大的区别是，没有内置的变量用于写入数据，因此需要声明我们自己的变量。为此，需要使用 out 关键字声明一个变量，我们在前面简单地提到了这个关键字，现在需要深入探讨它。

GLSL 的 out 关键字

我们已经讨论过 in 关键字，以及如何使用它指定一个在渲染管线的上一阶段写入的变量。out 关键字的含义相反。使用 out 限定符声明的变量由当前着色器写入，然后传递到管线的后期阶段。在代码清单 2-9 中，使用了一个 out 变量将每个片元的颜色传递给管线的后期阶段，以便这些颜色能够显示在屏幕上。

顶点着色器有一个内置的变量要写入，而片元着色器需要定义自己的 out 变量，这似乎很奇怪。在旧版本的 OpenGL 中，片元着色器也有一个内置变量可以写入。随着 API 的发展，它被删除了，以使着色器编写者能更灵活地使用片元着色器。我们在本书中编写的片元着色器将始终输出单一颜色。然而，许多现代视频游戏将片元着色器使用得出神入化，它们输出多种颜色，有时甚至根本不输出颜色。

2.6　在项目中使用着色器

现在已经讨论了使用 out 变量输出颜色值，已经正式完成了第一组着色器的编写！是时候将它们加载到应用程序中并开始使用它们了。openFrameworks 用来存储和处理着色器代码的类是 ofShader，将在 ofApp.h 中声明该类型的成员变量。这意味着头文件现在应该包含代码清单 2-10 中的两个成员变量，分别用于网格和着色器。

代码清单 2-10　用于保存网格和着色器的成员变量

```
ofMesh triangle;
ofShader shader;
```

在 ofApp.cpp 中，需要告诉 ofShader 对象使用刚刚编写的着色器。如果你采纳了我的建议，并将两个着色器放在项目的 bin/data 目录中，这将非常容易(见代码清单 2-11)。

代码清单 2-11　将着色器文件加载到 ofShader 对象中

```
void ofApp::setup(){
    triangle.addVertex(glm::vec3(-1.0f, -1.0f, 0.0f));
    triangle.addVertex(glm::vec3(-1.0f, 1.0f, 0.0f));
    triangle.addVertex(glm::vec3(1.0f, 1.0f, 0.0));
    shader.load("first_vertex.vert", "first_fragment.frag"); ❶
}
```

当告诉 GPU 渲染网格时，首先需要指定要使用哪些着色器渲染网格。由于需要同时设置所有这些着色器，因此从 API 的角度看，将它们存储在一个对象中是有意义的，这样就可以用一个函数调用绑定它们。为此，ofShader 对象可同时存储顶点着色器和片元着色器。可以在❶处看到如何将着色器文件加载到 ofShader 变量中。给 ofShader 的 load() 函数指定的路径是相对于应用程序的 bin/data 目录的，因此，如果你将 shader 文件放在此处，则可以使用它们的文件名来引用它们，就像此处的例子一样。

加载着色器后，需要告诉程序在渲染三角形时使用它们。这需要对先前的 draw() 函数做一点修改。代码清单 2-12 显示了需要进行的更改。

代码清单 2-12　在绘图函数中使用着色器

```
void ofApp::draw(){
    shader.begin(); ❶
    triangle.draw();
    shader.end(); ❷
}
```

每次调用 ofMesh 的 draw() 函数时，都会告诉 GPU 在下一帧中渲染网格，这意味着它需要向渲染管线发送网格的数据。在图形术语中，这被称为"发出绘制调用"，因为我们告诉 GPU 绘制一个特定的东西。

　　为了使用一组特定的着色器来渲染网格，需要在对该网格发出绘制调用之前发出要使用的着色器的信号。这称为"绑定"一组着色器。在 openFrameworks 中，这是通过 begin()函数完成的，如❶处所示。一旦绑定了要使用的着色器，就可以自由地为需要使用绑定的着色器的每个网格发出 draw()命令。当需要完成绘制或者更改正在使用的着色器时，需要告诉 GPU 停止使用当前的着色器，这是使用 end()函数完成的，如❷处所示。

　　完成这些更改后，应该能够运行该程序，并看到一个漂亮的红色三角形覆盖了一半窗口。如果这就是你所看到的画面，则意味着你已经成功地编写并使用了第一个着色器！显示单色就如此令人兴奋。为什么不把三角形稍微装饰一下，让它显示更多颜色呢？你将看到如图 2-3 所示的画面。

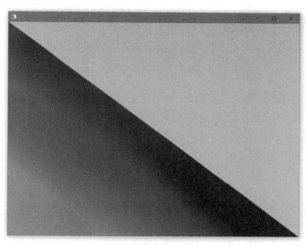

图 2-3　炫酷

2.7　使用顶点属性添加颜色

　　我们要创建一个三角形，它显示很多不同的颜色。为此，可为网格中的 3 个顶点分别指定一种颜色，分别是纯红色、纯绿色和纯蓝色。然后在片元着色器中，可以混合这3 种颜色，具体取决于片元离每个顶点的距离。靠近一个顶点的片元将获得该顶点的更多颜色，这就是最终得到图 2-3 中的三角形的方法。

　　只有两种方法可将信息从 C++代码传递到渲染管线，而使数据逐顶点变化的唯一方式是通过网格的顶点数据。目前，网格顶点的唯一数据是位置数据，但我们并不局限于此。只要网格中的每个顶点都有相同数量的数据，就可以在网格的顶点上自由存储任何需要的数值数据。存储颜色是一个常见的例子，借助 openFrameworks 很容易做到这一点。

在图形术语中，这称为向网格添加"顶点属性"。为此，需要再查看 ofApp.cpp 文件中的 setup()方法，并向网格添加几行代码以创建逻辑，如代码清单 2-13 所示。

代码清单 2-13　向网格添加顶点颜色

```
void ofApp::setup(){

    triangle.addVertex(glm::vec3(-1.0f, -1.0f, 0.0f));
    triangle.addVertex(glm::vec3(-1.0f, 1.0f, 0.0f)); ❶
    triangle.addVertex(glm::vec3(1.0f, 1.0f, 0.0f);

    triangle.addColor(ofFloatColor(1.0f, 0.0f, 0.0f, 1.0f));
    triangle.addColor(ofFloatColor(0.0f, 1.0f, 0.0f, 1.0f)); ❷
    triangle.addColor(ofFloatColor(0.0f, 0.0f, 1.0f, 1.0f));

    shader.load("first_vertex.vert", "first_fragment.frag");
}
```

用于向网格添加颜色的函数是 addColor()。调用此函数的顺序必须与定义顶点的顺序相同。如果希望创建的第二个顶点(❶处)是绿色顶点，必须确保绿色是添加到网格的第二个颜色(❷处)。addColor()函数使添加颜色操作非常简单，但它也使顶点的颜色看起来与顶点位置数据不同，这有点误导人。就 OpenGL 而言，mesh 只是一组数字数据。GPU 没有位置或颜色的概念，需要编写知道如何使用这些数据的着色器代码。

现在网格具有多个顶点属性，需要跟踪这些属性的顺序，以便不会试图从错误的位置读取数据，例如试图从位置数据读取顶点颜色。顶点属性的顺序是由 openFrameworks 设置的，因此不必将其告知 OpenGL(openFrameworks 为我们做了这件事)，但是必须调整顶点着色器，以便它知道如何解释它接收到的顶点数据。这可以通过 GLSL 的布局限定符来完成。布局限定符语法告诉着色器顶点数据的顺序，对于当前的示例，代码如代码清单 2-14 所示。

代码清单 2-14　读取顶点颜色，并将其传递给片元着色器

```
#version 410

    layout ( location = 0 ) in vec3 pos; ❶
    layout ( location = 1 ) in vec4 color;

    out vec4 fragCol;
void main(){
    gl_Position = vec4(pos, 1.0);
```

```
    fragCol = color; ❷
}
```

在本例中，使用布局限定符指定顶点存储数据首先具有位置属性(❶)，然后具有颜色属性。由于这与刚刚定义网格时使用的顶点数据布局相匹配，因此着色器能正确解析比以前更复杂的顶点。

代码清单 2-14 显示顶点着色器第一次有 out 变量。到目前为止，该着色器中的唯一输出是内置的 gl_Position 变量。现在，输出的数据专门用于片元着色器，因此需要手动指定将它作为输出。

片元着色器也需要一个新变量。由于顶点着色器在管线中处于较早的阶段，因此片元着色器的新变量需要标记为 in；因为该变量中的数据将来自管线的上一个步骤。片元着色器中的 in 变量必须与顶点着色器中的 out 变量具有完全相同的名称，否则 GPU 将不知道如何连接它们。添加这个新变量后，片元着色器应该如代码清单 2-15 所示。

代码清单 2-15　从顶点着色器接收统一变量(uniform)，并将其作为颜色数据输出

```
#version 410

in vec4 fragCol; ❶
out vec4 outColor;

void main() {
    outColor = fragCol; ❷
}
```

如果使用代码清单 2-14 和 2-15 中的着色器运行程序，将看到彩虹三角形。考虑到我们所做的只是在顶点上定义了 3 种颜色，但最终却在屏幕上显示了很多不同的颜色，这似乎有点奇怪。实现这一效果的处理称为片元插值。

2.8　片元插值介绍

在我们的示例项目中，网格中只有 3 个顶点。这意味着顶点着色器只向 GPU 发送 3 个位置：网格上每个点一个。GPU 使用这 3 个点生成在屏幕上渲染实心三角形需要的所有片元。由于这些片元位于顶点之间，因此 GPU 需要决定将哪个顶点的输出数据发送到哪个片元。GPU 不是只提取一个顶点，而是从构成片元所来自的面的所有 3 个顶点获取数据，并将 3 个顶点的数据混合起来。此混合在网格的面上始终是线性的，并且从不使用来自多个面上的顶点或片元的信息。此混合过程的计算机图形学术语是片元插值 (fragment interpolation)。可在图 2-4 中看到这个例子。

25

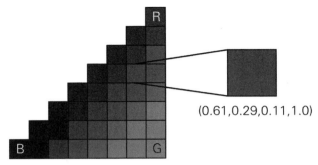

(0.61,0.29,0.11,1.0)

图 2-4　片元插值的一个例子

当查看图 2-4 时，假设顶点正好位于标记为 R、G 和 B 的片元的中心。可以看到为这 3 个顶点之间的位置生成的片元的颜色值是构成此网格面的 3 个顶点的组合。图 2-4 中高亮显示的片元并不完全在三角形的中心，它更接近顶点 R，因此包含了更多的红色顶点的颜色。片元着色器的所有 in 变量都是以这种方式从顶点数据中插值的值。

使用顶点数据和片元插值对于需要在逐顶点或逐片元进行更改的数据非常有用，但是对于根本不需要更改的数据呢？如果想让每个顶点存储相同的颜色，那么给每个顶点添加颜色信息将是非常浪费的。这就是在所有顶点和片元上保持不变的数据会以不同方式处理的原因，将在本章结束之前介绍这些方式。

2.9　统一变量介绍

已经讨论了使用顶点属性将数据导入渲染管线，但是修改顶点数据是一个非常缓慢的过程，我们并不希望每帧都做这样的修改。例如，每当玩家与网格交互时，更改网格的颜色对于顶点颜色是非常麻烦的。对于这些情况，还有一个重要的方法，可从 C++ 代码中将数据传入管线：统一变量(uniform variable)。这些变量可由 C++ 代码设置，而不必修改任何顶点数据，并且通常是用于指定在绘制网格时使用的数据的更便捷的选择。根据正在使用的引擎或图形 API，你还可能见到统一变量被称为着色器常量、着色器属性或着色器参数。

统一变量在网格中的每个顶点和片元上保持不变。与目前使用的 in 和 out 变量不同(in 和 out 变量取决于从管线的前一个阶段发送的数据)，统一变量是相同的，无论它们在管线中从何处读取，也从不进行插值。这意味着不可能用它们制作彩虹三角形，但如果只想为三角形选一个纯色，它们就是完美选择。

下一个例子正是这样做的。代码清单 2-16 显示了如果想使用一个统一变量来渲染一个纯色三角形，片元着色器会是什么样子。

代码清单 2-16　使用统一变量设置片元颜色

```
#version 410

uniform vec4 fragCol;    ❶
out vec4 outColor;

void main(){
    outColor = fragCol;
}
```

这个新的着色器和为彩虹三角形编写的着色器之间的唯一区别是用于 fragCol(❶处)的变量类型。对这个变量使用 uniform 关键字告诉 GPU，每个片元的这个值都是相同的，将从渲染管线外部设置它的值。这意味着不再需要顶点着色器将颜色信息传递给片元着色器，因此将返回并清理顶点着色器。完成后，顶点着色器应该如代码清单 2-17 所示。

代码清单 2-17　清理好的顶点着色器

```
#version 410
layout ( location = 0 ) in vec3 pos;
void main()
{
    gl_Position = vec4(pos, 1.0);
}
```

现在只在位置 0 使用了顶点属性，从技术角度看，不需要在前面的代码中使用布局说明符。然而，网格仍然有顶点颜色信息，即使不使用它，并且明确指定着色器期望的数据也不会有任何不良影响。

在 C++中设置统一变量的值非常简单，只需要在 ofApp.cpp 文件的 draw()方法中添加一行新代码即可，如代码清单 2-18 所示。

代码清单 2-18　在 draw()函数中设置统一变量的值

```
void ofApp::draw(){
    shader.begin();
    shader.setUniform4f("fragCol", glm::vec4(0, 1, 1, 1));    ❶

    triangle.draw();
    shader.end();
}
```

setUniform()函数以字符串 4f 结尾，这是因为要写入的统一变量是 vec4，这意味着它由 4 个浮点数组成。对于要传递给着色器代码的每种数据类型，都有不同的 setUniform()调用。例如，如果想存储一个 vec3 而不是 vec4，则使用 setUniform3f()；如果想让 vec3 包含整数而不是浮点数，则使用 setUniform3i()。本书将使用这个函数的不同版本，所以现在不必担心需要知道它的所有不同变体。从代码清单 2-18 中学习到的最后一件重要事情是，需要确保对 setUniform 函数的任何调用都要在 shader.begin()之后。否则，GPU 将不知道我们要将数据发送到哪个着色器。

有了这一改变，现在可以将三角形更改为所需的任何颜色，而无须编写新的着色器。甚至可以响应按键或其他事件来改变三角形的颜色。需要做的只是将代码清单 2-18 更改为在❶处为 vec4 参数使用一个变量，而不是在那里硬编码一个值。我们不会在这里进行代码更改，但是建议你先尝试一下，然后再继续第 3 章的学习。在接下来的章节中，将大量使用统一变量，因此，了解它们对后面的学习非常重要。

2.10 小结

我们在本章学到了很多知识！以下是所介绍内容的简要总结。

- openFrameworks 是一个创造性的编码框架，将在本书的大多数示例中使用它。我们逐步介绍了如何使用它设置一个新项目。
- 在 openFrameworks 中创建网格是用 ofMesh 类完成的。使用这个类创建了一个具有顶点位置和顶点颜色的三角形网格。
- 归一化的设备坐标用于适应不同屏幕的尺寸和分辨率。我们见识了如何编写一个顶点着色器，将屏幕像素坐标转换为归一化的设备坐标。
- GLSL 的 in 和 out 关键字允许从渲染管线的不同部分发送和接收数据。使用这些关键字创建输出纯白三角形和彩虹色三角形的着色器。
- 统一变量在图形管线的所有阶段均保持不变。我们使用统一变量值创建了一个着色器，这样就可在 C++代码中指定三角形的颜色。

第 3 章

使 用 纹 理

虽然可以使用只有顶点颜色的艺术资源来制作游戏，但是要渲染如图 3-1 中的鹦鹉照片那样详细的图像需要数百万个顶点。这不仅意味着游戏需要非常复杂的网格来显示图像，而且如果以后需要更改图像，也会使交换图像变得非常困难。由于这些原因，大多数游戏不使用只能逐顶点变化的顶点颜色来渲染详细的表面。取而代之，它们使用可以逐片元变化的图像文件来提供颜色信息。在计算机图形学中，这些图像文件被称为纹理，本章介绍使用它们的基础知识。

在图 3-1 中可以看到两种纹理的示例。左图是艺术家创建的一个环绕三维桶形网格的纹理，而右图则是为了在一个平面上查看。请注意，在三维网格上使用的纹理通常看起来不像它们最终要使用的对象。幸运的是，不管你的纹理要应用到哪个网格，着色器代码都是一样的。

纹理通过一个称为纹理映射的过程应用于网格，该过程是获取纹理(通常是 2D)并将其应用于 3D 网格的过程。为此，网格上的顶点被指定纹理坐标(也称为 UV 坐标)。这些逐顶点坐标在网格面上插值，就像在第 2 章中处理的颜色一样。这意味着网格的每个片元最终都具有一个纹理坐标值，该坐标值位于构成该网格面的顶点的纹理坐标之间。这些坐标映射到纹理中的特定位置，片元着色器可以使用这些坐标来确定该点处纹理的颜色值。在纹理中查找给定坐标的颜色值的过程称为纹理采样(texture sampling)。

现在这一切都很抽象，下面开始动手实际操作吧。第一步是从低三角形数量的网格升级到更有用的东西，比如二维平面。设置好网格后，将使用它在屏幕上显示纹理。如果你是在家中跟随本书学习，可以在本章的联机示例代码(请查看 Assets 文件夹)中找到图 3-1 中鹦鹉纹理的副本。一旦这只鹦鹉出现在我们的屏幕上，我们将了解如何使用着色器调整纹理的亮度，为其设置不同的颜色，并使它在屏幕上滚动。

图 3-1　左纹理用于三维网格；右纹理显示在二维平面上

3.1　创建四边形

鹦鹉纹理显示在二维平面上，这正是我们要创建的网格。为此，需要在 ofApp.cpp
中创建所谓的"四边形"，意思是由两个三角形组成的正方形或矩形网格。可以在图 3-2
中看到一个这样的例子。

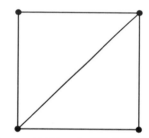

图 3-2　由两个三角形拼成的四边形

请记住，大多数游戏引擎都使用只有三角形面的网格。如果想要一个正方形网格，
需要把两个三角形拼在一起，这意味着要创建一个有两个面而不是一个面的网格。现在
要添加第二个面，有两个选择。可以通过添加 3 个新顶点来定义第二个三角形，这意味
着需要再次添加两个现有顶点，或者可添加一个新顶点，并告诉网格重用它已经拥有的
顶点。显然，第二个选择更省空间，这是大多数视频游戏存储复杂的网格，从而创建你
在现代视频游戏中看到的令人惊叹的角色和环境的方法。这也是将在示例代码中采用的
方法。

需要做的第一件事是在网格中添加一个顶点。一旦有了 4 个顶点，下一步就是告诉
GPU 希望这些顶点组合成三角形的顺序。可以用一个称为索引缓冲区的数据结构来指定
这个顺序。索引缓冲区是定义网格顶点顺序的整数数组。可以使用 addIndices()函数为
ofMesh 创建索引缓冲区。示例代码如代码清单 3-1 所示。在本例中，我们将网格的名称
改为"quad(四边形)"，因为既然网格有 4 个顶点，就不能一直称它为"triangle(三角形)"。

代码清单 3-1　使用索引缓冲区创建四边形网格

```
void ofApp::setup()
{
    quad.addVertex(glm::vec3(-1, -1, 0));
    quad.addVertex(glm::vec3(-1, 1, 0));
    quad.addVertex(glm::vec3(1, 1, 0));
    quad.addVertex(glm::vec3(1, -1, 0));

    quad.addColor(ofDefaultColorType(1, 0, 0, 1)); //red
    quad.addColor(ofDefaultColorType(0, 1, 0, 1)); //green
    quad.addColor(ofDefaultColorType(0, 0, 1, 1)); //blue
    quad.addColor(ofDefaultColorType(1, 1, 1, 1)); //white

    ofIndexType indices[6] = { 0,1,2,2,3,0 };
    quad.addIndices(indices, 6);
}
```

addIndices()函数的作用是：接收一个整数数组，并将其作为索引缓冲区分配给
ofMesh。在代码清单 3-1 中可以看到，其中两个顶点我们制定了两次(译注：分别是 0 号
和 2 号顶点)。这是因为网格的第二个三角形面将重用这些顶点作为其网格面的一部分，
此外将使用我们添加的一个新顶点。为帮助你了解索引缓冲区中的数字所指的是什么，
图 3-3 中显示了四边形网格，其中每个顶点的索引都根据示例代码设置的方式进行标记。

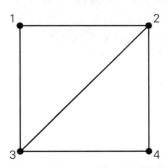

图 3-3　标记了每个顶点索引的四边形网格

即使 openFrameworks API 将颜色和顶点位置彼此分离，当索引缓冲区引用一个顶点
时，它将引用该网格的所有顶点属性。在我们的例子中，这意味着索引缓冲区的第一个
元素是指第一个顶点的位置和颜色属性。如果我们想要一个位于位置(0, 0, 0)但颜色不同
的顶点，仍然需要创建一个新顶点。

如果使用第 2 章中的着色器运行代码清单 3-1，你将看到整个窗口中填充了与之前三角形网格上相同的渐变色。在一个三角形中做了这么多工作之后，看到一个图案均匀地填充了我们的窗口，这感觉相当不错。但我们的目标不是绘制顶点颜色，因此接下来在网格中添加一些 UV 坐标。

3.2 UV 坐标介绍

纹理坐标或 UV 坐标是片元着色器用来在纹理中查找颜色的位置。不要被奇怪的命名约定所欺骗，UV 坐标只是二维坐标。不称它们为 XY 坐标的唯一原因是，已经将该术语用于位置数据，如果将该术语用于纹理坐标，则会更混乱。相反，惯例是将纹理的 X 轴称为 U 轴，纹理的 Y 轴称为 V 轴。可在图 3-4 中看到标注了纹理坐标的鹦鹉纹理。

图 3-4　标注了 UV 坐标的鹦鹉纹理

UV 坐标从图像的左下角开始，并向右上角方向增加。如果想让一个片元使用鹦鹉羽毛的颜色，可给它一个 UV 坐标(0.8,0.3)，这将从纹理的右下角获取一个颜色。对于本章的第一个着色器，为四边形中的每个片元提供 UV 坐标，以使其正确地用鹦鹉纹理填充窗口，然后将这些坐标输出为颜色。这意味着屏幕的左上角将是绿色，因为它的 UV 坐标是(0.0,1.0)，将输出颜色(0.0,1.0,0.0,1.0)。窗口的右下角同样会变成红色，因为它将具有 UV 坐标(1.0,0.0)。

向网格中添加 UV 坐标与添加颜色非常相似。唯一的区别在于使用的是 addTexCoord()函数而非 addColor()。请记住，当你向窗口顶部靠近时，纹理坐标的 V 轴会增大，因此需要按照代码清单 3-2 所示的顺序指定纹理坐标。

代码清单 3-2　向四边形网格添加 UV 坐标

```
quad.addTexCoord(glm::vec2(0, 0));
quad.addTexCoord(glm::vec2(0, 1));
quad.addTexCoord(glm::vec2(1, 1));
quad.addTexCoord(glm::vec2(1, 0));
```

现在，已经添加了纹理坐标，可以开始编写 UV 颜色着色器了。首先，在项目中创建一个新的顶点和片元着色器。将其命名为 uv_passthrough.vert 和 uv_vis.frag，因为顶点着色器将简单地将 UV 坐标传递给片元着色器，而片元着色器将输出它们以供我们查看。

顶点着色器非常类似于我们编写的将顶点颜色传递给片元着色器的方法，但这次传递的是存储在 vec2 中的 UV 坐标，而不是用于颜色数据的 vec4。如代码清单 3-3 所示。

代码清单 3-3　passthrough.vert：将 UV 发送到片元着色器

```
#version 410

layout (location = 0) in vec3 pos;
layout (location = 3) in vec2 uv;

out vec2 fragUV;

void main()
{
    gl_Position = vec4(pos, 1.0);
    fragUV = uv;
}
```

这是第二次遇到布局说明符，并使用它为顶点属性插入位置，因此快速介绍一下，了解 openFrameworks 是如何布局顶点数据的。这样你就可以了解如何为每种顶点属性选择位置。默认情况下，openFrameworks 将顶点属性分配到以下位置。

(1) 位置(Position)

(2) 颜色(Color)

(3) 法线(Normal)

(4) UV 坐标

如果想更改这些属性的顺序，或者提供不属于这 4 个类别的顶点信息，则可以手动设置顶点布局，但是代码清单 3-3 中的代码将涵盖现在需要的所有基础，因此我们将研究 openFrameworks 是如何设置这些属性数据的。每个引擎的顶点数据布局都有所不同，并且不存在一种唯一正确的标准方法。只要你最终在屏幕上获得了正确的图像，生活就是美好的。

除了属性位置外，此顶点着色器与以前的顶点着色器没有太多不同。这将是本书其余部分的一个共同主题——顶点着色器通常以正确的格式获取数据，以便管线稍后为片元着色器插值数据。

说到片元着色器，它也不会非常复杂。需要做的就是输出 UV 坐标作为片元颜色的红色和绿色通道。通常使用这样的着色器帮助调试游戏中纹理对象的各种问题。如果一切顺利，应该会看到屏幕的一个角设置为红色，一个角设置为绿色，一个角设置为黄色(对于同时为 100%红色和 100%绿色的角落)，以及一个角为黑色。在角之间的区域，这些颜色应该混合在一起，就像它们为之前的顶点颜色着色器所做的一样。如代码清单 3-4 所示。

代码清单 3-4　uv_vis.frag：将 UV 输出为颜色数据的片元着色器

```
#version 410

in vec2 fragUV;
out vec4 outCol;

void main()
{
    outCol = vec4(fragUV, 0.0f, 1.0f);
}
```

这几乎与顶点颜色片元着色器相同，而且有充分的理由。无论是颜色数据还是纹理坐标，它们都被表示为向量(这只是浮点数的集合)，因此不需要对它们区别对待。运行这个着色器可以得到之前预测的颜色，应该如图 3-5 所示。

如果你的窗口如图 3-5 所示，则说明你已经成功地将 UV 坐标添加到网格中！当处理非平面正方形的网格时，此过程要复杂得多。大多数情况下，指定纹理坐标的工作由艺术家处理，他们拥有强大的工具来帮助他们，而不是通过代码。因此，对于本书中的任何示例，我们不需要担心任何比 C++中的四元或三角形网格更复杂的问题。如果你在家里跟随本书学习，但还没有完全得到类似于图 3-5 的结果，那么这个示例的代码可以在第 3 章示例代码的 UV Quad 项目中找到。

图 3-5   在全屏四边形上可视化 UV 坐标

3.3   在着色器中使用纹理

现在，网格有了适当的 UV 坐标，可以使用它们将鹦鹉纹理放到屏幕上。在着色器中使用纹理的最困难的部分是将纹理数据从 C++代码传送到 GPU，让我们从这项工作开始。openFrameworks 使这个过程的第一步(从文件加载图像)非常简单。第一步是在 ofApp.h 文件中声明 ofImage 对象。如代码清单 3-5 所示，将使用此 ofImage 对象帮助创建一个 ofTexture 对象。

代码清单 3-5   在此示例中，需要添加到 ofApp.h 的变量

```
class ofApp : public ofBaseApp{
    public:
        //为简洁起见，省略了函数
        ofMesh quad;
        ofShader shader;
        ofImage img;
};
```

声明变量后，添加一行代码，以使用 ofImage 类的 load()函数从磁盘加载图像。还将添加一行代码，以禁用一些额外的 openFrameworks 功能，我们不想在着色器中担心这些功能。由于历史遗留原因，openFrameworks 默认使用像素坐标而不是 UV 坐标的纹理类型。我们希望使用更标准的纹理类型，因此需要禁用这部分旧功能。代码清单 3-6 展示

了禁用此功能并将图像加载到 ofImage 对象中的代码行。

代码清单 3-6   在 openFrameworks 中加载图像

```
void ofApp::setup()
{
    //为简洁起见，省略了代码
    ofDisableArbTex();
    img.load("parrot.png");
}
```

和 ofShader 对象一样，ofImage 的 load()函数所期望的文件路径是相对于应用程序的 bin/data 文件夹的。为了让你的生活更轻松，请将图像文件放在该文件夹中，这样就可以按文件名加载它。

加载图像后，仍然需要将其告知着色器。用来在纹理中查找颜色的坐标根据每个片元的不同而变化，但纹理将保持不变，因此将把它存储在一个统一变量中。可以使用 setUniformTexture()函数将 ofImage 对象加载到着色器的统一变量中。该调用需要放在 draw()方法中，并在 shader.begin()之后调用。现在使用的 setUniformTexture()版本自动将 ofImage 对象转换为 ofTexture 对象，因此，不必手动执行此操作。可以在代码清单 3-7 中看到如何调用该函数的代码。

代码清单 3-7   在 openFrameworks 中设置统一变量的纹理。在着色器中，纹理统一变量将命名为 parrotTex

```
void ofApp::draw()
{
    shader.begin();
    shader.setUniformTexture("parrotTex", img, 0);
    quad.draw();
    shader.end();
}
```

setUniformTexture 函数接收 3 个参数。第一个参数是希望纹理使用的统一变量的名称。第二个参数是将用作纹理的 ofImage，第三个参数是"纹理位置"。如果着色器使用多个纹理，则纹理位置很重要。如果为着色器设置了多个纹理统一变量，则必须确保每个纹理都被指定了不同的纹理位置。由于本例中只使用了单一的纹理，因此，我们不必关心这个问题。

现在我们已经掌握了所需的所有 C++的知识，让我们回到着色器，把它们全部组合在一起。不需要修改顶点着色器，因为仍然需要和以前相同的纹理坐标，但是需要创建一个新的片元着色器来绘制纹理的颜色。将此新着色器命名为 texture.frag，如代码清单 3-8 所示。请记住，还必须更新 setup()函数才能在四边形网格上加载此新着色器。

代码清单 3-8　输出纹理数据的片元着色器

```
#version 410

uniform sampler2D parrotTex; ❶

in vec2 fragUV;
out vec4 outCol;

void main()
{
    outCol = texture(parrotTex, fragUV); ❷
}
```

正如你在❶处所见，用于纹理统一变量的数据类型是 sampler2D。GLSL 定义了不同的采样器类型来处理各种纹理，但迄今为止最常见的纹理类型是 2D 图像，这使 sampler2D 成为编写着色器时最常用的采样器类型。

从采样器中获取颜色值需要使用 texture()函数(❷处)。这是一个内置的 GLSL 函数，它接受一个采样器和一组 UV 坐标，并返回 UV 指定的点的颜色。我们希望片元中填充与片元在四边形中的位置匹配的纹理颜色，因此，只需要输出 texture()调用的返回值即可。

完成所有设置后，运行程序，会得到一个显示了可爱的鹦鹉的窗口。遗憾的是，我们这个有羽毛的朋友倒过来了！如果查看之前把 UV 坐标作为颜色的输出，可以得出网格的方向是正确的，那是怎么回事呢？这种情况下，这是 OpenGL 的古怪之处。OpenGL 希望图像数据从像素的最下面一行开始存储，但是几乎每种 2D 图像格式都将最上面的行存储为第一行。在编写图形代码时，经常遇到纹理颠倒的问题。幸运的是，垂直翻转纹理就像在顶点着色器中添加一条减法指令一样简单。如代码清单 3-9 所示。

代码清单 3-9　在顶点着色器中垂直翻转纹理

```
void main()
{
    gl_Position = vec4(pos, 1.0);
    fragUV = vec2(uv.x, 1.0 - uv.y); ❶
}
```

由于 UV 坐标从 0 到 1，因此翻转图像的 UV 坐标所需的全部工作就是从 1.0 减去 Y 分量。这意味着图像的底部曾经是 Y 坐标 0，现在会变成 Y 坐标 1，反之亦然。进行这个小小的修改后，终于可以看到我们英俊的朋友正面朝上了，如图 3-6 所示。

图 3-6　显示在全屏四边形上的鹦鹉纹理

如果你看到的是不同的东西(在计算机图形学中，"不同的东西"通常意味着一个黑屏)，所有示例代码都位于第 3 章的 Fullscreen Texture 文件夹中。需要注意的是，取决于程序使用的图形 API，你可能不必像这样翻转纹理。但是，本书中的示例是必需的，因为我们始终使用 OpenGL。如果你坚持阅读到这里，让我们探索一些简单的方法，修改着色器，以使它更有趣。

3.4　滚动 UV 坐标

使着色器更具动态性的最简单方法之一就是移动某些东西，因此，让鹦鹉纹理在屏幕上滚动起来，就像跑马灯的效果。通过操纵顶点着色器传递给片元着色器的 UV 坐标来实现此效果。

四边形使用的 UV 坐标与纹理的 UV 坐标完全匹配，纹理的 UV 坐标始终在 0～1 的范围内，但这并不意味着着色器只能使用 0～1 范围内的 UV 坐标。使用 0～1 范围之外的坐标对纹理进行采样是完全有效的，但屏幕上的效果取决于设置纹理的方式。要查看不同 UV 的纹理，可以先创建一个名为 scrolling_uv.vert 的新顶点着色器，将 basic.vert 文件的代码复制到该文件中，并对着色器代码进行简单的修改，如代码清单 3-10 所示。

代码清单 3-10　scrolling_uv.vert 着色器代码

```
void main()
{
```

```
gl_Position = vec4(pos, 1.0);
fragUV = vec2(uv.x, 1.0 - uv.y) + vec2(0.25, 0.0); ❶
}
```

在❶处添加向量加法后，四边形顶点使用的 UV 坐标已超出纹理的 0～1 范围。屏幕左侧的顶点将使用大于 0.25 的 X 分量的 UV 坐标，而屏幕右侧的纹理坐标的 X 分量将达到 1.25。这将使窗口看起来如图 3-7 所示。

图 3-7　加上偏移 UV 坐标的鹦鹉纹理

对于水平 UV 坐标大于 1 的片元，纹理最右边的颜色似乎是重复的。在引擎底层，GPU 截取了顶点坐标，以使它们保持在适当的范围内。这意味着，试图对 X 值大于 1.0 的纹理坐标进行采样的片元都会将该值截取为最大有效纹理坐标(1.0)。在图形术语中，纹理如何对超出 0～1 范围的坐标进行采样称为 wrap mode(循环模式)，可见图 3-7 中的鹦鹉纹理的 wrap mode 被设置为 clamp。

该着色器的目标是让鹦鹉纹理在屏幕上像跑马灯滚动，这意味着 clamp wrap mode 不是我们想要的。我们想要的是，当在纹理之外采样时，纹理可以简单地循环。这要求将(1.25,0.0)的 UV 坐标转换为(0.25,0.0)。为此，需要将纹理的 wrap mode 更改为"包装(wrap)"模式，这样说有点尴尬，但在代码中很容易设置。如代码清单 3-11 所示。

代码清单 3-11　设置纹理的 wrap mode

```
void ofApp::setup()
{
    //为简洁起见，省略函数的其余代码
    img.load("parrot.png");
```

```
    img.getTexture().setTextureWrap(GL_REPEAT, GL_REPEAT); ❶
}
```

setTextureWrap()函数接收两个参数，以便可以分别设置垂直和水平 wrap mode。不过，本例中将它们设置为相同的值(见❶)。如果要将纹理设置为 clamp wrap mode，则需要传入值 GL_CLAMP。需要注意的一件重要事情是，这是第一次需要在 ofImage 对象上手动调用 getTexture()。之前，只是将 ofImage 直接传递给 setUniformTexture()，并让该函数为我们处理调用 setTextureWrap()函数。现在想修改与图像对应的 ofTexture，需要自己调用 setTextureWrap()函数。修改好代码后，重新运行应用程序将显示重复的鹦鹉，如图 3-8 所示。

图 3-8　全屏四边形上使用 "REPEAT" wrap mode 的鹦鹉纹理

这更接近我们的目标，但是，我们希望鹦鹉随着时间滚动。这意味着需要在顶点着色器中添加对基于时间的动画的支持，如代码清单 3-12 所示。

代码清单 3-12　更改顶点着色器以随时间滚动 UV

```
#version 410

layout (location = 0) in vec3 pos;
layout (location = 3) in vec2 uv;
uniform float time; ❶
out vec2 fragUV;

void main()
{
    gl_Position = vec4(pos, 1.0);
```

```
        fragUV = vec2(uv.x, 1.0-uv.y) + vec2(1.0, 0.0) * time; ❷
    }
```

着色器没有时间概念，因此需要从 C++代码中把时间值传递给着色器。无论在管线的哪个位置访问它，时间都是一样的，这意味着可将它存储在统一变量中，命名为 time(❶)。该值将被设置为自程序开始运行以来经过的秒数。我们将介绍如何通过 C++代码设置此值。有了这个值，将使用它缩放添加到 UV 坐标(❷)的偏移向量。为此，将偏移向量从(0.25,0)更改为(1,0)，这是一个归一化向量。由于已经归一化，因此可将它乘以任意值 N，来生成向量$(N,0)$。这意味着当应用程序运行 2 秒时，将向 UV 坐标添加向量(2.0,0)，针对其他时间值，以此类推。

对此修改后，剩下的就是在 C++的绘图函数中添加一行代码将时间传递给着色器，如代码清单 3-13 所示。

代码清单 3-13　将时间作为统一变量值

```
void ofApp::draw()
{
    shader.begin();
    shader.setUniformTexture("parrot", img, 0);
    shader.setUniform1f("time", ofGetElapsedTimef());
    quad.draw();
    shader.end();
}
```

现在运行应用程序，将随着时间将鹦鹉图像向左滚动。遗憾的是，很难在书中提供一个移动物体的图像，如果你想知道效果，就必须自己亲自试一试。该示例的代码在第 3 章的 Scrolling UVs 示例项目中，如果你在这一过程中遇到麻烦，请在此处查阅。

随着时间的推移，操纵 UV 坐标是无数特效着色器的基础，它只是用于操纵纹理信息的工具的入门。我们仅需一些简单的数学知识就可以完成很多工作。

3.5　使用统一变量调节亮度

说到简单的数学，可以仅使用乘法调整纹理的亮度。这是一种在现代电子游戏中广泛使用的技术。按下(或禁用)按钮时，按钮可能会变暗；游戏世界中的东西可能会闪烁，表示玩家应该与它们交互；或者你可能只想使图像变亮。无论你是哪种情况，颜色值变亮或变暗都非常简单，我们将学习如何对鹦鹉纹理进行这些处理。

在着色器代码中，颜色变亮或变暗意味着我们将均匀地增加或减少该颜色的红、绿和蓝(RGB)通道。这意味着需要将每个通道乘以相同的值。例如，如果想使鹦鹉纹理的亮度加倍，可以修改着色器，使所有亮度都乘以 2。在示例代码中，创建了一个新的着色器(brightness.frag)来演示，如代码清单 3-14 所示。

代码清单 3-14　brightness.frag：修改亮度的片元着色器

```
#version 410

uniform sampler2D parrotTex;

in vec2 fragUV;

out vec4 outCol;

void main() {
    vec4 tex = texture(parrotTex, fragUV);
    tex.r *= 2.0f;  ❶
    tex.g *= 2.0f;
    tex.b *= 2.0f;
    tex.a *= 2.0f;
    outCol = tex;
}
```

这是第一次看到使用名为"r，g，b，a"而不是"x，y，z，w"属性访问向量分量的着色器代码。由于使用向量在着色器中存储颜色数据非常普遍，因此 GLSL 提供了一些语法糖。这两组访问器完全相同。例如，如果不使用.r，而使用.x，将在❶处得到完全相同的结果，因为在这两种情况下，我们都希望得到存储在 vec4 中的第一个浮点值。

着色器现在可以工作了，但是仅变亮一个像素居然要这么多代码。texture()调用返回一个向量，我们知道将向量乘以标量值只是将向量的每个分量分别乘以标量，因此可重写代码清单 3-14，在一行中进行乘法运算，如代码清单 3-15 所示，其功能与代码清单 3-14 中的代码相同。

代码清单 3-15　向量的每个分量都乘以一个标量的简单写法

```
void main() {
    outCol = texture(parrotTex, fragUV) * 2.0f;
}
```

修改着色器，这样就可以从 C++代码中设置亮度乘数(multiplier)。就像纹理一样，无论处理什么片元，亮度乘数都将相同，因此可将其作为统一变量传递给着色器，代码清单 3-16 展示了着色器代码。

代码清单 3-16　使用统一变量控制亮度

```
uniform float brightness;
void main()
{
    outCol = texture(parrotTex, fragUV) * brightness;
}
```

在 C++中，可像设置任何其他统一变量一样设置这个乘数。首先，在 ofApp.h 中声明一个名为 brightness 的浮点变量。然后，修改 draw()函数，使用相同的 setUniform1f()调用设置亮度统一变量的值，该调用告诉着色器亮度的乘数。代码清单 3-17 展示了示例项目的完整 draw()函数。

代码清单 3-17　将亮度设置为统一变量

```
void ofApp::draw()
{
    shader.begin();
    shader.setUniformTexture("parrot", img, 0);
    shader.setUniform1f("time", ofGetElapsedTimef());
    //在 ofApp.h 中定义浮点变量 brightness
    shader.setUniform1f("brightness", brightness);

    quad.draw();
    shader.end();
}
```

现在是讨论如果忘记给着色器传递统一变量的值会发生什么的好时机。默认情况下，创建着色器时，所有统一变量都初始化为零。例如，如果忘记在示例项目中为亮度统一变量提供值，最终将出现黑屏。这是因为默认情况下，brightness 统一变量将设置为 0，而将任何颜色乘以 0 将得到黑色。

只要你没有忘记为 brightness 变量提供一个值，那么你的代码现在应该能够使用该变量来控制鹦鹉纹理的亮度。但是，如果你将此亮度变量设置为低于 1.0(这会使图像变暗)，你将看到意想不到的结果。这是因为 openFrameworks 默认启用 "alpha 混合"。这意味着随着片元的 alpha 值降低，它会变得越来越透明。随着纹理变得越来越透明，它将使窗口的更多背景色可见。由于窗口的背景是浅灰色，因此这可能会非常令人困惑，因为它看起来像是图像越来越亮而不是越来越暗。示例效果如图 3-9 所示。我们将在后续章节中讨论很多关于 alpha 混合的内容，但现在可以通过在 setup()函数中添加 ofDisableAlphaBlending()调用来禁用 alpha 混合。

图 3-9　纹理颜色乘以 0.5，左边图像是启用了 alpha 混合后的效果，右边图像是禁用了 alpha 混合后的效果

　　该示例的代码位于本章示例代码中的 Brightness 示例项目中。如果你遇到了任何障碍(没有看到昏暗的鹦鹉)，请前往该项目查看你的代码和我的代码有何不同。

　　从调整亮度到能够在着色器中执行多种基于颜色修改的效果，仅几步之遥。因此，下面先介绍这些内容。

3.6　基本的颜色数学

　　第 1 章讨论了如何对向量执行加、减、乘、除操作。我们还查看了一些示例，说明了如果向量表示位置，那么这些操作中的某些操作将是什么样的。既然我们正在使用颜色信息，那么当向量存储颜色数据时，查看这些操作的效果也非常有用。由于任何一个颜色通道越接近 1.0，它就越亮，因此任何增加颜色的分量值的操作都会使颜色更亮，反之亦然。图 3-10 显示了一些例子，说明了加减法的实际效果。

　　均匀地修改颜色的所有通道会导致该颜色均匀地变亮或变暗。只修改颜色的部分通道(而不是全部通道)则会产生全新的颜色。关于前面的示例，需要注意的一点是，永远不能将颜色的值增加到超过 1.0，因此将纯红色(1.0,0.0,0.0,0.0)添加到自身将产生与以前相同的颜色。颜色减法的工作原理非常相似：永远不能将颜色通道的值减少到小于 0.0。

　　如果将这些操作中的一些应用于鹦鹉纹理，结果将如图 3-11 所示。从左上角开始，顺时针方向，这些图分别显示了减去一个灰色(0.5,0.5,0.5,1.0)、加一个蓝色(0.25,0.25,1.0,1.0)、加一个纯红(1.0,0.0,0.0,1.0)和加一个灰色(0.5,0.5,0.5,1.0)的结果。

+ / −	1.0,0.0,0.0	0.0,0.5,0.8	0.8,0.8,0.8
0.5,0.5,0.5	1.0,0.5,0.5 / 0.5,0.0,0.0	0.5,1.0,1.0 / 0.0,0.0,0.3	1.0,1.0,1.0 / 0.3,0.3,0.3
0.0,1.0,0.0	1.0,1.0,0.0 / 1.0,0.0,0.0	0.0,1.0,0.8 / 0.5,1.0,1.0	0.8,1.0,0.8 / 0.8,0.0,0.8

图 3-10　颜色加减表

　　需要注意的是，虽然左侧图与我们之前的亮度乘数初看起来可能所做的操作效果相同，但这两种方法在处理图像暗部区域的方式存在一些细微的差异。当将图像相乘时，颜色较深的像素受相乘的影响小于颜色较亮的像素。当我们只是执行加法或减法时，所有像素值都会均匀调整。有时，使用一种方法修改亮度可能会获得比另一种方法更好的结果，因此了解两者之间的差异非常重要。

图 3-11　从鹦鹉纹理均匀地增加和减去颜色的示例

本章的前一节展示了将颜色值的每个分量乘以相同的标量值可以用来调整颜色的亮度。将颜色乘以另一种颜色也可以用于对颜色进行调色或着色。图 3-12 显示了如果鹦鹉没有像图 3-10 所示那样增加和减去颜色，而是进行乘法操作，鹦鹉的显示效果。你将看到图 3-12 左上角的图是一个实心的黑色正方形。这是因为将(-0.5, -0.5, -0.5, -1.0)添加到图 3-11 的示例中，然后乘以相同的值，这会在片元的颜色通道中产生负值。正如图 3-10 所示，具有负值的颜色通道总是简单地截取为 0.0，因此图 3-12 的结果是一个实心的黑色正方形。

图 3-12 省略了颜色除法，因为使用除法修改颜色并不常见。部分原因是在某些 GPU 上，除法运算比乘法运算稍微慢一些，因为大多数人掌握颜色乘法比除法运算要容易得多。无论哪种情况，如果你对除法比乘法有更强烈的偏好，当然也可以使用除法。

现在我们知道了颜色的加、减和乘的作用，让我们修改着色器，以便综合使用这些基本操作的任意组合。代码清单 3-18 显示了如何在着色器中执行这些操作。可以在第 3 章源代码中的 ColorMath 示例项目中看到如何使用该着色器的示例。

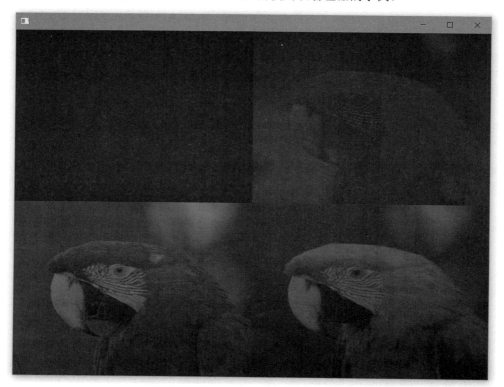

图 3-12　将鹦鹉纹理乘以图 3-11 中使用的相同颜色

代码清单 3-18   颜色数学着色器

```
#version 410

uniform sampler2D parrotTex;
uniform vec4 multiply;
uniform vec4 add;

in vec2 fragUV;
out vec4 outCol;

void main() {
    outCol = texture(parrotTex, fragUV) * multiply + add; ❶
}
```

❶处的操作顺序很重要。先执行乘法运算，然后执行加法运算。这是着色器代码中常见的优化。GPU 可执行所谓的 MAD 操作，即"乘法，然后加法"。MAD 指令允许在一个 GPU 指令中执行这两个操作。如有可能，最好将数学运算保持此顺序。将在本书稍后的章节中讨论优化技术，但在开始创建自己的着色器时要牢记这一点。

除了调色或以其他方式操纵纹理的颜色外，在着色器中将两个或多个纹理组合在一起以创建视觉效果也很常见。本章中讨论的最后两个着色器将展示这一技术。

3.7   使用 mix 指令混合纹理

将纹理混合在一起是着色器可以做的最有用的事情之一，并且最简单的方法是使用 GLSL 的 mix 指令。mix()函数接收 3 个参数。前两个参数是要混合在一起的值。混合纹理时，这些值将是从每个纹理的采样器中检索到的颜色。最后一个参数控制混合时每个输入值的使用量。如果第三个参数是 0，那么混合的结果将是第一个参数的 100%，最后一个参数的 0%。同理，如果第三个参数是 1，那么将使用第二个参数的 100%，第一个参数的 0%。

这种类型的混合称为线性插值，在某些着色器语言中，混合函数称为 lerp 而不是 mix。

本书中，我们不必担心从数学的角度看线性插值是什么，但是使用它们时需要注意一些事项。可能需要注意的最重要的事情是，线性插值并不能保持向量的归一化。如果使用 mix()函数在两个归一化向量之间混合，则无法保证生成的向量也是归一化的。还有一点值得注意的是，仅仅因为线性插值是在值之间平滑地混合，这并不意味着这种混合总是看起来很好，特别是对于颜色。如果混合的颜色(如红色和青色)相差很大，则中间的颜色可能不是你所期望的。就像图形代码中的所有其他东西一样，最好在特定的资源上进行测试，以确保它们看起来如你期望的那样。

克服了所有这些注意事项后，现在是时候让我们见识 mix() 函数的作用，并创建一个混合纹理的着色器。这意味着需要第二个纹理。示例代码使用一个简单的黑白棋盘纹理，如图 3-13 所示。此纹理也包含在第 3 章示例代码的 Assets 目录中。

图 3-13　将在下面的示例中使用的棋盘格纹理

首先，编写一个同时显示两个输入纹理的 50/50 混合的着色器，如代码清单 3-19 所示。

代码清单 3-19　将两个纹理混合在一起的片元着色器

```
#version 410

uniform sampler2D parrotTex;
uniform sampler2D checkerboardTex;

in vec2 fragUV;
out vec4 outCol;

void main() {
    vec4 parrot = texture(parrotTex, fragUV);
    vec4 checker = texture(checkerboardTex, fragUV);
    outCol = mix(parrot, checker, 0.5);
}
```

将开始跳过设置新纹理和统一变量所需的 C++ 代码，因为已经看过好几个例子了。当设置正确后，使用此着色器运行我们的程序，应该如图 3-14 所示。

图 3-14 棋盘格纹理和鹦鹉纹理 50/50 混合

窗口中的每个片元都被设置为一个值，该值恰好介于鹦鹉纹理中该点的颜色和棋盘格纹理中该点的颜色之间。虽然将每个片元混合成两个纹理的 50/50 并不是很有用，但是让不同的片元使用每个纹理的不同比例的颜色值在游戏中有大量的应用。例如，可以将角色的面部特征存储在一个纹理中，将角色的眼睛存储在第二个纹理中，这样用户可从几个不同的眼睛形状中选择一个，以自定义其角色。然后，可使用第三个纹理的颜色值作为 mix() 中的最后一个参数，来控制哪些片元使用来自面部特征纹理的颜色数据，哪些片元使用来自眼睛纹理的数据。

在下一个例子中，我们将这样做。我们将使用其中一个纹理作为 mix() 函数的第三个参数。示例代码将使用棋盘格纹理在鹦鹉照片上覆盖黑色方块，但保持鹦鹉纹理的其余部分不变(鹦鹉纹理和白色方块之间没有混合)。这是对上一个着色器简单地修改一行代码。代码清单 3-20 显示了必要的代码更改。

代码清单 3-20 修改 mix 函数调用

```
//修改下面一行
outCol = mix(parrot, checker, 0.5);
//改为
outCol = mix(checker, parrot, checker.r);
```

下面分析这里发生的事情。我们知道，mix 函数基于给定的第三个参数在两个输入之间混合进行。当棋盘格纹理样本来自一个白色正方形时，该颜色的所有分量都将设置为 1[请记住白色是(1.0f, 1.0f, 1.0f, 1.0f, 1.0f)]。这意味着，当棋盘格样本为白色时，其颜色向量的 r 分量也将为 1.0。将 1.0 作为第三个参数传递给 mix() 意味着它将返回第二个输入的 100%，这恰好是我们的鹦鹉纹理。结果如图 3-15 所示。Mixing Textures 示例项目展示了所有代码，以防万一你碰到困难。

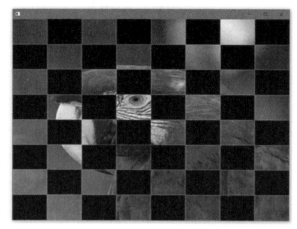

图 3-15　基于棋盘格纹理红色通道的纹理间混合

　　本章介绍的技术是用于创建现代视频游戏中令人惊叹的视觉效果的一些基本构件。我们只是简单介绍了着色器可以操纵纹理数据的所有不同方式，但是本章所涵盖的基础应该为你提供了坚实的基础，以便进一步阅读在线教程和文章。

3.8　小结

以下是本章介绍的内容：

- 可以使用索引缓冲区将网格的顶点数据组合为网格面。
- 在网格上渲染的图像称为"纹理"。
- 检索纹理中指定点的颜色值称为"采样"。
- 网格使用 UV 坐标，使片元从纹理的不同部分采样颜色。纹理总是被设置为允许范围为 0~1 的 UV 坐标，以便对纹理中的每个点进行采样。
- 用于在 GLSL 中存储纹理的变量类型称为"sampler(采样器)"。对于 2D 纹理，使用 sampler2D。
- 纹理的 wrap mode 决定了当我们尝试对 0~1 范围之外的纹理中的某个点进行采样时它的数据。
- 仅使用加法、减法和乘法，就可通过多种方式修改颜色。如果将这些操作应用于纹理中的每一像素，则可用于使纹理变亮、变暗、调色(tint)和着色(shade)。
- 可使用 GLSL 的 mix()函数将颜色值混合在一起。将此应用于网格的每个片元，可创建对该网格使用的多张纹理进行混合的效果。

第 4 章

半透明与深度

由第 1 章可知,计算机图形学中的颜色通常由红色、绿色、蓝色和 alpha 通道组成。我们主要关注的是如何处理红色、绿色和蓝色通道,而大多忽略了 alpha 通道。本章将讨论 alpha 主题。将使用 alpha 通道绘制整个场景中不同形状的对象,渲染从外星人到太阳光的所有内容,最后实现角色动画。真令人兴奋!

将首先使用纹理的 alpha 通道在四边形网格上渲染非矩形的内容。虽然 3D 游戏通常使用复杂的网格来渲染不同的形状,但许多 2D 游戏都是在四边形上渲染游戏中的所有内容。不过,如果你曾经玩过任何一款游戏,就会知道大多数 2D 游戏看起来都不像是一堆在屏幕上移动的矩形。要渲染非矩形的形状,2D 游戏使用的着色器可以使四边形上未使用的片元不可见,如图 4-1 所示。

原始纹理

图 4-1　在四边形上渲染的二维角色。原始纹理显示在左侧。黑色区域是 alpha 为 0 的像素

图 4-1 中的绿色小朋友是在四边形上渲染的矩形纹理,就像之前的鹦鹉纹理一样。

这一次的不同之处在于，四边形的一些片元已经变得透明了，使它看起来好像我们根本没有绘制矩形。这一切都可以通过一个称为 alpha 测试的过程来实现，这是我们将在本章中完成的第一个示例。不过，在开始之前，还需要做一些整理工作。

4.1　设置示例项目

建议创建一个新的 openFrameworks 项目来开始本章。记得修改这个新项目中的 main.cpp 文件，就像我们在前面的示例中所做的那样，以便新项目仍然使用正确版本的 OpenGL。另外，还要在新的 ofApp 的 setup()函数中添加 ofDisableArbTex()函数调用。最后，第一个示例将需要一个 ofMesh、ofShader 和 ofImage 对象来表示外星人角色。代码清单 4-1 显示了这些变量的声明以及本章示例代码中使用的名称。

代码清单 4-1　新项目的 ofApp 的成员变量

```
ofMesh charMesh;
ofShader charShader;
ofImage alienImg;
```

如果你自己输入代码，则需要上网访问本书的网站，从而获取本章示例中使用的纹理资源，并将它们放在项目的 bin/data 文件夹中。完成这些后，应该已准备就绪了！

4.2　绘制小绿人

绘制外星人所需做的第一件事就是调整四边形网格。到目前为止，我们一直在使用一个全屏的四边形，但如果角色纹理充满整个窗口，则会显得非常奇怪。要重新创建图 4-1，需要使四边形网格更小，并调整其尺寸，使其高大于宽。还希望能将网格放置在屏幕上的某个位置，而不是完全居中。由于还没有介绍如何移动网格，这意味着创建的顶点已经在我们想要的位置上。

本章将创建许多不同的四边形，因此示例代码将把创建这些四边形的逻辑移到 buildMesh()函数中，如代码清单 4-2 所示。

代码清单 4-2　创建不同四边形的函数

```
void buildMesh(ofMesh& mesh, float w, float h, glm::vec3 pos)
{
    float verts[] = { -w + pos.x, -h + pos.y, pos.z,
        -w + pos.x, h + pos.y, pos.z,
```

```
                    w + pos.x, h + pos.y, pos.z,
                    w + pos.x, -h + pos.y, pos.z };

            float uvs[] = { 0,0, 0,1, 1,1, 1,0 };

            for (int i = 0; i < 4; ++i) {
                int idx = i * 3;
                int uvIdx = i * 2;

                mesh.addVertex(glm::vec3(verts[idx], verts[idx + 1],
                verts[idx + 2]));
                mesh.addTexCoord(glm::vec2(uvs[uvIdx], uvs[uvIdx + 1]));
            }

            ofIndexType indices[6] = { 0,1,2,2,3,0 };
            mesh.addIndices(indices, 6);
        }
```

　　将此函数添加到项目中后，创建外星人角色的代码变得非常简单。代码清单 4-3 中的一行代码用于调整角色网格，使其宽度是屏幕的 1/4，高度是屏幕的 1/2。这看起来比以前的全屏四边形要好得多。

代码清单 4-3　创建一个可配置大小和屏幕位置的四边形

```
buildMesh(charMesh, 0.25, 0.5, vec3(0.0, 0.15, 0.0));
```

　　我们将创建两个新的着色器文件，用于渲染外星人。顶点着色器的初始代码将与第3 章中的 passthrough.vert 一样。代码清单 4-4 再次显示了该代码。

代码清单 4-4　用于渲染外星人的顶点着色器 passthrough.vert

```
#version 410

layout (location = 0) in vec3 pos;
layout (location = 3) in vec2 uv;

out vec2 fragUV;

void main()
{
```

```
gl_Position = vec4(pos, 1.0);
fragUV = vec2(uv.x, 1.0-uv.y);
}
```

我们先编写新着色器代码的第一部分。它将隐藏外星人纹理中 alpha 值小于 1.0 的区域对应的外星人四边形的片元。该片元着色器文件命名为 alphaTest.frag，如代码清单 4-5 所示。

代码清单 4-5　alphaTest.frag

```
#version 410
uniform sampler2D greenMan;
in vec2 fragUV;

out vec4 outCol;

void main()
{
    outCol = texture(greenMan, fragUV);
    if (outCol.a < 1.0) discard; ❶
}
```

代码清单 4-5 中的着色器使用了 discard 语句(见❶)，这是我们以前从未见过的。此代码对于正确渲染外星人至关重要，这也是使用 alpha 通道的第一种方式。在前面的章节中，已经编写了几遍绘制网格的代码，因此，将在此处省略 setup()和 draw()函数，并直接讲解代码清单 4-5 的工作原理。如果你想查看目前为止我们所讨论的完整源代码，请查看第 4 章示例代码中的 DrawCharacter 项目。

4.3　alpha 测试和丢弃

使用纹理的 alpha 通道的第一种方法是进行 alpha 测试。为此，将为 alpha 通道定义一个临界阈值，然后根据该阈值检查每个片元的 alpha 值。alpha 值大于阈值的片元将正常渲染，而 alpha 值低于此值的片元将被丢弃。可以在代码清单 4-5 的❶处看到实际代码。示例的临界阈值是 1.0，因此，所有不是 100%不透明的片元都将被丢弃(discard)。真正丢弃片元是通过使用 discard 关键字实现的。

discard 关键字在 GLSL 语法中非常独特，因为它允许从图形管线中删除片元。为了理解这一点，重新查看第 1 章中的管线图会有所帮助(为方便起见，图 4-2 已经包含)。片元着色器步骤完成后，通常会将该片元的数据传递到管线的片元处理阶段。discard 关键字会终止此流程，该片元永远不会前进到管线的下一阶段。

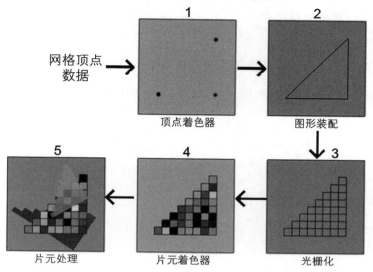

图 4-2　图形管线的简化视图

本章将主要讨论管线的"片元处理"阶段，因为这是大量 alpha 和深度计算的地方。第一个示例展示了如果一个片元永远达不到片元处理阶段会怎样，而下一个示例将讨论到达该阶段的片元会怎样。

在设置本章新项目时，可能已经添加了前面示例中用于禁用 alpha 混合的那行代码 (ofDisableAlphaBlending())。看到即使这行代码存在，新着色器仍然可以正常工作，这真是令人惊讶。这是因为丢弃片元不需要 GPU 进行任何实际的 alpha 混合。相反，它告诉 GPU 简单地停止处理一些片元。如果调用此函数，本章中的大多数示例将无法正常工作，但必须注意，从图形管线的角度来看，alpha 测试不同于 alpha 混合。

4.4　使用深度测试构建场景

如果现在运行我们的演示项目，将得到图 4-1 所示的结果，一个快乐的绿色外星人绘制在一个不可见的四边形上。虽然这本身就很漂亮，但如果能在外星人身后放置一些东西，就可以利用这些透明的片元，看到四边形后面的东西，那将更加有趣。在下一个示例中就实现了这一点。

本章的 Assets 文件夹中包含了森林环境的纹理。我们将在外星人身后的全屏四边形上绘制该纹理。这意味着将需要为背景创建第二个网格，并可能调整和移动角色网格，以使其更好地适应该场景。在创建背景网格时，首次需要注意 Z 坐标。在归一化的设备

Shader 开发实战

坐标中，Z 轴指向计算机屏幕，这意味着 Z 坐标较小的顶点将位于 Z 坐标较大的顶点之前。由于我们仍然使用规范化坐标指定所有顶点，这意味着我们创建的背景网格必须具有 Z 值大于 0 的顶点。否则，程序将无法知道外星人应该渲染在背景前。如代码清单 4-6 所示。

代码清单 4-6　在角色背后创建背景网格

```
buildMesh(backgroundMesh, 1.0, 1.0, vec3(0.0, 0.0, 0.5));
```

由于使用 openFrameworks 创建四边形的代码我们已经编写了数遍，因此将省略设置第二个四边形并加载其纹理所需的其余代码，并直接跳到新的绘图函数。如代码清单 4-7 所示。

代码清单 4-7　绘制背景网格

```
void ofApp::draw()
{
    using namespace glm;
    shader.begin();

    shader.setUniformTexture("tex", img, 0);
    quad.draw();

    shader.setUniformTexture("tex", bgnd, 0);
    background.draw(); ❶

    shader.end();
}
```

这看起来似乎很不起眼，但如果现在运行演示项目，会注意到我们的角色消失了！如果稍作尝试，你会发现，交换两个 draw 调用的顺序，以便背景网格先绘制，这样将使角色再次可见。我们已经正确地设置了 Z 坐标，却没有按照我们的预期正确显示角色和背景，这是怎么回事？

事实证明，默认情况下并不会查看顶点或片元的 Z 值。当网格被图形管线处理时，GPU 通常不知道在当前帧中绘制的其他物体的任何信息。如果没有这些信息，就无法知道任何给定的顶点或片元集是否位于已经绘制的东西后面。为了能够根据位置正确放置其他物体后面的物体，需要创建一个深度缓冲区。这是一种特殊的纹理，GPU 在绘制一帧中每个物体时可以将信息写入其中并保存起来。

这种深度缓冲机制如何工作对理解本书中的示例并不重要。需要注意的是，使用深

56

度缓冲区的任何计算都是在管线的片元处理阶段完成的。如果在片元到达该阶段之前就将它丢弃，在深度计算中就不必考虑这个片元。这是件好事，如果我们看不见的片元能挡住它们后面的物体，那就太奇怪了。同样重要的是要知道，GPU 不会自动创建深度缓冲区，除非我们告诉它。可以通过调用 setup 函数中的 ofEnableDepthTest() 来实现创建深度缓冲区。运行添加了该行代码的程序应该会得到类似于图 4-3 的结果。

图 4-3　到目前为止，本章的示例程序的运行结果

除非你调整了外星人四边形的大小和位置，否则你的示例没有图 4-3 那么漂亮(将其留给读者作为练习)。然而，不管你的外星人有多大，这个示例展示了两件重要的事情。首先，深度缓冲区必须正常工作，因为外星人网格是在背景前面渲染的。其次，alpha测试着色器必须工作正常，因为可以通过外星人四边形的不可见部分看到背景。

4.5　使用 alpha 混合创建云朵

虽然场景看起来已经很棒了，但可以用 alpha 做更多的事情，而不仅是使用它丢弃像素。还可以使用 alpha 创建半透明的对象。半透明的物体不是 100%透明的，但我们仍然可以看穿它们。现实世界中半透明物体的示例包括彩色玻璃窗或太阳镜。绘制半透明对象使用 alpha 混合技术，其工作方式与刚刚编写的 alpha 测试着色器稍有不同。对于alpha 测试，我们是二选一：片元是可见的还是不可见的。alpha 混合能够实现"这个片元是 80%不透明的"，并进行正确绘制。下一个示例正是要这样做，并绘制一个 80%不透明的低空浮云。

要创建云朵，需要创建另一个四边形网格，并在其上放置一个新纹理。这次将使用本章节资源文件夹中的纹理 cloud.png。该纹理中已经包含了一些 alpha 信息，用于定义云的形状。云形状内的像素的 alpha 为 1。这意味着可以用 alpha 测试着色器绘制云，并得到我们想要的大部分效果。但是，当使用 alpha 测试着色器绘制时，云本身将是 100% 不透明的，而我们想要的效果是半透明的云朵。

使用 alpha 测试着色器绘制云是一个很好的方法，可以根据需要调整云朵网格的位置，因此以这个着色器作为起点。我创建了一个 1/4 屏幕宽，约 1/6 屏幕高的四边形，并将其放置在(-0.55, 0, 0)位置上。如果你执行了相同的操作，并使用 alpha 测试着色器绘制四边形，应该得到类似于图 4-4 的结果。

图 4-4　使用 alpha 测试的云朵

现在我们知道了云朵的大小和位置正确无误，是时候集中精力使它变半透明了。为云朵创建一个新的片元着色器，命名为 cloud.frag。我们希望该着色器能够保留纹理的现有 alpha，以免丢失云朵的形状，但我们要调整其他不透明片元上的 alpha。完成此操作的最简单方法是使用条件测试，就像我们在 alpha 测试着色器中所做的那样，如代码清单 4-8 所示。

代码清单 4-8　使用条件语句执行 alpha 测试

```
//为简洁起见，此处省略了上面的代码行
void main()
{
    outCol = texture(tex, fragUV);
    if (outCol.a > 0.8) outCol.a = 0.8;
}
```

现在运行示例程序应该会得到类似于图 4-5 的结果。如果云朵网格仍然是 100%不透明的，则可能在代码中的某个地方仍有对 ofDisableAlphaBlending()的调用。

图 4-5　使用了 alpha 混合的云朵

　　着色器现在可以工作了，但是有一种更好的方法可以完成同样的事情。出于性能方面的考虑，在着色器中通常最好尽可能避免条件分支。虽然代码清单 4-6 中的小型 if 语句肯定不会使程序变慢到停止，但是内置的 GLSL 函数可以在不需要分支的情况下完成相同的任务。我们将重写着色器以使用该函数。

4.6　GLSL 的 min()函数和 max()函数

　　GLSL 中的 min()和 max()函数用于根据值的大小在两个值之间进行选择。它们都接收两个参数，并返回两个参数中较小或较大的参数。例如，min()将返回传递给它的两个参数中较小的一个。这正是我们现在要使用的函数，代码清单 4-9 中的两个示例演示了如何在着色器中使用此函数。

　　代码清单 4-9　使用 min()函数

```
float a = 1.0;
float b = 0.0;
float c = min(a,b) // c == b ❶

vec3 a = vec3(1, 0, 0);
vec3 b = vec3(0, 1, 1);
vec3 c = min(a,b); // c == vec3(0,0,0); ❷
```

　　❶处的示例正是我们刚才描述的：两个浮点数进去，最小的浮点数出来。min()和 max()不限于处理单个浮点数。正如你在❷处所见，也可以使用向量作为参数。当这些函数的参数是向量时，我们得到的是一个向量，它的分量数量与参数向量的分量相同，但是返

回向量的每个分量都是对输入向量的对应分量分别执行 min() 或 max() 的结果。

max() 函数的工作方式与此相反，它总是返回传递给它的最大值。代码清单 4-10 所示的代码演示了该函数的功能。

代码清单 4-10　使用 max() 函数

```
float a = 1.0;
float b = 0.0;
float c = max(a,b); // c == a

vec3 a = vec3(1, 0, 0);
vec3 b = vec3(0, 1, 1);
vec3 c = max(a,b); // c == vec3(1,1,1);
```

为了正确渲染云朵，需要让着色器做两件事情。片元的 alpha 值最高不应超过 0.8，而 alpha 值低于 0.8 的片元应保持不变。这是 min() 的一个教科书式用例，可以重写代码清单 4-8，使其如代码清单 4-11 所示。

代码清单 4-11　使用 min() 替代条件语句

```
void main()
{
    outCol = texture(tex, fragUV);
    outCol.a = min(outCol.a, 0.8);
}
```

使用重写的着色器运行我们的应用程序，应该会得到与以前相同的结果：为外星朋友的森林提供了一个很好的半透明云朵。在这个项目中有很多新的东西，如果你想查看添加了云朵网格后渲染场景的完整代码，请查看示例代码中的 AlphaClouds 项目。

4.7　alpha 混合的工作原理

云朵示例可能使 alpha 混合的功能显得微不足道。我们想要一个 80% 不透明的云，因此把一些片元的 alpha 设置为 0.8，一切都和我们预测的一样。现实要复杂一点。请记住，默认情况下，着色器没有关于场景中其他内容的任何信息，并且我们不必向云朵着色器提供任何有关场景的信息。尽管如此，屏幕上被云朵图像覆盖的像素也包含了足够的背景信息，就像可以看透云朵一样。这意味着 GPU 必须知道如何将来自多个片元的颜色混合在一起，才能得到屏幕像素的最终颜色。

　　混合由管线的"片元处理"步骤处理，该步骤在片元着色器完成执行之后进行。我们已经讨论了在此步骤中执行的深度计算，但这也是完成所有 alpha 混合的地方。请记住，片元着色器正在写入片元，而不是屏幕像素。在测试场景中，GPU 为云朵覆盖的每个屏幕像素生成了多个片元：一个片元用于云朵，一个片元用于云朵后面的背景。片元处理步骤的工作是弄清楚如何将这些片元组合成屏幕上显示的内容。

　　当云朵不透明时，GPU 可以通过深度计算，从而确定云朵片元在背景前面。由于云朵是不透明的，因此可以安全地丢弃背景片元，只将云朵片元写入屏幕。既然云朵是半透明的，就不能简单地丢弃背景片元，因为需要能够透过云朵看到背景。相反，写入屏幕的最终颜色必须是占据单个屏幕位置的两个片元的混合。这种混合是由一个混合方程控制的，这是一个数学运算，它告诉 GPU 如何在两个片元之间进行混合。

　　alpha 混合可能是游戏中最常见的混合方程，下面是伪代码。

```
vec4 finalColor = src * src.a + (1.0 - src.a) * dst;
```

　　在上面的示例代码中，src 和 dst 是进行混合的两个片元的颜色值的名称。图形管线在每个网格上单独执行，因此绘制到屏幕的第一个网格将在下一个物体的片元着色器完成之前完成了其片元处理步骤。图形管线每次传递的结果都存储在所谓的后置缓冲(back buffer)中，后置缓冲是正在渲染的帧完全完成后将显示在屏幕上的图像。混合方程中的 dst 值是指混合发生时后置缓冲的当前值；src 是指需要与当前存储在后置缓冲中的值混合的新片元。随着 src 片元的 alpha 值的增加，最终会得到更多来自 src 片元的颜色，而较少来自 dst 片元的颜色。

　　下面讨论示例场景中单个像素的情况。假设我们正在查看一个屏幕像素，它既包含了场景中一棵树的叶子上的绿色，又包含了其前面的白云。GPU 将此像素的正确颜色显示在屏幕上的过程如下所示：

　　(1) 背景图像被绘制到屏幕上。这将为屏幕像素生成一个不透明的绿色片元。不需要混合不透明的片元，这样颜色就被写入后置缓冲区(缓冲区中之前没有数据)。

　　(2) 接下来是云朵。它的片元着色器像背景一样为同一个屏幕像素生成一个片元，但该片元是白色半透明的。着色器完成后，此片元将发送到管线的片元处理步骤。

　　(3) GPU 发现这个屏幕像素的后置缓冲中已经有一个值，并且新片元是半透明的，因此需要在两个片元之间进行混合。它将云朵中的片元设置为混合方程中的 src 变量，并将此屏幕像素的后置缓冲的当前值读入 dst 变量。

　　(4) 然后计算混合方程，并将此混合的结果存储在后置缓冲中屏幕像素的位置。

　　片元写入后置缓冲的顺序非常重要。如果先把云朵片元写到后置缓冲，背景就会完全覆盖在云朵上，我们根本看不到云朵。可以在示例项目中通过重新排序 draw()函数中的代码来尝试此操作，以便首先绘制云朵。这就是为什么半透明物体需要在场景中所有不透明物体完成渲染后才绘制。所有主流的游戏引擎都会为你处理这个问题，但如果你知道了这一规则，当需要知道某些对象何时被绘制到屏幕上时，这就得心应手了。

我们刚刚了解了标准的"alpha 混合"方程的工作原理，但是游戏中使用了许多不同的混合方程。第二个最常见的是所谓的"加法混合(additive blending)"，接下来将使用它。

4.8 使用加法混合添加太阳光

alpha 混合非常适合用于背后有物体的半透明物体，但如果我们想要半透明的物体照亮屏幕的一部分，而不是遮盖其背后的东西呢？也可以尝试在启用 alpha 混合的东西前面画一个白色的形状，但这也会冲淡屏幕上的颜色。相反，此时需要的是一个不同的混合方程。

这就是加法混合(additive blending)的用武之地。加法混合是游戏使用的另一个常用的混合方程，它比刚才使用的 alpha 混合方程简单得多。伪代码如下所示：

```
vec4 finalColor = src + dst;
```

加法混合将片元加在一起。这意味着用加法混合不可能使颜色变深，但如果你想使颜色变亮，那就太好了。与 alpha 混合不同，加法混合方程不使用片元的 alpha 通道来计算每个片元要混合在一起的占比，它只是将每个片元 100%相加。实际上，这意味着如果你希望纹理使用加法混合只添加一点点的亮度，则需要它使用深色，而不是低 alpha 值。我们将在示例中看到这一用法。

对于加法混合示例，我认为给外星朋友一些阳光效果可能会很好。本章的资源中还有一个纹理，它是太阳和一些光线的图像。这个纹理看来很暗，因为我们想要的是柔和的太阳光线，而不是灼热的太阳光线。使用更亮的颜色意味着使阳光效果更加明显。完成这项工作后，森林场景应该如图 4-6 所示。

图4-6　添加了太阳光的场景

要实现图 4-6 的效果，需要将太阳纹理放在全屏四边形上，然后在背景前面绘制该四边形。代码清单 4-12 显示了创建该四边形的 buildMesh()函数调用示例代码。

代码清单 4-12　创建太阳光四边形的 buildMesh()调用

```
buildMesh(sunMesh, 1.0, 1.0, glm::vec3(0.0, 0.0, 0.4));
```

有趣的是，我们将能够使用相同的着色器来渲染太阳与云朵网格。由于太阳着色器的 alpha 值非常低，因此添加的用于限制云朵网格的最大 alpha 值的逻辑不会应用于任何片元。这将节省一些代码输入工作，并演示了一个重要的概念：着色器使用的混合方程与着色器代码本身是分离的。

在早期的云朵着色器中，没有在着色器中的任何位置指定要使用的混合方程。这是因为在提交 draw 调用之前，必须在代码中设置混合方程。因为 openFrameworks 在默认情况下启用 alpha 混合，所以之前的示例中不必指定任何混合方程。现在我们想使用不同的混合方程，需要在 draw()函数中添加更多的代码。代码清单 4-13 显示了所需要做的更改。

代码清单 4-13　新的 draw 函数

```
void ofApp::draw()
{
    ofDisableBlendMode();❶

    alphaTestShader.begin();
    alphaTestShader.setUniformTexture("tex", alienImg, 0);
    charMesh.draw();

    alphaTestShader.setUniformTexture("tex", backgroundImg, 0);
    backgroundMesh.draw();
    alphaTestShader.end();

    ofEnableBlendMode(ofBlendMode::OF_BLENDMODE_ALPHA); ❷

    sunShader.begin();
    sunShader.setUniformTexture("tex", cloudImg, 0);
    sunMesh.draw();

    ofEnableBlendMode(ofBlendMode::OF_BLENDMODE_ADD); ❸

    sunShader.setUniformTexture("tex", sunImg, 0);
```

```
            sunMesh.draw();

            sunShader.end();

    }
```

除了为 sunMesh 设置纹理和发出 draw 调用的代码，还需要在 draw()函数中添加 3
行新代码。以代码中出现的相反顺序来讨论它们是最有意义的，因此从第❸处开始讨论。
这是告诉 GPU 发出的下一个 draw 调用(sunMesh.draw())将使用加法混合所需要添加的代
码行。请注意，我们仍然使用与云朵相同的着色器，因此唯一改变的是混合模式。还在
❷处添加了一行代码，以显式地将云朵的混合模式设置为 alpha 混合。设置混合模式后，
GPU 将保持该模式，直到对其进行更改。现在，在多个混合方程式之间切换，需要在绘
制云朵之前显式指定所需的混合方程。

最后，❶处禁用了角色和背景网格的混合。之前不需要这么做，是因为外星人和背
景网格绘制的片元，要么是完全不透明要么是完全透明，这意味着 alpha 混合不需要执
行任何操作即可正确地渲染它们。既然最后是在启用了加法混合的情况下调用 draw()函
数，因此需要在渲染前两个网格之前做一些设置。这也是一种很好的做法，只有在你真
正需要时才启用混合，因为这是一个相对性能密集型(译注：大量计算)的过程。

完成对 draw()函数的这些更改后，几乎可以说完成了这个示例！但是，如果你现在
运行，会发现云朵看起来不太正确。如图 4-7 所示。

图 4-7　将一些附加的太阳光添加到场景后示例的画面效果

云朵的四边形遮住了它后面的阳光！这是因为，即使使用 alpha 混合隐藏四边形，
仍然在提交整个云朵四边形的深度信息。由于云朵网格放置在太阳光束的前面，因此
GPU 使用这个深度信息跳过处理云朵四边形后面的太阳光片元。需要做的是禁用发送半
透明网格的深度信息。正是由于这个原因，游戏中大多数半透明的网格都不会写入深度

信息。要解决这个问题，需要在 draw()函数中再添加两行代码。代码清单 4-14 显示了所需要做的更改。

代码清单 4-14　更新的绘制函数

```
void ofApp::draw()
{
    ofDisableBlendMode();
    ofEnableDepthTest();❶

    alphaTestShader.begin();
    alphaTestShader.setUniformTexture("tex", alienImg, 0);
    charMesh.draw();
    alphaTestShader.setUniformTexture("tex", backgroundImg, 0);
    backgroundMesh.draw();
    alphaTestShader.end();
    ofDisableDepthTest();❷
    ofEnableBlendMode(ofBlendMode::OF_BLENDMODE_ALPHA);

    cloudShader.begin();
    cloudShader.setUniformTexture("tex", cloudImg, 0);
    cloudMesh.draw();

    //为简洁起见，此处省略了函数的其余部分
}
```

就像混合模式一样，一旦启用或禁用深度测试，每次调用都将保持相同的设置，直到你告诉 GPU 执行不同的操作。将通过在开始为半透明网格(❷处)发出绘制调用之前禁用深度测试，然后在不透明网格(❶)之前再次启用深度测试。根据赋予太阳、角色和云朵网格的 Z 位置，你可能会看到不同于图 4-7 中的深度问题。然而，不管将它们按什么顺序排列，解决这些问题的方法是：只在绘制不透明网格时启用深度测试，而绘制其他所有内容时禁用深度测试。如果你的项目添加了这两行代码，最后还是不能解决所有问题，请查看本章示例代码中 AdditiveSun 项目中的代码，以查看你的代码与我的代码有何不同。

在某些引擎中，启用深度写入和深度测试之间存在差异，引擎允许你告诉 GPU 使用现有的深度缓冲区，以允许网格被其他网格遮挡，但不能写入网格本身的深度信息。如果需要在不透明墙后面隐藏半透明网格[如幻影(ghost)角色]，这将非常有用。通过编写

OpenGL 代码，在 openFrameworks 中可以实现此操作，但我们不会在本书中对此进行深入研究。当你开始使用其他引擎时，请记住这一点。

4.9　使用精灵表制作动画

在本章结束之前，还想再编写一个着色器。现在已经掌握了半透明，并且已经了解如何在四边形上绘制二维角色，几乎已经具备了渲染 2D 游戏所需的所有知识。但缺少一项重要的能力，动画制作的能力。现在我们已经掌握了混合和如何使用 UV 坐标，已经具备为场景添加一些动画所需的所有知识。

大多数 2D 游戏都把角色当作翻页书(flipbook)来制作动画。角色动作的不同阶段的多个图像将被存储在所谓的精灵表(Sprite Sheet)中。本章资源中包含的最后一个纹理是外星人角色的精灵表，如图 4-8 所示。使用精灵表制作网格动画仍然使用常规的四边形网格，但在其顶点着色器中使用一些附加值来偏移和缩放该四边形的 UV 坐标，以便它一次仅显示一帧动画。需要在给定帧中显示的动画帧由着色器统一变量选择，并由 C++代码更新。在我们的示例中，将永远循环播放一个行走动画(动画帧如图 4-8 所示)。更复杂的游戏将使用更复杂的精灵表，其中包含角色能够执行的所有动作的帧。

图 4-8　外星人精灵表

首先，快速浏览顶点着色器必须使用的 UV 数学。要做的第一件事是缩放 UV 坐标，以便它们只选择精灵表的第一帧。纹理坐标从(0, 0)开始，位于纹理的左下角；但是，如前所见，我们将反转 V 坐标以将图像正确地向上翻转。这意味着(0, 0)纹理坐标在功能上将是图像的左上角，这使我们的生活更加轻松，因为这正是动画的第一帧！

要从精灵表中选择单个帧，首先需要将四边形的 UV 坐标乘以二维向量，以将它们缩放到精灵表纹理中单个动画帧的大小。正确缩放比例之后，就可以添加另一个二维向量来偏移坐标，这样它们就包围了我们要绘制的帧。图 4-9 演示了这个过程。如果这听起来有点令人困惑，请不要担心，我们将逐步讲解。

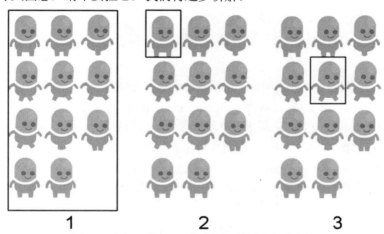

图 4-9　如何调整 UV 坐标以显示精灵表的单个帧

从包含整个精灵表纹理的 UV 坐标开始。如图 4-9 的 1 上方的图所示。在精灵表中，单个精灵的尺寸大小是(0.28, 0.19)，因此首先要做的是将 UV 坐标乘以该尺寸大小向量。这将得到一个 UV 矩形，该矩形足以包含纹理中一帧的区域。其结果如图 4-9 中 2 上方的图所示。如果现在绘制网格，将看到它只使用 UV 当前包含的动画帧区域的纹理。对 UV 进行相应缩放之后，还需要向它们添加一个向量，以将 UV 矩形移动到所需动画的帧上。最后一个操作如图 4-9 中 3 上方的图所示。

尽管涉及多个步骤，但此着色器代码却非常简单。设置 C++代码，传入 vec2 设置精灵大小，传入第二个值来选择所需的帧。将这些值相乘，以获得需要应用到顶点 UV 坐标的平移向量。总而言之，角色的顶点着色器最终如代码清单 4-15 所示。为这段代码创建了一个新文件 spritesheet.vert，并将代码清单 4-15 复制到其中。

代码清单 4-15　操纵 UV 坐标以使用精灵表的顶点着色器

```
#version 410

layout (location = 0) in vec3 pos;
layout (location = 3) in vec2 uv;

uniform vec2 size;
uniform vec2 offset;
```

```
out vec2 fragUV;

void main()
{
    gl_Position = vec4(pos, 1.0);
    fragUV = vec2(uv.x, 1.0-uv.y) * size + (offset*size);
}
```

可将这个新的顶点着色器与现有的 alpha 测试片元着色器结合使用,创建一个新的 ofShader 对象(示例代码将其命名为 spritesheetShader)来渲染角色。为此,需要修改 draw() 函数,以使用此新的 ofShader 对象为外星人提交 draw 调用,在顶点着色器中传递两个新的统一变量的值,并用精灵表纹理替换外星人纹理。和之前一样,假设不再需要演示创建 ofShader 对象和使用它绘制角色的代码,但是本章的在线代码示例包含了所有这些代码,以防你陷入困境(请参阅 SpritesheetAnimation 项目)。相反,代码清单 4-16 只包含了用于在精灵帧之间循环的代码片段。

代码清单 4-16 为代码清单 4-15 所示顶点着色器中的统一变量生成值的快速方法

```
static float frame = 0.0;
frame = (frame > 10) ? 0.0 : frame += 0.2;
glm::vec2 spriteSize = glm::vec2(0.28, 0.19);
glm::vec2 spriteFrame = glm::vec2((int)frame % 3, (int)frame/3);
```

虽然前面的代码片段肯定不会扩展为一个完整的游戏,但这足以让外星人动起来!仅使用到目前为止介绍的这些代码,运行程序时,应该能够在屏幕上看到外星人在原地行走。这很酷,但是外星朋友看起来有点奇怪,步行动画一直在循环,位置却没有移动半点。在第 5 章,我们将帮助他移动,并讨论如何使用顶点着色器在屏幕上移动网格。

4.10 小结

有了本章中学习的内容,我们几乎涵盖了制作简单的 2D 游戏所需的着色器的所有内容。以下是对所学内容的简要回顾:

- alpha 测试是检查给定片元的 alpha 值是否高于或低于某个阈值,并丢弃所有不需要的片元的过程。
- discard 语句用于从管线中删除当前片元。

- GPU 使用深度缓冲区存储所需的信息，以允许物体根据位置相互遮挡。这个过程称为深度测试。
- 在片元处理步骤中，将半透明片元与后置缓冲的当前内容混合。
- 可以通过指定混合方程来配置如何进行混合。两个最常见的混合方程是 "alpha 混合" 方程和 "加法混合" 方程。
- 通常不提交半透明网格的深度信息。
- 序列帧动画可以使用精灵表实现。

第 5 章

使物体动起来

自此，我们已花了很多时间聚焦在使用片元着色器处理调色、加亮、混合等操作。你可能以为顶点着色器的存在仅仅是为了传递信息给演出中的真正明星，你这样想也是情有可原的，但事实并非如此。虽然片元着色器驱动了我们在现代游戏中常用的许多视觉效果，但顶点着色器是现代视频游戏图形中鲜为人知的主力军，本章将重点介绍其原因。

到目前为止，已为项目创建了两个不同的网格：三角形和四边形。这两个网格是完全静态的(静止的)，但是游戏中的网格经常移动，我们也该这么做了。最简单的方法是修改网格本身的顶点。例如，如果一个对象需要在 X 轴上向前移动 5 个单位，则可将(5, 0, 0)添加到网格中的每个顶点。在我们的项目中，可以通过将代码清单 5-1 中的代码片元添加到 ofApp 的 onKeyPressed()函数中来自己尝试。

代码清单 5-1　通过修改网格顶点移动网格

```
int numVerts = charMesh.getNumVertices();
for (int i = 0; i < numVerts; ++i)
{
    charMesh.setVertex(i, charMesh.getVertex(i) + glm::vec3(0.2f, 0.0f,
    0.0f));
}
```

这是可行的，但也存在一些主要的缺点。首先，更新网格的几何体是一个相对缓慢的操作，如果有其他选择，你不会希望每帧都执行这一操作。其次，这要求游戏中的每个对象都有自己的网格实例，而不是在内存中共享一个网格。这对游戏来说是个噩梦，因为它需要更多的内存来存储游戏的网格数据。顶点着色器一举解决了这两个问题。

顶点着色器不修改网格数据，而是通过修改物体顶点将绘制到屏幕上的位置来移动物体。同一个网格可以重复提交到图形管线，并根据顶点着色器中的逻辑将其放置在不同的位置。要查看实际效果，让我们修改第 4 章的 spritesheet.vert 文件，来移动我们的角色。它仍然会将精灵表 UV 坐标传递到片元着色器，因此只需要更改正在使用的顶点着色器即可。代码清单 5-2 显示了需要对 spritesheet.vert 着色器的 main() 函数的修改，以便开始移动角色。

代码清单 5-2　在顶点着色器中平移网格

```
void main()
{
    vec3 translation = vec3(0.5, 0.0, 0.0);
    gl_Position = vec4(pos + translation, 1.0);❶
    fragUV = vec2(uv.x, 1.0-uv.y) * size + (offset*size);
}
```

向右移动网格很简单，只需要向网格中每个顶点的位置添加一个向量(❶处)。由于归一化的设备坐标范围是从-1 到+1，因此向右移动 0.5 意味着该着色器将把整个网格向右移动 1/4 的窗口宽度。修改了代码再运行程序，你应该会看到外星人角色仍然在原地行走，但这次是在屏幕的右边一点。虽然这很酷，但如果我们能让外星人根据键盘输入而四处走动，那就酷多了。接下来实现这一效果。

5.1　让角色向前走

我们已经了解了如何在顶点着色器中进行平移。下一步把平移向量换成统一变量，这样就可以在 C++中进行设置而不是对其进行硬编码。我们已经在着色器中多次使用了向量统一变量，现在将跳过提供这部分示例代码。与往常一样，本章的示例项目中提供了本示例的完整代码(请参阅第 5 章的 WalkingCharacter 示例项目)。

在代码清单 5-1 中编写了一些代码，当我们按下一个键时，角色就会移动。但这个移动动作非常跳跃，与角色的行走动画完全不匹配。修改移动方式，让角色在按住某个键时平稳地向前移动，在释放该键时停止向前移动。每帧都检查一次该键是否仍被按下。如果是，将修改传递到角色顶点着色器的向量。这意味着需要两个新变量，一个用于角色平移的 vec3，一个存储用于移动角色的键的状态的布尔值。我们将从多个函数访问这些变量，因此在 ofApp.h 中将它们声明为成员变量，如代码清单 5-3 所示。

代码清单 5-3　ofApp.h 中的两个新成员变量

```
class ofApp : public ofBaseApp
{
    //为简洁起见，省略了其余代码
    bool walkRight;
    glm::vec3 charPos;
}
```

请注意，把平移向量命名为 charPos，而不是 charTranslation。将在本章后面讨论其中原因，现在不必担心它。

现在需要编写代码来跟踪按键的状态。因为要让角色向前走，所以使用右箭头键来控制此运动比较合理。获取该键的状态只需要在 ofApp 的 keyPressed()和 keyReleased()函数中添加几行代码，非常简单。如代码清单 5-4 所示。

代码清单 5-4　跟踪右箭头键的状态

```
void ofApp::keyPressed(int key)
{
    if (key == ofKey::OF_KEY_RIGHT) {
        walkRight = true;
    }
}

void ofApp::keyReleased(int key)
{
    if (key == ofKey::OF_KEY_RIGHT){
        walkRight = false;
    }
}
```

现在，准备更新 charPos 向量并将其传递给着色器。到目前为止，为了简单起见，我们一直把每帧要执行的所有逻辑都放到 draw()函数中，但该函数通常不是执行非渲染逻辑的地方。取而代之的是，每一帧需要发生的但与创建绘制调用没有直接关系的逻辑应该放在 update()函数中，移动角色的逻辑的代码放在该函数中。代码清单 5-5 显示了 update 函数的代码，处理了更新位置向量的逻辑。

Shader 开发实战

代码清单 5-5　每帧更新角色位置向量

```
void ofApp::update()
{
    if (walkRight)
    {
        float speed = 0.4 * ofGetLastFrameTime();❶
        charPos += glm::vec3(speed, 0, 0);
    }
}
```

代码清单 5-5 中有一点可能会令人困惑，那就是 ofGetlastFrameTime()函数的使用。此函数用于返回从上一帧开始到此帧开始所经过的时间量。大多数引擎将此时间间隔称为"增量时间(delta time)"。将角色的速度乘以该值非常重要，这样无论计算机渲染每帧的速度有多快，角色都会以相同的速度移动。以这种方式使用 delta 时间就是游戏如何确保无论他们运行的计算机有多快，游戏都能保持一致的速度。

现在 update()函数已经设置好了，需要做的就是将 charPos 传递给角色顶点着色器中的平移统一变量，就像精灵表的大小和偏移向量一样。由于 charPos 是 vec3，因此需要使用 setUniform3f()来完成此操作。如果你已经正确地连接了所有的东西，按右箭头键将使我们的外星人朋友走到屏幕的右边，而不必修改他的网格数据！如果你的外星人朋友还没有四处走动，请查看本章示例代码中的 WalkingCharacter 项目，看看你可能错过了什么。

我们的外星人并不是本章场景中要添加动态的唯一部分。接下来，将介绍如何缩放和旋转云朵网格。

5.2　在着色器代码中缩放云朵

平移网格并不是顶点着色器所能做的全部操作。物体在三维场景中的位置由 3 个不同的属性定义。目前顶点着色器作用于这 3 个属性中的第一个：位置，即物体从三维世界的原点的平移。另外两个属性是旋转和缩放。修改这些属性中的一个或多个的操作称为变换(transformation)。只要修改这些属性，就可以描述物体在三维空间中可能具有的任何位置和方向。

我们已经在着色器中看到了平移，下面继续进行缩放。在顶点着色器中缩放网格就像调整位置一样容易。需要做的就是用位置乘以一个向量，而不是相加。

74

代码清单 5-6　在顶点着色器中缩放网格

```
void main() {
    vec3 scale = vec3(0.5, 0.75, 1.0);
    gl_Position = vec4( (pos * scale), 1.0); ❶
    fragUV = vec2(uv.x, 1.0-uv.y);
}
```

在代码清单 5-6 中，scale 向量通过将顶点位置的每个分量乘以 scale 向量的相应分量来缩放网格的大小。为了使网格保持原来的大小，可以使用缩放向量(1.0,1.0,1.0)。按大于或小于 1.0 的值缩放将调整该维度中网格的比例。代码清单 5-6 中的着色器将网格缩放为 X 维上的 1/2，Y 维上的 3/4。如果修改 passthrough.vert 着色器使背景网格的尺寸缩小一半，显示效果如图 5-1 所示。

图 5-1　在 X 和 Y 维度缩放四边形网格

注意，在图 5-1 中，背景网格尽管被缩放，但仍然在屏幕的中心。这是因为顶点的位置是用归一化的设备坐标定义的,这意味着它们所定义的坐标系的原点是屏幕的中心。定义网格顶点的坐标系称为网格的对象空间(object space)。在本例中，我们的背景对象空间与归一化设备空间是相同的。在计算机图形学中，你经常会听到坐标空间(而不是坐标系)这个词。就我们的目的而言，它们基本上是可互换的术语；坐标系只是描述某物体在坐标空间中位置的方式。

当我们缩放一个顶点位置时，意味着将该位置要么移向要么远离网格对象空间的原点。为了按我们预期的方式进行缩放，网格的中心应该是(0,0,0)点，也就是用来构造网格的坐标空间的原点。如果网格对象空间的原点与网格中心不匹配，缩放会产生奇怪的结果。

  所有的四边形都是用同一个对象空间创建的，但是 buildMesh() 函数允许通过将它们的顶点从该空间的原点偏移来将它们定位在屏幕上的不同位置。这意味着云朵四边形物体空间的原点是屏幕的中心，尽管该网格并没有靠近该点。图 5-2 显示了当我们尝试缩放云朵网格而不是背景四边形时会发生什么。你可以看到它似乎除了缩小，还在向屏幕中心移动。

图 5-2 左图是没有阳光的场景。右图是云朵网格缩放到一半大小的场景——(0.5,0.5,1.0)。
它似乎向屏幕的中心移动，这是它的对象空间的原点

  为了解决这个奇怪的问题，需要改变云朵网格，使其顶点位于它的对象空间的原点上。这意味着需要修改设置函数，以创建一个不为云朵提供位置偏移的四边形，并使用顶点着色器将其移动到适当位置。代码清单 5-7 显示了要修改的代码。

代码清单 5-7 更改 buildMesh() 函数以创建中心在对象空间原点的云朵

```
void ofApp::setup()
{
    //为了简洁，省略了其他代码
    buildMesh(cloudMesh, 0.25, 0.15, vec3(0.0, 0.0, 0.0));
}
```

  需要更改云朵的着色器，以便使用平移向量将其放置在屏幕上需要的位置。然而，我们也希望着色器能够缩放网格，而不会像图 5-2 所示那样移动网格。诀窍是确保在平移网格之前先缩放网格。这样，当缩放操作发生时，云网格的所有顶点仍将以原点为中心。缩放完成后，就可以自由地将云朵平移到需要的任何地方。当向着色器添加旋转时，还会再次看到该规则：缩放总是需要首先执行。可以在代码清单 5-8 中看到如何在着色器代码中实现该规则。在此示例中，专门为云朵创建了一个新的顶点着色器，以便在某

些值中进行硬编码而不会缩放最初使用相同顶点着色器的其他网格。如果你在家中跟随示例学习，也需要这样做。

代码清单 5-8　在顶点着色器中组合平移和缩放

```
void main()
{
    vec3 translation = vec3(-0.55, 0.0, 0.0);
    vec3 scale = vec3(0.5, 0.75, 1.0);
    gl_Position = vec4( (pos * scale) + translation, 1.0); ❶
    fragUV = vec2(uv.x, 1.0-uv.y);
}
```

首先乘以 scale 向量，然后加上 translation(❶处)，就像在代码片段之前所说的那样。这还为我们提供了 MAD 运算(乘法后加一个加法运算)的另一个示例，GPU 可以非常快速地执行此操作。使用该着色器渲染的云朵网格应该会得到缩小的云朵，但其位置与最初的位置相同。效果如图 5-3 所示。

图 5-3　正确缩放的云朵

看起来好多了！如果你在自己的项目中看到的效果不同，则可以在 ScaledCloud 示例项目中找到所有用于放置云朵位置的代码。接下来，将为场景创建第二朵云，以便可以使用新的网格来查看如何在顶点着色器中旋转物体。

5.3 使用顶点着色器旋转物体

如前所述,旋转比平移或缩放要复杂一些,尤其是在处理三维物体时。但是,由于我们只处理场景中的二维四边形,因此可以使用三角函数来完成旋转,如代码清单 5-9 所示。

代码清单 5-9　顶点着色器中的二维旋转

```
void main() {
    float radians = 1.0f;

    vec3 rotatedPos = pos;
    rotatedPos.x = (cos(radians)*pos.x)-(sin(radians)*pos.y);
    rotatedPos.y = (cos(radians)*pos.y)+(sin(radians)*pos.x);

    gl_Position = vec4( rotatedPos, 1.0);
    fragUV = vec2(uv.x, 1.0-uv.y);
}
```

我们不打算花时间研究上述旋转的数学问题,因为一会儿将展示一种更简单的方法来完成所有的变换——用一行代码进行平移、缩放和旋转。在开始之前,使用前面的示例代码来讨论如何向之前编写的可以缩放和平移的顶点着色器添加旋转操作。和以前一样,操作顺序很重要。缩放是第一个操作,因此可以将旋转放置在平移之前或平移之后。图 5-4 显示了这些不同选择应用于云朵时的效果。

图 5-4　左边的屏幕截图展示了在平移之后执行旋转的结果。
右边的屏幕截图展示了先执行旋转后平移的结果

如果把旋转数学操作放在平移之前，云朵会在适当的位置旋转，然后朝着我们期望的平移方向移动。如果在平移后再旋转，网格将围绕其坐标空间的原点旋转。最终看起来，网格似乎已朝旋转所指向的方向移动。虽然这两种选择有时都可以满足你的需求，但最常见的用法是将平移放在旋转之后。这意味着大多数顶点着色器首先执行缩放，然后执行旋转，最后以平移结束。将前面的例子组合在一起可以得到一个云朵的顶点着色器，如代码清单 5-10 所示。

代码清单 5-10　在一个顶点着色器中组合缩放、旋转和平移

```
#version 410

layout (location = 0) in vec3 pos;
layout (location = 3) in vec2 uv;

uniform vec3 translation;
uniform float rotation;
uniform vec3 scale;

out vec2 fragUV;

void main() {
    vec3 scaled = pos * scale;

    vec3 rotated;
    rotated.x = (cos(rotation)*scaled.x)-(sin(rotation)*scaled.y);
    rotated.y = (cos(rotation)*scaled.y)+(sin(rotation)*scaled.x);

    gl_Position = vec4( rotated + translation , 1.0);
    fragUV = vec2(uv.x, 1.0-uv.y);
}
```

虽然这不是移动网格的最佳方式，但可以使用类似的方法来使用前面的顶点着色器构建 2D 游戏。实际上，让我们用这个着色器为窗口绘制更多旋转了的云朵。需要做的就是在 draw() 函数中添加一些对 setUniform() 的调用，如代码清单 5-11 所示。

代码清单 5-11　将平移、旋转和缩放作为统一变量传递

```
void ofApp::draw() {

//函数开头不变
```

```
cloudShader.begin();
cloudShader.setUniformTexture("tex", cloudImg, 0);
cloudShader.setUniform1f("alpha", 1.0);

cloudShader.setUniform3f("scale", glm::vec3(1.5, 1, 1));
cloudShader.setUniform1f("rotation", 0.0f);
cloudShader.setUniform3f("translation", glm::vec3(-0.55, 0, 0));
cloudMesh.draw();

cloudShader.setUniform3f("scale", glm::vec3(1, 1, 1));
cloudShader.setUniform1f("rotation", 1.0f);
cloudShader.setUniform3f("translation", glm::vec3(0.4, 0.2, 0));
cloudMesh.draw();

//我们没有渲染太阳网格,以便更好地观察云朵
}
```

这是第一次为同一个网格提交多个绘图调用。在代码清单 5-11 中,对两个 draw 调用使用了相同的四边形网格,但由于我们设置的统一变量不同,因此这两个 draw 调用会在屏幕上绘制出两个截然不同的四边形,效果如图 5-5 所示。

图 5-5　使用不同的变换统一变量提交多个绘图调用

重用相同的网格数据并用变换数据对其进行个别调整,这就是游戏如何在游戏世界中绘制一百万个相同的云朵的方法,而不需要在内存中存储一百万个云朵网格。一般来说,游戏将永远只需要一个网格的副本在内存中,无论游戏中存在多少个不同的副本。

如果要查看本示例的完整代码，可以在第 5 章示例代码的 RotatedCloud 项目中找到它。

5.4　变换矩阵

到目前为止，虽然我们编写的顶点着色器是一个功能完善的着色器，但大多数游戏用于定向和放置网格的顶点着色器的处理方式与前面介绍的有所不同。大多数游戏没有分别处理 3 个变换操作，而是将所有 3 个操作组合成一个矩阵，称为变换矩阵。

矩阵只是一个数字数组，以某种矩形排列。图 5-6 显示了一些矩阵的示例。

$$\begin{bmatrix} 1 & 0 & 0 & 0 \\ 0 & 1 & 0 & 0 \\ 0 & 0 & 1 & 0 \\ 0 & 0 & 0 & 1 \end{bmatrix} \begin{bmatrix} -\cos\theta & \sin\theta \\ \sin\theta & \cos\theta \end{bmatrix} \begin{bmatrix} 0.5 \\ 0 \\ 0 \end{bmatrix}$$

图 5-6　矩阵示例

虽然矩阵数学是一门非常深入的学科，但是每一个现代游戏引擎都提供了矩阵类，可以完成需要的所有数学运算。这意味着我们只需要担心如何在渲染中使用这个数学库。我们将在几章中讨论矩阵数学，但为了能够上手使用它，只需要了解 3 件事：

(1) 矩阵可以看作一种数据结构，用于存储平移、旋转和缩放(以任何顺序)的任何组合。

(2) 可以通过将它们相乘来组合矩阵。如果组合两个变换矩阵，则得到一个矩阵，该矩阵组合了存储在这两个矩阵中的操作。

(3) 如果将一个向量乘以一个变换矩阵，则将该矩阵的平移、旋转和缩放操作应用于该向量。

不必担心如何构建一个矩阵或手动将它们相乘，但是确实需要掌握如何使用代码为我们实现这些操作。首先，使用 GLM 在 C++代码中创建一些矩阵，如代码清单 5-12 所示。

代码清单 5-12　创建不同变换矩阵的 GLM 函数

```
using namespace glm;
mat4 translation = translate(vec3(0.5, 0.0, 0.0)); ❶
mat4 rotation = rotate((float)PI * 0.5f, vec3(0.0, 0.0, 1.0)); ❷
mat4 scaler = scale(vec3(0.5, 0.25, 1.0)); ❸
```

GLM 提供了一系列矩阵类型，但是 3D 变换矩阵总是 4×4 矩阵。这意味着它们由 4 行数字组成，每行包含 4 个元素。4×4 矩阵的类型名是 mat4，可以在示例代码中看到它的用法。制作平移、旋转和缩放矩阵是非常常见的任务，GLM 提供了简化这一过程的函数。要创建平移矩阵，可以使用 GLM 的 translate()函数(❶)。类似地，可以使用 rotate()和 scale()函数(分别是❷和❸)来创建存储旋转和缩放操作的矩阵。

创建旋转矩阵的函数没有其他两个函数直观，因此，我们多花一点时间深入探讨❷行。❷行使用"轴/角度"样式函数创建旋转。这意味着需要提供物体将围绕旋转的 vec3 轴，以及物体要旋转的角度(以弧度为单位)。在代码清单 5-12 中，提供的轴是(0.0,0.0,1.0)，即 Z 轴。因为 Z 轴指向屏幕，可以把这个旋转想象成把一根针穿过网格的中心，然后把该网格围绕针旋转。得到的旋转效果与本章前面的顶点着色器中使用的旋转完全一样。

现在讨论如何使用这些矩阵来变换网格。如果只需要执行这些操作中的其中一个，假设只需要缩放网格，就可以将位于❸处的矩阵传递给着色器，这样就准备好了。然而，使用变换矩阵的优点是它们可以组合起来。在第一个示例中没有使用矩阵是很可惜的，因此将一个矩阵传递给着色器，该矩阵组合了上面示例中的 3 个矩阵的操作。

可以通过将矩阵相乘来组合它们。矩阵乘法与常规乘法稍有不同，因为矩阵相乘的顺序很重要。这意味着代码清单 5-13 中的两行代码将产生不同的结果。

代码清单 5-13　组合变换矩阵的两种不同方法

```
mat4 transformA = translation * rotation * scaler; ❶
mat4 transformB = scaler * rotation * translation; ❷
```

确定需要使用哪种乘法顺序才能获得预期的结果，可能比你预料的更复杂，它与数学库如何在内存中存储矩阵有关。虽然变换矩阵是 4×4 方阵，但在计算机内存中，它们作为线性数组存储。有两种不同的方法将这个线性数组中的值映射到它们在矩阵中的二维位置。第一种方法是逐行存储数组的值，因此数组中的前 4 个值对应于矩阵中的第一行数据，以此类推。第二种方法是逐列存储值，因此数组中的前 4 个值对应于矩阵第一列中从上到下的值，以此类推。

图 5-7 展示了这种差异。在内存中，图 5-7 中的两个矩阵看起来像是按顺序排列的数字 1 到 4 的线性数组。根据将数组的数据解释为行还是列，最终将得到两个截然不同的矩阵。

$$\begin{bmatrix} 1 & 2 \\ 3 & 4 \end{bmatrix} \qquad \begin{bmatrix} 1 & 3 \\ 2 & 4 \end{bmatrix}$$

图 5-7　左矩阵是行优先矩阵(row-major)的示例，而右矩阵是列优先矩阵(column-major)的示例

如果数据按行排列，则可以说矩阵是行优先的，这是矩阵内存布局的计算机图形学术语。如果数据是逐列存储的，则可以说矩阵是列优先的。虽然选择这两种内存布局的哪一种没有任何影响，但是该选择对如何乘以矩阵有一定的影响。如果使用的是列优先矩阵，需要进行左乘运算(post-multiply)，如代码清单 5-13 中的❶行。这意味着，如果从左到右读矩阵乘法，看起来是在反向执行操作。行优先矩阵是相反的：可以按照希望它们发生的顺序来书写它们的乘法，比如在❷处。选择使用哪种内存布局纯粹是一种偏好。默认情况下，GLM 使用列优先矩阵，因此我们也将在本书中使用这种存储。为此，代码清单 5-14 显示了一个简单的函数，将在以后的示例中使用它快速创建对象的变换矩阵。

代码清单 5-14　用于创建变换矩阵的函数

```
glm::mat4 buildMatrix(glm::vec3 trans, float rot, glm::vec3 scale)
{
    using glm::mat4;
    mat4 translation = glm::translate(trans);
    mat4 rotation = glm::rotate(rot, glm::vec3(0.0, 0.0, 1.0));
    mat4 scaler = glm::scale(scale);
    return translation * rotation * scaler;
}
```

需要修改 draw 函数来将矩阵传递给顶点着色器。下面继续设置 C++代码，以将矩阵存储在统一变量中，可以使用 setUniformMatrix()函数来实现。代码清单 5-15 显示了云朵绘制代码目前的版本。

代码清单 5-15　使用变换矩阵绘制云朵

```
ofDisableDepthTest();
ofEnableBlendMode(ofBlendMode::OF_BLENDMODE_ALPHA);
using namespace glm;

mat4 transformA = buildMatrix(vec3(-0.55, 0.0, 0.0), 0.0f, vec3(1.5, 1, 1));
mat4 transformB = buildMatrix(vec3(0.4, 0.2, 0.0), 1.0f, vec3(1, 1, 1));

cloudShader.begin();
cloudShader.setUniformTexture("tex", cloudImg, 0);

cloudShader.setUniformMatrix4f("transform", transformA); cloudMesh.
draw();
```

```
cloudShader.setUniformMatrix4f("transform", transformB); cloudMesh.
draw();

cloudShader.end();
```

这就是需要做的所有 C++工作，因此，是时候继续介绍顶点着色器。还记得我之前承诺过变换矩阵可以将顶点着色器中的所有平移、旋转和缩放数学操作压缩为一行代码吗？顶点着色器代码如代码清单 5-16 所示。

代码清单 5-16　使用变换矩阵的顶点着色器

```
#version 410

layout (location = 0) in vec3 pos;
layout (location = 3) in vec2 uv;

uniform mat4 transform;
out vec2 fragUV;

void main()
{
    gl_Position = transform * vec4( pos, 1.0);
    fragUV = vec2(uv.x, 1.0-uv.y);
}
```

更改着色器后，运行程序应该能看到渲染的场景与以前完全相同。如果你看到的内容有所不同，请查看本章示例代码中的 transformMatrix 项目。

在着色器中使用变换矩阵，除了代码更简洁外，还意味着现在可以正确地处理 3D 旋转。使用矩阵进行这类数学运算也比我们以前的着色器优化得多。GPU 非常擅长做矩阵乘法。换掉我们的早期代码，早期代码使用了很多较慢的三角函数(比如 sin()和 cos())，并用一个矩阵乘法代替它，这对着色器的运行时性能是一个巨大的提升。

5.5　为变换矩阵添加动态

现在，我们知道了如何使用矩阵，让我们用它们使其中的一朵云随时间旋转。最简单的方法是改变每帧的旋转角度，并使用它为网格创建每帧变换矩阵。代码清单 5-17 显示了使用这种方法创建的云朵的变换矩阵。

代码清单 5-17　每帧更新旋转矩阵

```
static float rotation = 0.0f;
rotation += 0.1f;
mat4 transformA = buildMatrix(vec3(-0.55, 0.0, 0.0), rotation,
vec3(1.5, 1, 1)); ❶
```

在代码清单 5-17 中，用一个可以每帧更新的值来替换旋转矩阵函数中的旋转常量(❶)。这接近于现代电子游戏处理旋转网格的方法。但是，我想以此示例为契机，展示更多合并变换矩阵的方法，因此将以另一种方法解决这个问题。将创建一个仅表示云朵旋转的变换矩阵，然后用这个新的旋转矩阵和云朵的初始变换矩阵进行合并。

实现此目标时，你可能会做的第一件事就是简单地将变换矩阵乘以新的旋转矩阵。如代码清单 5-18 所示。

代码清单 5-18　左乘和右乘旋转矩阵

```
mat4 transformA = buildMatrix(vec3(-0.55, 0.0, 0.0), rotation,
vec3(1.5, 1, 1));
mat4 ourRotation = rotate(rotation, vec3(0.0, 0.0, 1.0));
mat4 resultA = transformA * ourRotation; ❶
mat4 resultB = ourRotation * transformA; ❷
```

但是，云朵矩阵已经存储了缩放、旋转和平移操作。如果要乘以一个旋转矩阵，只需要在原始变换矩阵的左边或右边添加一个旋转矩阵，如代码清单 5-18 所示。右乘旋转矩阵得到结果(❶)，即在原始缩放、旋转、平移操作之前执行旋转的矩阵。左乘得到 resultB(❷)，它在序列的末尾执行旋转。两种选择的结果如图 5-8 所示。

这两种结果都不是我们想要的。要么在缩放操作之前先旋转网格而使网格以一种怪异的方式倾斜，要么最终围绕网格原点旋转网格，因为在进行所有变换之后旋转了网格。请记住，理想情况下，希望所有的旋转操作都发生在应用网格的缩放和平移操作之间。真正需要做的是找到一种方法，把旋转插入原始操作序列的中间，这样就可以在平移发生之前但在缩放之后旋转对象。变换过程如下所示：

缩放 -> 旋转 -> 我们的旋转 -> 平移

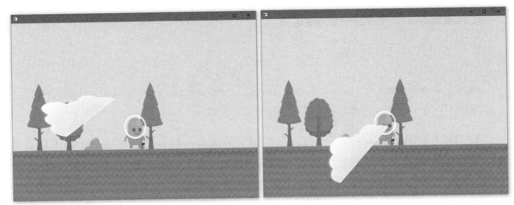

图 5-8   左边的屏幕截图显示了在顶点着色器中使用代码清单 5-18 中的矩阵 resultA 的结果。
右屏幕截图使用了矩阵 resultB

这在技术上是不可能的，但是可以在旋转矩阵中添加额外的操作。新矩阵将执行与原始变换矩阵完全相反的平移，然后执行旋转，最后重做原始的平移，因此新矩阵不仅包含旋转。最后，变换过程将如下所示：

缩放 -> 旋转 -> 平移 -> 平移 -> 我们的旋转 -> 平移

将首先创建一个包含最后两个操作的矩阵。该矩阵将包含要应用于云朵网格的旋转，然后是已经存储在该网格的变换矩阵中的平移。设置好之后，剩下的就是在这一系列操作之前进行相反的平移。

要创建这个初始矩阵，需要将每帧旋转矩阵乘以原始平移矩阵。请记住，需要按照与执行操作相反的顺序乘以矩阵，这就是为什么代码清单 5-19 乍一看可能是相反的顺序。

代码清单 5-19   创建一个旋转后执行平移的矩阵

```
mat4 ourRotation = rotate(radians, vec3(0.0, 0.0, 1.0));
mat4 newMatrix = originalTranslation * ourRotation;
```

现在剩下的就是找到一个矩阵，它代表与原来完全相反的平移操作。这意味着，如果最初的平移是将对象向右移动 5 个单位，需要一个向左移动 5 个单位的矩阵。对我们来说幸运的是，每个变换矩阵，无论多么复杂，都有一个完全相反的矩阵，称为逆矩阵。手工求逆矩阵是一个相当复杂的过程，但是 GLM 可以使用 inverse() 函数求逆矩阵，该函数接收矩阵参数并返回其逆矩阵。我们所需要知道的是得到逆矩阵后，该如何使用它。

代码清单 5-20　newMatrix 将执行反向平移，然后执行旋转，最后执行平移

```
mat4 ourRotation = rotate(radians, vec3(0.0, 0.0, 1.0));
mat4 newMatrix = translation * ourRotation * inverse(translation);
```

如果用 newMatrix 乘以原始矩阵，将得到想要的结果：云朵将原地旋转(见代码清单 5-20)！用变换矩阵的逆矩阵撤销变换的思路在以后处理三维网格时非常有用。把代码整合在一起，绘制两个云朵的代码最终应该如代码清单 5-21 所示。

代码清单 5-21　最终的云朵绘制代码

```
static float rotation = 1.0f;
rotation += 1.0f * ofGetLastFrameTime();

//为未旋转的云朵创建变换
mat4 translationA = translate(vec3(-0.55, 0.0, 0.0));
mat4 scaleA = scale(vec3(1.5, 1, 1));
mat4 transformA = translationA * scaleA;

//将旋转应用到变换
mat4 ourRotation = rotate(rotation, vec3(0.0, 0.0, 1.0));
mat4 newMatrix = translationA * ourRotation * inverse(translationA);
mat4 finalMatrixA = newMatrix * transformA;

mat4 transformB = buildMatrix(vec3(0.4, 0.2, 0.0), 1.0f, vec3(1, 1, 1));

cloudShader.begin();
cloudShader.setUniformTexture("tex", cloudImg, 0);

cloudShader.setUniformMatrix4f("transform", finalMatrixA);
cloudMesh.draw();

cloudShader.setUniformMatrix4f("transform", transformB);
cloudMesh.draw();

cloudShader.end();
```

在将代码清单 5-21 的代码集成到你自己的项目中之后，应该能够运行该程序并看到其中一朵云在旋转。本例的完整代码位于第 5 章示例代码的 AnimatedTransform 项目中，如果你看到的运行效果有所不同，请在那里查看。

如前所述，大多数游戏不会通过反向平移 -> 旋转 -> 重新平移构造矩阵来旋转对象。对于游戏而言，更常见的是，将对象的平移、旋转和缩放存储为独立的向量，然后在每帧(或当其中一个向量发生变化时)构建一个新的变换矩阵。我们以更困难的方式实现，目的是为你提供有关矩阵如何一起工作的更多实践。

在后面的章节中会大量使用矩阵乘法,请务必花一些时间真正理解刚刚介绍的示例。如果这是你第一次看到矩阵数学，建议你在继续之前尝试制作一些你自己的变换矩阵，看看它们在你的项目中是什么效果。

5.6　单位矩阵

已经快到本章的结尾了，但是代码还有点奇怪。场景中的某些网格是用使用变换矩阵的着色器绘制的，而有些则不是。游戏喜欢尽可能统一地处理对象，以便它们能够以最有效的方式重用着色器。对我们来说，这意味着需要确保所有的东西都有一个变换矩阵，即使网格不需要移动到任何地方。当一个矩阵与另一个矩阵或向量相乘时不起任何作用的矩阵称为单位矩阵。已经可以通过 buildMatrix()函数创建一个单位矩阵，方法是传入一个用于平移的零向量，一个无旋转角度，以及一个全为 1 的缩放向量。但是有一种更简单的方法来实现。GLM 的 mat4 类型一开始是一个单位矩阵，因此可以完全跳过buildMatrix()函数，就能得到一个单位矩阵。代码清单 5-22 显示了将完成此任务的一行代码。

代码清单 5-22　创建单位矩阵

```
mat4 identity = glm:: mat4();
```

这对背景网格很有用，因为不想移动它，但希望能够用在其他地方使用的相同顶点着色器渲染它。继续修改程序，使所有东西都使用一个需要变换矩阵的顶点着色器。完成后，项目中应该只有两个顶点着色器。第一个顶点着色器用于角色，并使用精灵表。第二个用于其他物体。

我们已经编写了一个通用的着色器(它是刚刚用来放置云朵的着色器)，因此需要做的就是用该着色器替换 passthrough.vert，然后更改代码以使所有非外星人网格着色器都使用 passthrough.vert。由于精灵表着色器中有一些附加的逻辑，因此需要对其进行修改以分别支持变换矩阵，以便它仍然能够正确地调整 UV 坐标。不打算在这里提供一个例子(因为刚刚为云朵顶点着色器执行了此次操作)，但如果你遇到问题，完整的源代码可以在 **AllMatrix** 示例项目中找到。

使所有顶点着色器都使用变换矩阵对我们的代码有一些影响，包括需要使用单位矩阵的背景网格。由于这是第一次在代码中使用单位矩阵，因此在这里列出了代码清单

5-23，它展示了如何使用正确的矩阵设置背景网格。

代码清单 5-23　使用变换矩阵绘制背景网格

```
opaqueShader.begin();

opaqueShader.setUniformTexture("tex", bgnd, 0);

opaqueShader.setUniformMatrix4f("transform", glm::mat4());

bgMesh.draw();

opaqueShader.end();
```

切换为矩阵的第二个副作用是，它破坏了角色的行走功能。这是因为已经从使用了变换矩阵的精灵表着色器中移除了平移统一变量。作为本章的最后一个练习，看看你是否能弄清楚如何修改 ofApp.cpp 为外星人创建一个变换矩阵，使之保留以前的功能。如果遇到困难，本章示例代码的 AllMatrix 项目中包含了如何实现此操作的代码。

5.7　小结

自此，就结束了对矩阵数学的第一次尝试，也结束了本章内容！当然，这只是矩阵所有功能的冰山一角。下面是我们在本章中所学的所有知识的简要小结。

- 顶点着色器可用于平移、旋转和缩放网格。我们展示了几个示例着色器，它们演示了如何对 2D 物体执行这些操作。
- 矩阵是一种数据结构，可用于存储平移、旋转和缩放操作。可以通过矩阵相乘来合并它们。
- 大多数视频游戏使用变换矩阵来处理所有网格运动和方向。我们在示例项目中展示了如何实现这些操作。
- 与另一个矩阵或向量相乘时不会改变任何东西的矩阵称为单位矩阵。我们了解了在渲染背景网格时如何创建和使用单位矩阵。

第6章

摄像机和坐标

早在第 1 章，我们简要介绍了游戏摄像机这个词。这是游戏世界中虚拟摄像机所使用的术语，它通过在不同的方向上观察并移动到场景中的不同位置来决定屏幕上显示的内容。现在，我们已经习惯使用矩阵在屏幕上移动物体了，现在该看看如何使用矩阵来创建一个简单的游戏摄像机。

使用游戏摄像机在屏幕上移动物体与移动单个物体有点不同。当游戏摄像机移动时，屏幕上的所有东西都必须同时移动。如果这看起来有悖常理，想想电视节目中摄像机移动时的样子。尽管我们知道摄像机在移动，但在屏幕上看到的是，屏幕上的一切似乎都在以统一的速度朝着一个统一的方向移动。这就是游戏摄像机的工作原理。在游戏中，实际的摄像机本身根本不会移动或旋转，而是游戏世界中的其他一切都围绕着摄像机移动或旋转。

当然，不能改变游戏世界中物体的世界位置来迁就一个摄像机，因为如果这样做，就不可能在游戏世界的不同地点支持多台摄像机。取而代之的是，游戏摄像机会生成一个视图矩阵，这是另一个变换矩阵，它存储了平移、旋转和缩放信息，以将对象放置在摄像机视图中的位置。然后将该矩阵与顶点着色器中每个对象的各个变换矩阵合并在一起。其结果是一个矩阵，它首先将顶点移动到屏幕上，先无视摄像机，然后根据摄像机所在的位置调整该位置。

这个过程感觉有点抽象，在深入研究任何理论之前，为外星人场景建立一个简单的摄像机。不需要创建任何新的着色器，但是需要修改已经编写的两个顶点着色器。

6.1 使用视图矩阵

首先，编写一些 C++代码，为简单的游戏摄像机设置数据。从根本上说，游戏摄像机可以用一个变换矩阵表示，就像在第 5 章中用来摆放网格物体位置的矩阵一样。即使不会在屏幕上看到摄像机，摄像机对象仍将具有表示其在游戏场景中所在位置的位置

(position)值和旋转(rotation)值。缩放摄像机没有太大意义，因此摄像机的缩放比例始终为(1,1,1)。

首先为摄像机数据创建一个新的结构类型，随着摄像机在接下来的几章中变得越来越复杂，我们将逐渐将数据添加到该结构类型中。代码清单 6-1 显示了该类型目前的样子。本章的示例代码在 ofApp.h 中声明该结构，因此可以在 ofApp 类中使用一个成员变量来存储摄像机，而不必包含任何新文件。

代码清单 6-1　CameraData 结构的第一个版本

```
struct CameraData{
    glm::vec3 position;
    float rotation;
};

class ofApp : public ofBaseApp{
    //简单起见，省略了头部的其余代码
    CameraData cam;
}
```

将原始位置和旋转变量存储在此结构中，而不是存储矩阵，以便更容易地处理摄像机数据。由于第一个摄像机将仅用于 2D 场景，因此无须存储旋转轴，因为我们将始终沿 Z 轴旋转摄像机。还需要编写一个新函数，用于从 CameraData 中创建矩阵。不能简单地重用前面编写的 buildMatrix()函数，因为游戏摄像机的矩阵需要存储摄像机正在执行的变换操作的逆运算。这是因为视图矩阵不是用来移动摄像机的，而是用于移动其他所有物体。把它想象成电影场景，如果摄像机慢慢向右移动，则屏幕上的一切看起来都是向左移动的。这意味着需要一个函数来创建摄像机变换矩阵的逆矩阵。该函数代码如代码清单 6-2 所示。

代码清单 6-2　创建视图矩阵的函数

```
glm::mat4 buildViewMatrix(CameraData cam)
{
    using namespace glm;
    return inverse(buildMatrix(cam.position, cam.rotation,
    vec3(1, 1, 1)));
}
```

可以使用此新函数和 CameraData 结构移动摄像机，并为任何位置的摄像机创建适当的视图矩阵。如果将一个单位矩阵作为视图矩阵，场景将渲染得仿佛摄像机位于世界的原点一样。但是这并不是一件有趣的事，因此把摄像机向左移动大约半个屏幕。这将导致渲染的游戏场景好像所有东西都被右移了半个屏幕。代码清单 6-3 显示了移动相机需要添加到 draw 函数中的几行代码。

代码清单 6-3　第一个视图矩阵

```
void ofApp::draw()
{
    using namespace glm;
    cam.position = vec3(-1, 0, 0);
    mat4 view = buildViewMatrix(cam);
    //省略了函数的其余代码
```

到目前为止，我们了解了视图矩阵是什么以及如何创建一个视图矩阵，现在该看看如何修改顶点着色器以使用视图矩阵。第 5 章中的示例项目得到了两个顶点着色器：passthrough.vert 和 spritesheet.vert. 由于这两个着色器都使用变换矩阵来计算所处理顶点的位置，因此可以对每个着色器进行相同的修改，以使它们与视图矩阵一起工作。代码清单 6-4 显示了 spritesheet.vert 修改之后的代码。

代码清单 6-4　spritesheet.vert 修改为使用视图矩阵

```
#version 410

layout (location = 0) in vec3 pos;
layout (location = 3) in vec2 uv;

uniform mat4 model;
uniform mat4 view;
uniform vec2 size;
uniform vec2 offset;

out vec2 fragUV;

void main()
{
    gl_Position = view * model * vec4( pos, 1.0); ❶
    fragUV = vec2(uv.x, 1.0-uv.y) * size + (offset*size);
}
```

更新顶点着色器以使用视图矩阵，只需要在位置计算中添加一个额外的矩阵乘法(见❶)即可。由于要在应用网格的变换矩阵之后应用视图矩阵，因此需要将视图矩阵左乘网格的变换矩阵，就像我们在第 5 章合并矩阵时一样。你可能已经注意到，还把变换矩阵的名称改为 model。这是因为从技术上讲，视图矩阵也是一个变换矩阵，所以把它也称为 transform 有点令人混淆(译注：因为这里有网格的变换矩阵和视图变换矩阵两个矩阵，故令人混淆)。在图形术语中，用来在世界坐标空间定位网格的矩阵称为模型矩阵，这就是选择新的变量名的原因所在。在此示例之后，将进一步讨论这些矩阵名称。

此过程的最后一步是向 draw()函数添加一些新代码，以便将新的视图矩阵传递给着色器。为了使示例易于理解，本章的示例将只显示外星人角色的绘图代码。其他网格所需的就是将相同的视图矩阵传递到其着色器的 view 统一变量中。如代码清单 6-5 所示。

代码清单 6-5　使用视图矩阵绘制网格

```
spritesheetShader.begin();
spritesheetShader.setUniformMatrix4f("view",view); ❶
spritesheetShader.setUniform2f("size", spriteSize);
spritesheetShader.setUniform2f("offset", spriteFrame);
spritesheetShader.setUniformTexture("tex", alienImg, 0);
spritesheetShader.setUniformMatrix4f("model",
glm::translate(charPos));
charMesh.draw();
spritesheetShader.end();
```

如果一切都设置正确，当使用新的视图矩阵运行程序时，就会看到如图 6-1 所示的画面。这个例子的完整代码可以在第 6 章示例代码的 FirstViewMatrix 项目中找到。

如果愿意，你已经能够使用我们现在所拥有的代码制作一个完整的 2D 游戏，创建一个具有可移动和动画的角色、半透明几何元素和可移动摄像机的游戏。然而，大多数游戏摄像机比我们这里的摄像机要复杂一点，因为大多数游戏不能在归一化的设备坐标下工作。

在我们当前的窗口中，一个完美的正方形网格看起来宽比它的高度要大，因为不管窗口的尺寸是多少，归一化设备坐标都是从-1 到 1。虽然这对 GPU 非常有用，但当我们试图制作在不同尺寸屏幕上看起来没有差别的游戏时，这对我们来说非常困难。为了解决这个问题，现代视频游戏使用不同坐标空间的组合来渲染网格。然而，要理解这意味着什么，需要我们暂时放下示例，转而了解更多的理论知识。

图 6-1　使用视图矩阵渲染场景

6.2　变换矩阵和坐标空间

我们已经简单地讨论过坐标空间是什么，但需要更加熟悉它们，才能理解视图矩阵的作用。想象一个空纸板箱，希望能够选择盒子内的任何一个点，并为其指定一个三维坐标(如(0,5,0))。最简单的方法是使用长方体的边作为坐标空间的轴，并选择长方体的一个角作为原点。如图 6-2 中的示意图。定义了坐标轴并选择了原点，便定义了一个坐标空间，该坐标空间可以用来描述盒子内的任何一个点。可把这个坐标空间称为"盒子空间"。

图 6-2　定义纸板箱的"盒子空间"

Shader 开发实战

我喜欢这个纸板箱示例，因为它可以很容易地证明同一个位置可以用不同的坐标空间描述，同时仍然是空间中的同一点。盒子空间中的原点(如图 6-2 中黑点所示)可以描述为点(0,0,0)。现在考虑一下，如果为长方体定义一个不同的坐标空间，使用相同的轴方向，但以不同的角作为原点，会怎么样？在这个新的空间中，我们之前的(0,0,0)点可能是(10,10,0)，或者(5,5,5)，或者完全是其他值。然而，尽管使用不同的坐标空间来描述此位置，但盒子的角的实际位置仍保持不变。

在我们的示例中，你已经看到了相同的概念。在模型空间中定义了网格的顶点位置，到目前为止，对于我们的示例来说，它看起来很像归一化的设备坐标。然而，当用一个视图矩阵乘以这些位置时，真正要做的是把这些位置从模型空间转换成一个由摄像机定义的新的坐标空间。稍后讨论这个新的空间，但现在重要的是要认识到，即使我们的网格在视图空间中似乎被移到了右侧(如图 6-1 所示)，但顶点的实际位置并没有改变；只是改变了用来描述它们的坐标空间。

改变用来描述一个位置的坐标空间被称为将这个位置"映射"到一个新的坐标空间。在上一个例子中，当用视图矩阵乘以位置时，真正做的是将这个位置从世界空间映射到视图空间。由于将视图空间坐标传递给 GPU(GPU 将其解释为归一化设备坐标)，因此最终结果是在新位置绘制场景。游戏通常在渲染网格时使用至少 4 个不同的坐标空间，变换矩阵用于将网格位置从一个坐标空间映射到另一个坐标空间。本节的其余部分将描述这些空间是什么，以及如何使用它们。

顶点所在的第一个坐标空间是模型空间。我们已经简单地讨论过模型空间(也称为对象空间)。这是定义网格顶点的坐标空间。每个网格的对象空间可能不同，艺术家通常使用建模程序使用的坐标空间。这个空间的原点也是任意的，但因为网格的顶点是在这个空间中定义的，所以它们的位置都是相对于这个原点的。图 6-3 显示了建模程序中的四边形，其顶点位置显示在对象空间坐标中。请注意，四边形的中心是该网格物体在建模程序坐标空间中的原点，并且所有网格顶点都是相对于该坐标定义的。

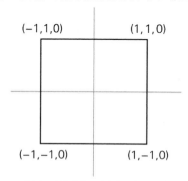

图 6-3 标有对象空间顶点位置的四边形网格

　　这对于通常在单个网格上工作的艺术家非常有用，却使程序员变得艰难。要在游戏场景中放置对象，需要创建一个共享的坐标空间，游戏中的所有网格都可以使用这个共享的坐标空间。为此，游戏世界定义了自己的坐标空间，称为世界空间。将网格放置到游戏世界中时，它的位置是使用世界空间的 3 个轴定义的，并且相对于世界原点。这意味着放置在位置(0,0,0)的网格将位于游戏世界的原点。当在游戏场景中移动这个网格时，真正要做的是定义一个从世界原点的平移。

　　当网格被发送到图形管线时，顶点着色器接收到的网格数据仍然在对象空间中。这意味着顶点着色器得到的是建模师创建的每个顶点的位置。为了将该顶点放置在正确的位置，需要将每个顶点从模型空间变换到世界空间。通过将网格顶点乘以模型矩阵来实现这一变换，你可能还记得，模型矩阵由平移、旋转和缩放组成。这个乘法的结果就是该顶点在世界空间中的位置。如图 6-4 所示，它显示了我们在世界空间中的四边形，每个顶点的世界空间位置都显示出来了。

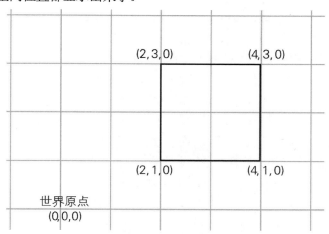

图 6-4　在世界空间中放置的四边形

　　世界空间是大多数游戏开发者在创建游戏场景时首先考虑的坐标空间，因为它通常是用于构建关卡的坐标空间。由于世界空间是整个游戏场景共享的坐标空间，因此可以说"这个网格位于(100,0,0)的位置，我希望第二个网格位于其旁边，于是放置在(110,0,0)处。"

　　游戏使用的第三个坐标空间称为视图空间。这是顶点乘以视图矩阵后所处的坐标空间。这与从对象空间变换到世界空间有点不同，因为除了原点移动外，坐标系的轴也会改变方向。视图空间完全相对于摄像机，因此原点位于摄像机所在的位置，而 Z 轴指向摄像机所指向的方向。X 轴和 Y 轴也会调整以匹配摄像机的视图。图 6-5 显示了 Unity 游戏引擎编辑器的屏幕截图，它清楚地显示了摄像机的视图空间的坐标轴。

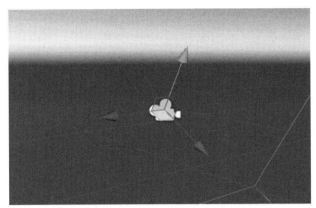

图 6-5　蓝色箭头(右下方的箭头)是该摄像机视图空间中的 Z 轴;它指向摄像机正在查看的方向,
而不是世界空间 Z 轴的方向

视图空间对于各种着色器效果都很有用,但更重要的是,一旦顶点位于视图空间中,就可以执行在顶点着色器中负责执行的最后一个变换:输出裁剪空间(clip space)中的位置,裁剪空间是使用规一化设备坐标的坐标空间的名称。在本书的大部分时间里,我们一直直接跳到该坐标空间,但是在大多数游戏中,将顶点放入裁剪空间需要使用投影矩阵,将用几页篇幅讨论这个问题。你可能想知道为什么这个坐标空间不仅被称为"标一化设备空间",还被称为裁剪空间。答案是,因为在归一化设备坐标下屏幕的-1 到+1 范围之外的任何顶点,都被 GPU "剪裁"而不直接对其进行处理。如果一个面只有一些顶点被剪裁(例如,一个三角形只有一半位于屏幕上),GPU 将自动创建较小的三角形,以确保正确的部分仍然出现在屏幕上。图 6-6 显示了一个标记了裁剪空间坐标轴的渲染的帧。

一旦顶点位于裁剪空间中,就可以从顶点着色器输出位置,并让 GPU 处理该过程的最后一步,即从裁剪空间转换到计算机屏幕上的实际位置。这是不需要乘以矩阵就可以得到的唯一的坐标空间;相反,只要提供关于视口(要渲染到的窗口或屏幕)的信息,GPU 将处理这些信息。我们一直在 main()函数中设置窗口的大小。

请务必注意,也可以逆向变换坐标空间。例如,可以使用视图矩阵的逆矩阵将顶点从视图空间变换回世界空间。类似地,世界空间的位置可以通过乘以模型矩阵的逆矩阵变换回对象空间。

在本书中,不必太担心改变坐标空间的数学含义。只需要确保在任何给定时间点都知道顶点位置在哪个坐标空间中,并记住以下一些简单的事情即可。

● 只能比较位于同一坐标空间的两个物体或顶点之间的位置、旋转或缩放。
● 通过将网格顶点乘以特定矩阵,可以从一个坐标空间变换到另一个坐标空间。
● 乘以逆矩阵总是与乘以非逆矩阵的结果相反。

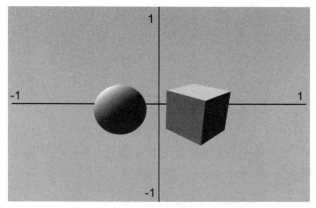

图 6-6　标记了裁剪空间坐标轴的帧

现在这都是非常抽象的，下面分解在新的精灵表着色器中使用的坐标空间。代码清单 6-6 显示了该着色器的 main() 函数。

代码清单 6-6　spritesheet.vert 的 main 函数

```
void main()
{
    gl_Position = view * model * vec4( pos, 1.0); ❶
    fragUV = vec2(uv.x, 1.0-uv.y) * size + (offset*size);
}
```

所有的坐标空间变换都发生在❶行上，这一行代码做了很多事情，让我们逐步对它进行分解。

(1) 从顶点得到 pos 数据。由于这是原始网格数据，因此 pos 位于对象空间中。

(2) 乘以模型矩阵，将我们的位置从对象空间位置变换为世界空间位置。

(3) 乘以视图矩阵，从世界空间变换到视图空间。

一切都运作得很好，但是裁剪空间呢？顶点位置最初是归一化设备坐标，这意味着可以在这里稍微作弊，然后直接将它们传递给片段着色器。但这并不是我们想要的，因为我们之前讨论过屏幕大小问题。可以在示例项目中看到这个问题——背景被渲染在一个完美的正方形上，却完全填充了非正方形的窗口。

要解决此问题，需要在着色器中再添加一个步骤，即用投影矩阵乘以视图空间坐标。在几何中，投影是在二维平面上可视化三维几何图形的一种方法。投影矩阵将视图空间坐标投影到渲染用的任何窗口的二维平面上。代码清单 6-7 显示了精灵表顶点着色器的代码。继续对项目中的其他顶点着色器进行同样的修改，然后深入讨论如何在 C++ 中创建投影矩阵。

代码清单 6-7　使用投影矩阵的 spritesheet.vert

```
#version 410

layout (location = 0) in vec3 pos;
layout (location = 3) in vec2 uv;

uniform mat4 model;
uniform mat4 view;
uniform mat4 proj;
uniform vec2 size;
uniform vec2 offset;

out vec2 fragUV;

void main()
{
    gl_Position = proj * view * model * vec4( pos, 1.0);
    fragUV = vec2(uv.x, 1.0-uv.y) * size + (offset*size);
}
```

编写着色器代码以使用透视矩阵是最简单的部分。困难的部分是弄清楚如何创建一个透视矩阵。让我们跳回 C++代码，解决这个问题。

6.3　摄像机视锥体和投影

与模型矩阵和视图矩阵不同，投影矩阵不是由平移、旋转和缩放组成的。取而代之的是，我们使用游戏摄像机的视锥体(frustum)信息创建它们。摄像机的视锥体是摄像机可以看到的三维区域，由两个平面之间的区域组成，这两个平面表示摄像机可以看到的最近和最远的区域。它们分别称为近剪裁平面和远剪裁平面。通常，摄像机的视锥体是两种不同形状之一——矩形棱柱或截头棱锥体，每种形状对应于不同类型的投影。

我们要讨论的第一个视锥体形状是矩形棱柱，因为它是 2D 游戏中最常用的类型。当摄像机的视锥体具有此形状时，意味着摄像机将使用正交投影渲染场景。使用正交投影意味着对象不会随着距离的增加而显得更小。换句话说，平行线总是平行的，不管它们离摄像机有多远。当需要使用 Z 轴对二维对象进行排序，但又不希望将一个物体放在另一个物体前面时会变大或缩小，这是完美的选择。图 6-7 显示了在游戏场景中的效果。

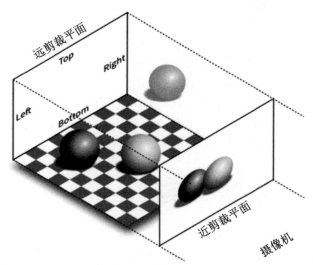

图 6-7　正交投影，图片来自 Nicolas P. Rougier, ERSF Code camp.

在图 6-7 中，可以看到视锥被定义为近剪裁平面和远剪裁平面之间的区域。位于该区域之外的绿色球体不会渲染为最终图像，而渲染的图像显示，红色和黄色球体的大小相同，尽管其中一个球体比另一个距离摄像机更远。可以使用 glm::ortho()函数创建这种类型的投影矩阵(见 1 代码清单 6-8)。此函数接收 6 个参数，这些参数描述投影将使用的视锥体。由于将把这个投影应用到已经在视图空间中的顶点，因此用来描述视锥体的参数也将在视图坐标中。

代码清单 6-8　glm::ortho 函数声明

```
mat4 ortho(float left, float right, float bottom, float top, float zNear,
float zFar);
```

前两个参数描述了视锥体的左右平面。如果我们想创建一个与目前的示例匹配的投影矩阵，将把 left 参数设置为-1，将 right 参数设置为 1，这表示只有 X 轴上该范围内的顶点位置才会出现在屏幕上。类似地，接下来的两个参数 bottom 和 top 也将设置为-1 和 1，以将相同的范围应用于屏幕的 Y 轴。最后两个参数定义摄像机的近剪裁平面和远剪裁平面在 Z 轴上的位置。这些平面定义了摄像机可以看到的 Z 轴的范围。代码清单 6-9 展示了如何使用这个函数创建一个投影矩阵来呈现我们一直以来的场景。

代码清单 6-9　使用 glm::ortho

```
glm::mat4 proj = glm::ortho( -1.0f, 1.0f, -1.0f, 1.0f, 0.0f, -10.0f);
```

然而，这仍然不能解决窗口中的物体看起来比它们原本宽的问题。这是因为我们仍然为 X 轴和 Y 轴提供了相同范围的可见坐标。为了解决这个问题，需要修改传递给 glm::ortho 的参数值，以便它们与窗口纵横比相匹配，即窗口的宽高比。我们的窗口宽 1024 像素，高 768 像素，这意味着宽高比是 1024/768，即 1.33。

有两种不同的方法使用宽高比修改函数的参数：可以选择将视锥体的 Y 轴保持在-1 到+1 的范围内，然后更改宽度，或者可以不改变宽度而只调整高度。在示例代码中选择了修改宽度，但是任何一种选择都是正确的。代码清单 6-10 显示了如果要考虑窗口的高宽比，请调用 glm::ortho 的代码。

代码清单 6-10　调整 glm::ortho 参数的纵横比

```
glm::mat4 proj = glm::ortho( -1.33f, 1.33f, -1.0f, 1.0f, 0.0f, -10.0f);
```

设置正交投影时要牢记的一件事，就是调整摄像机的视锥体的方向，以便它从 Z 轴上的 zNear 值开始，并沿 Z 轴负方向的 zFar 位置的方向前进。这意味着，使用代码清单 6-9 中的代码，背景网格(位于 Z 轴上 0.5 处)将位于视锥体的外部，因为该视锥体将从 Z 轴上的 0.0 开始，到-10.0 处结束。为了使所有内容正确渲染，还需要调整背景网格的变换矩阵，使其在 Z 轴上的位置为-0.5，而不是 0.5。

处理好这些后，剩下的唯一事情就是将其提供给着色器，并在校正纵横比后查看场景的效果。将其提供给着色器的方式与处理模型和视图矩阵的方式相同，因此不需要任何示例代码。因此，下面直接跳到图 6-8，该图中显示了新投影矩阵渲染的场景，以及设置为单位矩阵的视图矩阵。如果你的项目看起来与图 6-8 不同，本章示例代码的 OrthoMatrix 项目中提供了该示例的所有代码。

图 6-8　用投影矩阵渲染的场景。画面看起来很不舒服

可在图 6-8 中看到，当控制宽高比时，场景看起来非常不同。最大的变化是，可以看出背景是在一个完美的正方形上渲染的，而不是根据窗口大小调整的。角色和云朵看起来也比我们预期的要窄一些。事实上，整个场景看起来比没有投影矩阵时要糟糕得多！请记住，如果没有投影矩阵，不同尺寸显示器上的用户会看到我们的游戏场景以不同的比例拉伸，因此投影矩阵至少为我们解决了这个问题，但这确实意味着，如果想让画面像以前一样，就必须重新调整对象的大小。在开始调整游戏场景中的网格大小和位置之前，确保已设置了投影矩阵，这一点很重要，否则正确设置摄像机后，你还将不得不重新进行所有工作。

不过，我们不必担心返工，因为已经完成了这个示例程序，现在该着手开始新的、更令人兴奋的事情了。是时候学习 3D 了！

6.4　小结

我们已经取得了不小的成就。到目前为止，我们学习的内容已经能够让我们编写一个简单的 2D 游戏所需的所有着色器和图形代码！以下是本章中介绍的内容：

- 游戏摄像机生成视图矩阵，然后在顶点着色器中使用，用于根据摄像机的位置和方向调整屏幕上顶点的位置。
- 投影矩阵用于定义摄像机视锥体的形状。这使我们能够确保内容在不同尺寸的屏幕上看起来相同。
- 正交投影是大多数 2D 游戏使用的投影类型。使用此投影，远处的对象不会显示得更小。glm::ortho()命令可用于生成正交投影矩阵。
- 编写使用视图和投影矩阵的着色器非常简单，就像在位置计算中再添加几个矩阵乘法一样简单。

第7章

第一个 3D 项目

渲染 3D 游戏与目前所做的 2D 项目有一些区别。与在四边形上绘制的精灵不同，三维网格有许多关于其形状的信息。3D 游戏使用这些形状信息在着色器代码中执行光照计算，以使这些物体看起来像被游戏世界实时地照亮。我们将在后面的章节中了解这些光照计算的工作原理，但是首先需要创建一个 3D 项目。本章将逐步介绍如何创建 3D 项目。将一个网格加载到新项目中，并设置一个可以正确渲染 3D 内容的摄像机。

这意味着是时候向我们的外星人朋友告别，并开始一个全新的 openFrameworks 项目了。我们已经创建过多个项目，希望已经驾轻就熟。确保 main()函数正确地设置了 GL 版本，就像前面的所有示例所做的那样。如果上网访问本书的网站，就会看到本章有一个资源文件夹。下载此文件夹并将其包含的唯一文件放入新项目的 bin/data 目录中。这是将要使用的第一个 3D 网格。完成所有整理工作后，就可以开始深入研究 3D 项目与 2D 项目的不同之处。

7.1 加载网格

从现在开始，我们所有的网格都将比四边形复杂得多。尝试手工制作这些新形状会非常麻烦，因此将从网格文件加载它们的数据。默认情况下，openFrameworks 支持 PLY 格式的网格。可以看到本章的 assets 文件夹包含一个以.ply 为扩展名的文件，这是我们将在第一个示例中使用的网格。

就像之前一样，需要在 ofApp.h 中创建一个 ofMesh 对象来存储网格数据。示例代码将此对象命名为 torusMesh。圆环(torus)是表示像甜甜圈形状的几何体的计算机图形学术语。还需要在头文件中创建 ofShader 对象。第一个着色器将使用网格的 UV 坐标作为颜色数据，因此示例代码将其称为 uvShader。在头文件中创建了这些对象后，跳至 ofApp.cpp 文件开始编写 setup()函数。如代码清单 7-1 所示。

代码清单 7-1　3D 项目的 setup 函数

```
void ofApp::setup(){
    ofDisableArbTex();
    ofEnableDepthTest();

    torusMesh.load("torus.ply"); ❶
    uvShader.load("passthrough.vert", "uv_vis.frag");
}
```

该项目的 setup() 函数与之前所有示例的主要区别在于创建网格的方式。这是第一次从文件加载网格，而不是自己制作网格。幸运的是，openFrameworks 使用 ofMesh 的 load() 函数(如❶所示)使此操作变得容易。相反，这比之前的创建网格要简单得多。

接下来，需要编写用于渲染新加载的网格的着色器。需要编写的顶点着色器看起来与 passthrough.vert 非常相似。然而，这次要把模型、视图和投影矩阵组合成一个称为 mvp 的单一统一变量，它是"模型、视图、投影"的缩写。出于优化的原因，大多数游戏在将数据发送到 GPU 进行渲染之前，在 C++ 端将这 3 个矩阵合并起来。这可以节省大量时间，因为矩阵乘法为整个网格只执行一次，而不是为通过管线处理的每个顶点执行一次。如代码清单 7-2 所示。

代码清单 7-2　mesh.vert

```
#version 410

layout (location = 0) in vec3 pos;
layout (location = 3) in vec2 uv;

uniform mat4 mvp;

out vec2 fragUV;

void main()
{
    gl_Position = mvp * vec4(pos, 1.0);
    fragUV = uv;
}
```

用于可视化网格的片段着色器最初与我们在第 3 章中编写的将 UV 坐标输出为颜色值的着色器相同。既然我们已经编写了此代码，并且此后还编写了很多片段着色器，因此此处不再赘述示例代码。本章的所有示例代码都可在 PerspectiveTorus 项目中找到。如果遇到问题，可以随意查看。

最后，需要编写 draw()函数来显示所有内容。在弄清楚我们想要使用什么样的投影矩阵之前就编写 draw()函数，这好像有点奇怪，但是，让我们暂且先使用它在屏幕上显示一些东西。我们将把一个单位矩阵作为 mvp 矩阵传递给着色器，以确保除了矩阵数学之外的所有内容都按预期工作。代码清单 7-3 给出了 draw()函数的初始源代码。

代码清单 7-3　初始 draw()函数

```
void ofApp::draw()
{
    using namespace glm;
    uvShader.begin();
    uvShader.setUniformMatrix4f("mvp", mat4());
    torusMesh.draw();
    uvShader.end();
}
```

现在运行项目应该如图 7-1 所示。请注意，与四边形不同，3D 网格的 UV 并非都均匀，因此在将 UV 坐标输出作为颜色时，无法获得很好的渐变。如果没有视图或投影矩阵，效果看起来有点奇怪，但至少我们知道网格能够正确渲染，因此就可以单独处理矩阵数学运算。

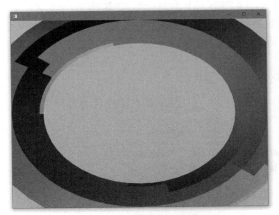

图 7-1　3D 项目现在的效果

7.2　创建透视摄像机

现在，所有的设置都已完成，是时候创建一个游戏摄像机来渲染新 3D 场景。显而易见的首选是像我们刚才在 2D 示例中那样设置。虽然这是可行的，但看起来并不完全符合你的预期。如前所述，这是因为正交投影不会使远处的物体显得更小。这对 2D 和 3D 内容都有效，但是它使 3D 网格看起来有点奇怪，并且不是大多数 3D 游戏选择的方式。如果使用与第 6 章相同的正交投影，项目的显示效果如图 7-2 所示。

图 7-2　使用正交投影渲染的圆环

像这样渲染网格并没有错，但这确实使我们很难判断深度。在图 7-2 的屏幕截图中，旋转了圆环体，使圆环体的左侧比右侧更靠近摄像机。使用正交投影时，圆环体的两侧具有相同的宽度，并且它们的深度信息无法表现出来。因此，大多数 3D 游戏使用透视投影而不是正交投影。为了解释透视投影与之前使用的正交投影的不同之处，请观察这种新型投影摄像机的视锥体，如图 7-3 所示。

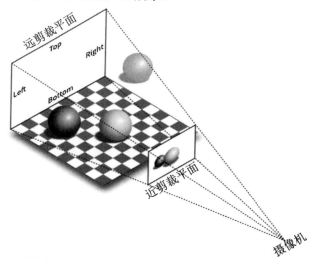

图 7-3　透视投影视锥体，图片来自 Nicolas P. Rougier, ERSF Code camp

请注意，摄像机的视锥体不再是矩形棱柱，而是由近剪裁平面和远剪裁平面剪裁的四棱锥形状。这种类型的视锥体允许距离较远的对象看起来更小。换一种方式，当平行线远离摄像机时，平行线看起来会互相靠近。这就是使用三维网格时，透视投影是设置游戏摄像机最流行的方法的原因。

设置透视投影可以用 glm:perspective()函数。函数签名如代码清单 7-4 所示。除了需要窗口的宽高比作为参数外，此函数还有一个新的参数 fov，它代表"视野"，指的是摄像机视锥体所在的四棱锥的左右平面之间的角度。视野越宽，屏幕上显示的游戏场景就越多。为你的项目选择正确的视野角度超出了本书的范围，我们将在所有示例中使用 90°的视野角度，这通常用于电脑游戏。

代码清单 7-4　glm::perspective 的函数签名

```
mat4 perspective(float fov, float aspect, float zNear, float zFar);
```

要设置新 3D 摄像机，首先复制第 6 章的 CameraData 结构。游戏有时需要支持不同视野的摄像机，因此在 3D 项目中为 CameraData 添加这个值。确保还要在 ofApp.h 中定义一个 CameraData 变量，完成修改后，修改 draw()函数，根据摄像机的数据创建一个透视投影矩阵。如代码清单 7-5 所示。

代码清单 7-5　在 draw()函数中创建透视投影

```
void ofApp::draw()
{
    using namespace glm;
    cam.pos = vec3(0, 0, 1);
    cam.fov = radians(100.0f);
    float aspect = 1024.0f / 768.0f;

    mat4 model = rotate(1.0f, vec3(1, 1, 1)) * scale(vec3(0.5, 0.5, 0.5));
    mat4 view = inverse(translate(cam.pos));
    mat4 proj = perspective(cam.fov, aspect, 0.01f, 10.0f);

    mat4 mvp = proj * view * model;

    uvShader.begin();
    uvShader.setUniformMatrix4f("mvp", mvp);
    torusMesh.draw();
    uvShader.end();
}
```

代码清单 7-5 还包括了一个从一些非单位矩阵构建 mvp 合并矩阵的示例。完成了前面的代码之后，运行项目应该如图 7-4 所示。可以看到，这个新的透视矩阵渲染的圆环网格的左(近)侧比右(远)侧大得多。

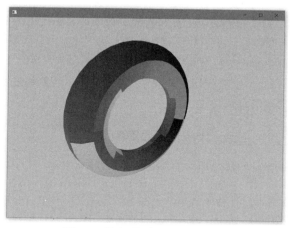

图 7-4 具有透视投影的三维程序

本章到此结束！虽然完成这些示例所需的着色器代码相当简单，但基础理论对于理解我们在后面几章将要处理的更复杂的技术至关重要。如果你对本章中的任何内容感到困惑，或者只想看看示例的完整源代码，可以在第 7 章示例代码的 PerspectiveTorus 项目中找到它。

7.3 小结

以下是本章中介绍的内容：

- 复杂网格通常从网格文件加载，而不是通过代码创建。openFrameworks 默认支持 PLT 网格格式。可以使用 ofMesh 的 load()函数加载 PLY 网格。
- 出于优化的原因，许多游戏将模型、视图和投影矩阵合并成一个 MVP 矩阵，然后传递给顶点着色器。
- 3D 游戏中最常用的投影类型是透视投影。可以使用 glm::perspective()函数创建透视投影矩阵。
- 将 UV 坐标输出为颜色数据是一种常见的调试技术。3D 网格的 UV 通常不是连续的渐变(就像我们在四边形上看到的那样)。我们编写了一个示例，该示例将圆环网格的 UV 坐标值渲染为屏幕上的颜色数据。

第 8 章

漫反射光照

第 7 章使用透视法绘制了圆环网格，但是仍然没有一个很好的方法对其表面进行着色。无法使用简单的方法在上面加上一个纹理，因为没有纹理，而且新网格上的 UV 看起来并不吸引人。取而代之的是，我们会像所有优秀的着色器开发人员一样，对其进行一些(简单的)数学运算，为网格添加一些光照。

到目前为止，网格已经存储了网格中每个顶点的位置、颜色和纹理坐标信息。光照计算依赖于称为法线向量的新顶点属性。"法线"是指垂直于网格表面并向外的向量。它提供了有关每个片元所属平面的形状的信息。与 UV 坐标一样，法线向量从顶点着色器插值再传入片元着色器，因此单个片元的法线向量是组成该片元网格平面的 3 个顶点的法线向量的组合。可以在图 8-1 中看到网格的法线的样子。

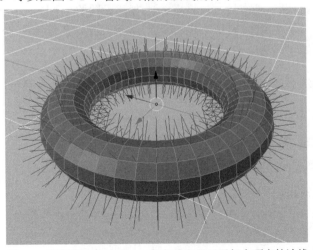

图 8-1 圆环网格的法线——蓝色线段显示了每个顶点的法线

有时使用着色器将网格的法线可视化为颜色数据，以便于调试。执行此操作的着色器与 uv_vis.frag 几乎相同，除了需要从顶点而不是从 UV 坐标获取法线向量。这也意味着，需要一个顶点着色器，它可以将法线在管线中向下传递。因为从现在开始，我们所有的着色器都需要使用法线向量，所以可以直接修改网格当前使用的着色器 mesh.vert。代码清单 8-1 展示了修改好的示例代码。使用了修改后的顶点着色器的第一个示例项目是本章的 NormalTorus 示例项目。

代码清单 8-1 修改 mesh.vert 将法线传递到片元着色器

```
#version 410

layout (location = 0) in vec3 pos;
layout (location = 2) in vec3 nrm; ❶

uniform mat4 mvp;
out vec3 fragNrm;

void main()
{
    gl_Position = mvp * vec4(pos, 1.0);
    fragNrm = nrm;
}
```

请注意，网格的法线向量存储在属性位置 2(见❶)，而不是像 UV 坐标那样存储在位置 3。请记住，这个顺序是由 openFrameworks 任意设置的。不同的引擎和框架可能会以不同的顺序排列其顶点属性。有了法线向量后，编写片元着色器使其可视化就像输出 UV 颜色一样简单。如代码清单 8-2 所示。

代码清单 8-2 片元着色器 normal_vis.frag，将法线向量像颜色一样进行可视化

```
#version 410

uniform vec3 lightDir;
uniform vec3 lightCol;

in vec3 fragNrm;
out vec4 outCol;

void main(){
    vec3 normal = normalize(fragNrm); ❶
    outCol = vec4(normal, 1.0);
}
```

这是第一次在着色器(见❶)中看到 normalize 函数，因此花点时间讨论一下。归一化向量是在保持向量方向不变的情况下，将向量加长或缩短到 1 的过程。需要注意的是，这并不意味着向量的所有分量都是正数，因为这会改变向量的方向。向量(-1, 0, 0)和(1, 0, 0)的大小(译注：即向量的模)都是 1，尽管方向相反。

在处理法线向量时，大多数数学运算假设这些向量都已归一化。网格上的法线向量已经被归一化，但是将这些向量传递给片元着色器时，发生的插值过程并不能保证保持向量的长度。始终重新归一化经过平面插值的任何向量，这一点非常重要，否则需要对向量进行归一化的任何计算都可能出问题。

如果将新的着色器用于圆环网格，你的程序运行效果应该如图 8-2 所示。请注意，即使所有向量都已归一化，网格的某些区域仍然是黑色的。这告诉我们这些片元的法线向量分量都是负值。因为没有负的颜色值，所以最终得到的是完全黑色的片元。如果你在家里跟随本书学习，可以在第 8 章示例代码的 NormalTorus 项目中找到生成图 8-2 的代码。

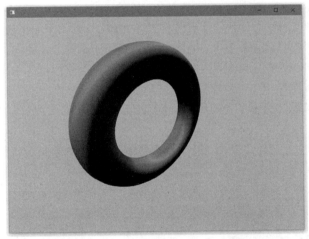

图 8-2　使用 mesh.vert 和 normal_vis.frag 可视化圆环网格上的法线

8.1　使用法线平滑(smooth)着色与平面(flat)着色

我们的圆环网格都是均匀的曲面。当对曲面的法线向量进行插值时，网格面上的每个片元都会得到一个与该面上的任何其他片元稍有不同的法线向量。最终的结果是，当将这些片元法线可视化为颜色数据时，得到图 8-2 所示的平滑渐变。这对于曲面非常好，但对于由平面组成的物体则不理想。例如，如果以同样的方式处理立方体着色，可能会得到图 8-3，它显示了立方体网格的一组法线向量，以及这些向量如何转换为片元的法线。

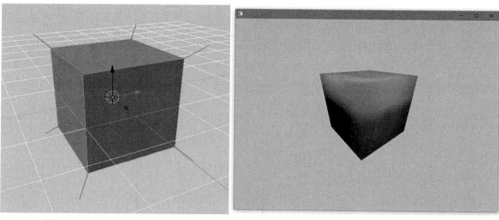

图 8-3　立方体网格上的法线。左图显示建模程序中的立方体网格，并显示了法线。
右图是用 normal_vis 着色器渲染的同一个立方体

图 8-3 看起来不错，但并不是一个给立方体着色的好方法。平面上法线颜色的平滑渐变意味着，当尝试对立方体网格进行任何光照计算时，网格平面将像曲面一样被着色。我们实际上要做的是给每个属于平面网格面的片元赋予相同的法线向量。因为一个顶点只能有一个法线向量，这意味着我们不能在多个平面上共享顶点。相反，立方体的每个面都需要自己的 4 个顶点集，顶点的法线向量指向该特定网格面的方向。这些法线向量如图 8-4 所示，该图还显示了当使用 normal_vis.frag 渲染时，所生成的片元法线的可视化效果。

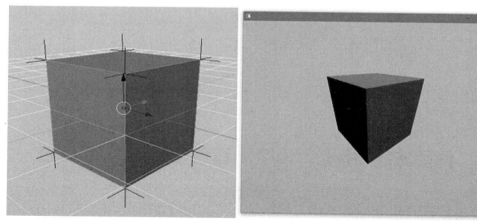

图 8-4　立方体网格上的平面法线。左图显示建模程序中具有可见法线的立方体网格。
右图是用 normal_vis 着色器渲染的同一个立方体

在实践中，决定哪些顶点需要复制以便使用平面法线，哪些顶点可以使用平滑法线，这通常是由三维建模师做出的决定。三维建模程序提供了强大的工具来设置顶点法线，以确保物体的着色完全符合三维建模师的意图。对程序员而言，重要的是了解如何使用法线来获得不同的画面效果。

8.2　世界空间法线和 swizzle

通常需要做的一件事是在世界空间中获得片元的法线向量，而不是像我们现在这样获取的是对象空间中的。当处理场景中灯光的位置信息时，世界空间中的法线向量将使我们的编程工作更轻松。回忆一下第 7 章的内容，可以用模型矩阵把一个向量从对象空间变换到世界空间。进行此修改后，mesh.vert 着色器代码如代码清单 8-3 所示。

代码清单 8-3　更新顶点着色器以将世界空间法线传递给片元着色器

```
#version 410

layout (location = 0) in vec3 pos;
layout (location = 2) in vec3 nrm;

uniform mat4 mvp;
uniform mat4 model;

out vec3 fragNrm;

void main(){
    gl_Position = mvp * vec4(pos, 1.0);
    fragNrm = (model * vec4(nrm, 0.0)).xyz; ❶
}
```

代码清单 8-3(❶处)的语法有点奇怪。在将法线向量乘以模型矩阵之后(得到一个 vec4)，使用.xyz 运算符将它赋给 vec3 类型的 fragNrm 变量。到目前为止，每次总是只访问向量的一个分量，但是 GLSL 中的向量也可以通过 swizzle 运算符选择多达 4 个分量的任意组合。这意味着代码清单 8-4 中的所有示例都是有效的 GLSL。

代码清单 8-4　swizzle 示例

```
vec2 uv = vec2(1,2);
vec2 a = uv.xy;              //(1,2)
vec2 b = uv.xx;              //(1,1)
vec3 c = uv.xyx;            //(1,2,1)

vec4 color = vec4(1,2,3,4);
```

```
vec2 rg = color.rg;           //(1,2)
vec3 allBlue = color.bbb;     //(3,3,3)
vec4 reversed = color.wzyx;   //(4,3,2,1)
```

在代码清单 8-3 的示例中，swizzle 运算符是必需的，由于变换矩阵需要乘以 vec4，因此该乘法的结果是 vec4。fragNrm 变量仅为 vec3，因此需要使用 swizzle 运算符选择要在其中存储 vec4 中的哪些分量。

对于几乎任何其他类型的向量，这都是从一个坐标空间变换到另一个坐标空间所需要做的全部工作。但是法线有点特殊，在某些情况下，需要采取一些额外的步骤来确保这些向量在到达片元着色器时始终正确。

8.3　法线矩阵

当使用网格的模型矩阵缩放网格时，将法线向量变换为世界空间就变得复杂了。如果总是保持网格等比缩放(即以相同的数量缩放网格的每个维度)，那么目前已知的数学知识将可以正常工作。然而，任何时候想要使用非等比的缩放，例如(0.5,1,1)，现有的数学就开始崩溃，不够用了。这是因为希望法线始终垂直指向远离网格曲面的方向，如果变换它们的其中一个维度多于其他的维度，则可以用数学上不成立的方式来影响法线所指向的方向。

例如，假设有一个球体网格，其模型矩阵应用了比例(2.0,0.5,1.0)。如果也用这个模型矩阵来变换法线向量，那么最终得到的法线不再指向正确的方向。参见图 8-5 中间球体和右边球体的区别。

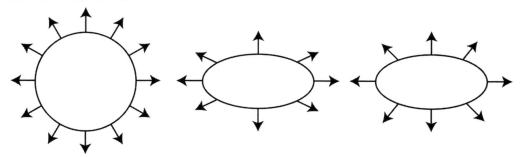

图 8-5　非等比缩放。中间球体使用模型矩阵变换其法线，而右侧球体使用法线矩阵

为了解决这个问题，通常不使用模型矩阵变换法线。相反，使用模型矩阵创建一个新的矩阵(称为法线矩阵)，该矩阵可以正确地变换法线向量，而不会以诡异的方式缩放它们。为了替代模型矩阵，需要的是"模型矩阵的 3×3 上三角子矩阵的逆矩阵的转置"。这很拗口，但对于我们的目的，这仅意味着在 C++代码中执行一些数学运算。代码清

单 8-5 展示了如何创建这个矩阵。

代码清单 8-5　如何创建模型视图矩阵逆矩阵的转置。在 draw()函数中添加一行代码，然后将这个矩阵作为统一变量传递

```
mat3 normalMatrix = (transpose(inverse(mat3(model))));
```

这个矩阵是 mat3，而不是 mat4，就像到目前为止我们所有的矩阵一样。从 mat4 创建 mat3 意味着在较大的矩阵中生成由左上 3×3 部分组成的 3×3 矩阵。这是获取没有平移信息，但保留了模型矩阵中所有的旋转和缩放数据的变换矩阵的快速方法。代码清单 8-5 中的其余代码只是简单地按照法线矩阵的定义创建法线矩阵。

同样，只有当物体非等比缩放时，所有这些操作才是必需的。虽然罕见有引擎只支持等比缩放，但这样就不用担心这个问题了。然而，对于我们的示例，将从现在开始使用法线矩阵。这样就可以确保无论我们如何设置场景，法线都是正确的。将此矩阵传递到顶点着色器，mesh.vert 代码最终如代码清单 8-6 所示。

代码清单 8-6　使用法线矩阵的 mesh.vert

```
#version 410
layout (location = 0) in vec3 pos;
layout (location = 2) in vec3 nrm;

uniform mat4 mvp;
uniform mat3 normal;

out vec3 fragNrm;

void main(){
    gl_Position = mvp * vec4(pos, 1.0);
    fragNrm = (normal * nrm).xyz;
}
```

8.4　为什么光照计算需要法线

现在，我们对法线是什么，以及如何在着色器中访问它们有了更好的了解，是时候弄清楚如何使用它们为网格添加光照了。法线对于光照计算至关重要，因为它们允许我们计算出光线照射到网格表面的方向和曲面本身的方向之间的关系。可以把网格上的每一个片元看作一个微小的、完全平坦的点，而不管网格的整体形状如何。使用这个思维

模型，可以如图 8-6 所示思考灯光照射到片元。

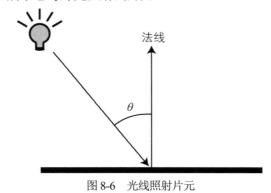

图 8-6　光线照射片元

　　片元与入射光越垂直，光就越多击中网格上的该点，从而使其更亮。更具体而言，随着法线向量和入射光向量之间的角度接近 180°，照射到网格该点的光线量越大。可在图 8-6 中看到入射光向量和法线之间的角度，用符号 θ 标记。为了计算 θ 是多少，可以使用一种称为点积的向量数学，这是一种非常方便的数学运算，已广泛用于视频游戏代码中。

8.5　什么是点积

　　点积(dot product)是一种数学运算，它接受两个向量，并返回一个表示两个向量之间关系的数字。点积本身非常简单，它定义为将每个向量的分量相乘(因此向量 A 的 X 分量乘以向量 B 的 X 分量)，然后将所有结果相加。可以对任意维数的向量执行点积，只要两个向量的分量个数相同。代码清单 8-7 显示了点积的代码实现。

代码清单 8-7　点积的简单实现

```
float dot(vec3 a, vec3 b){
    float x = a.x * b.x;
    float y = a.y * b.y;
    float z = a.z * b.z;
    return x + y + z;
}
```

　　点积的值可以提供很多有关运算的两个向量的信息。该值是正值还是负值都可为我们提供有价值的信息：

　　(1) 如果点积为 0，表示两个向量彼此垂直。

(2) 如果点积为正值，表示两个向量之间的夹角小于 90°。

(3) 如果点积为负值，表示两个向量之间的夹角大于 90°。

点积也可以用来求得两个向量之间的精确夹角。这在游戏代码中经常使用，只需要几行代码就可以完成。参见代码清单 8-8 中的几行代码。我们的光照计算不会将点积值转换成实际角度。然而，知道如何从点积值中求得角度是一种很方便的技术，值得花一点时间来学习。

代码清单 8-8　用点积求两个向量之间的夹角，返回值以弧度为单位

```
float angleBetween(vec3 a, vec3 b){
    float d = dot(a,b);
    float len = length(a) * length(b); ❶
    float cosAngle = d / len; ❷
    float angle = acos(cosAngle);
    return angle;
}
```

如代码清单 8-8 所示，一旦将两个向量的点积除以两个向量长度的乘积(也称为向量的模)，就得到了两个向量之间夹角的余弦。在着色器代码中，向量通常已经被归一化了，这意味着它们的长度都是 1。这意味着可以省略❶和❷行，但最后仍然得到了它们之间角度的余弦，这是计算光照所需的值。

8.6　点积着色

我们将要创建的第一种光照类型称为漫反射(或 Lambertian)光照。这是一种你希望在非发光物体上看到的光照类型，比如一块干燥的未抛光的木头。漫反射光照模拟光线照射到粗糙物体表面时产生的效果。这意味着，与镜面反射光不同，照射到物体的光线将向各个方向散射，从而使物体呈现出粗糙的外观。图 8-7 显示了使用漫反射光照对网格进行着色的一些示例。

漫反射光照的工作原理是将给定片元的法线与光线的方向进行比较。这两个向量之间的夹角越小，光线照在网格曲面的这一点上就越垂直。当两个向量之间的夹角趋于 0时，点积接近于 1，因此可以使用法线和光线方向向量的点积来确定需要使用多少光来对每个片元进行着色。在着色器代码中，这可能类似于代码清单 8-9，可在 DiffuseLighting示例项目中找到它，文件名为 diffuse.frag。

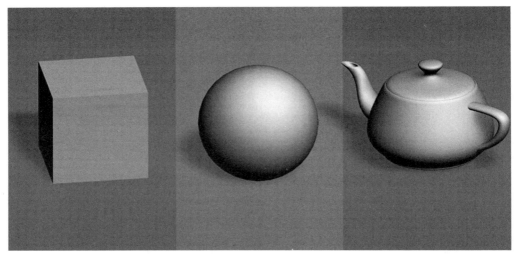

图 8-7   使用漫反射光照渲染的 3 个网格

代码清单 8-9   diffuse.frag——着色器代码中的漫反射光照

```
#version 410
uniform vec3 lightDir;
uniform vec3 lightCol;
uniform vec3 meshCol;

in vec3 fragNrm;
out vec4 outCol;

void main(){
    vec3 normal = normalize(fragNrm);
    float lightAmt = dot(normal, lightDir); ❶
    vec3 fragLight = lightCol * lightAmt;

    outCol = vec4(meshCol * fragLight, 1.0); ❷
}
```

完成这些之后，漫反射光照的着色器似乎非常简单。唯一新的语法是位于❶的 dot()
函数，它用于在 GLSL 中计算点积。有了点积后，就可以用它确定片元将获得多少光照，
方法是将入射光的颜色乘以点积值。如果点积是 1，则意味着该片元将接收到光的全部
强度，而法线方向与灯光方向夹角大于 90°的片元，则不会收到任何光照效果。将片元
本身的颜色乘以点积(即计算得到的光照颜色向量)，就可以得到片元的最终颜色。最后

的乘法参见❷处。

你可能已经注意到代码清单 8-9 中的数学计算用反了光线的方向。片元的法线向量指向远离网格曲面的方向，而入射光向量指向网格曲面。这通常意味着前面的计算使面对入射光的区域更暗，除非我们使用一点小技巧，在 C++代码中将光的方向反向存储。这就省去了在着色器代码中先反转光线的方向再进行乘法的麻烦，并使所有的数学运算都能达到预期目的。如果这有点令人费解，请回头看看图 8-6，看看该图中的两个向量指向不同的方向，然后将其与图 8-8 进行比较，图 8-8 显示的是反向的光方向向量。

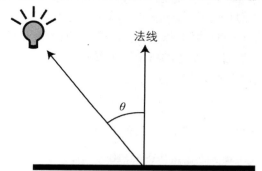

图 8-8　如何将灯光数据发送到着色器代码。请注意，灯光方向已反转，现在指向光源

到目前为止，在数学中的另一个奇怪之处是，如果得到负的点积值，那么将这两个值相乘时，光就变成一个负颜色。现在这对我们来说并不重要，因为场景中只有一个光源。但是，在有多个灯光的场景中，这可能会导致网格的某些部分变得比需要的更暗。要解决这个问题，需要做的就是将点积包装在 max()调用中，以确保得到的最小可能值是 0。修改后，❶行看起来如代码清单 8-10 所示。

代码清单 8-10　使用 max()确保不会得到负亮度颜色值

```
float lightAmt = max(0.0, dot(normal, lightDir)); ❶
```

8.7　第一个平行光

这是第一次使用灯光信息编写着色器。为了简化起见，这个着色器是为了处理一种非常特殊类型的灯光而编写的，游戏通常将其称为平行光。平行光用于表示非常远的光源(如太阳)，从而在一个方向均匀投射光。这意味着无论网格在场景中位于何处，都将与场景中的所有其他物体一样从同一方向接收相同强度的光照。

在 C++代码中设置平行光光源非常简单，因为可以用几个变量表示光所需的所有数据。代码清单 8-11 显示了一个包含平行光颜色、方向和强度数据的结构。

代码清单 8-11　表示平行光所需的数据

```
struct DirectionalLight{
    glm::vec3 direction;
    glm::vec3 color;
    float intensity;
};
```

着色器没有单独设置灯光强度统一变量，但在灯光结构中有。游戏通常在将数据传递到图形管线之前，将灯光的颜色乘以其亮度。这是出于优化的原因。在任何着色器执行之前，只计算一次，比对需要着色的每个片元都进行一次计算要节省得多。出于同样的原因，也将在 C++代码中对灯光的方向进行归一化。代码清单 8-12 显示了几个帮助函数，我们将使用这些函数来确保发送到着色器的数据使用这些优化。

代码清单 8-12　关于灯光数据的一些辅助函数

```
glm::vec3 getLightDirection(DirectionalLight& l){
    return glm::normalize(l.direction * -1.0f);
}

glm::vec3 getLightColor(DirectionalLight& l){
    return l.color * l.intensity;
}
```

在 getLightColor()中，我们没有将灯光颜色限制在通常存储颜色数据的标准 0～1 范围内。这是因为传递给着色器的灯光颜色预先乘以了该灯光的亮度，因此，对于亮度大于 1.0 的，需要能够超出颜色的标准范围。我们仍然无法将大于(1.0,1.0,1.0,1.0)的值写入片元，因此，无论我们将灯光设置为多亮，仍然只能在屏幕上显示为白色。

准备好这些函数后，就可以设置灯光并在绘制函数中使用它了。通常在 setup()函数中设置光源，但是为了代码简短，代码清单 8-13 将把光源设置逻辑放在 draw()函数中。我们还要调整模型矩阵，使网格朝上，这样就有一个更好的角度来观察网格上的灯光。

代码清单 8-13　设置和使用新的灯光数据

```
void ofApp::draw(){
    using namespace glm;
    DirectionalLight dirLight;

    dirLight.direction = normalize(vec3(0, -1, 0));
```

```
dirLight.color = vec3(1, 1, 1); dirLight.intensity = 1.0f;
```

//为简洁起见，省略了设置 mvp 矩阵的代码

```
diffuseShader.begin();
diffuseShader.setUniformMatrix4f("mvp", mvp);
diffuseShader.setUniform3f("meshCol", glm::vec3(1, 0, 0)); ❶
diffuseShader.setUniform3f("lightDir", getLightDirection(dirLight));
diffuseShader.setUniform3f("lightCol", getLightColor(dirLight));
torusMesh.draw();
diffuseShader.end();
}
```

代码清单 8-8 中的着色器的另一个新功能是，将网格颜色指定为着色器的一个统一变量(见❶)。这使你可以为网格设置一个单色，并为你提供一个值，以便去尝试而了解不同的灯光颜色如何与网格曲面颜色相互作用。将红色传递给网格颜色，将白色传递给灯光颜色统一变量，效果如图 8-9 中的左侧屏幕截图。你会注意到，观察圆环的角度使我们很难看到光照的效果。为了解决这个问题，修改了示例代码的 draw 函数，使其朝上旋转网格，然后将摄像机放置在头顶上，向下看。代码清单 8-14 显示了此代码的更改，结果是图 8-9 中的右侧屏幕截图。生成这个屏幕截图的代码可以在第 8 章示例代码的 DiffuseTorus 项目中找到。

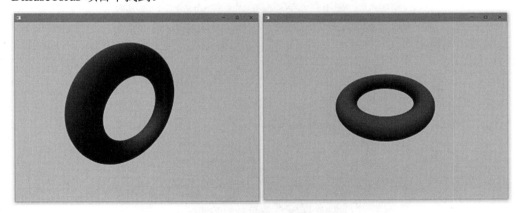

图 8-9　圆环网格上的漫反射光照

代码清单 8-14　更改代码以获得查看光照效果的更好角度

```
void ofApp::draw(){
    //为简洁起见，仅显示更改的代码行
```

123

```
cam.pos = vec3(0, 0.75f, 1.0f);
float cAngle = radians(-45.0f);
vec3 right = vec3(1, 0, 0);
mat4 view = inverse( translate(cam.pos) * rotate(cAngle, right) );
mat4 model = rotate(radians(90.0f), right) * scale(vec3(0.5, 0.5, 0.5));

//函数的其余代码保持不变
}
```

着色器中的光照是一个很大的主题，将在接下来的几章中全面讨论光照。但是，在结束本章之前，想先介绍一种更简单的光照效果，它可以使用目前所讨论的数学来创建。

8.8　创建轮廓光照效果

游戏中常用的一种光照技术称为轮廓光照(rim light)。此技术在网格形状的轮廓周围添加灯光(或颜色)，使其看起来好像被玩家看不见的灯光照亮一样。图 8-10 显示了如果仅将轮廓照明应用于该圆环网格，该圆环网格的显示效果。为了使内容更容易看清，将程序的背景色设置为黑色，你可以在自己的程序中使用 ofSetBackgroundColor()函数进行设置。

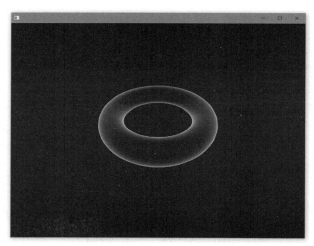

图 8-10　使用轮廓光渲染圆环

轮廓光的工作原理与上一节中的平行光非常相似。唯一真正的区别是，参与计算的是从每个片元到摄像机的向量，而不是灯光的方向向量。这个点积的结果将是需要为每个片元添加多少额外的光，以便获得轮廓光。代码清单 8-15 显示了仅含有轮廓光照的着色器的效果。这是用于渲染图 8-10 的着色器。

代码清单 8-15　仅含有轮廓光照的着色器

```
#version 410

uniform vec3 meshCol;
uniform vec3 cameraPos; ❶
in vec3 fragNrm;
in vec3 fragWorldPos; ❷
out vec4 outCol;

void main() {
    vec3 normal = normalize(fragNrm);
    vec3 toCam = normalize(cameraPos - fragWorldPos); ❸

    float rimAmt = 1.0-max(0.0,dot(normal, toCam)); ❹
    rimAmt = pow(rimAmt, 2); ❺

    vec3 rimLightCol = vec3(1,1,1);

    outCol = vec4(rimLightCol * rimAmt, 1.0);
}
```

该着色器和本章前面所写的平行光着色器之间的第一个区别是：使轮廓光效果起作用的新变量。首先，需要摄像机在世界空间中的位置(见❶)。因为将计算从每个独立的片元到相机的向量，所以不能从 C++代码中传递一个方向向量。相反，传递摄像机位置，以便在着色器代码中计算该向量。另外，还需要片元的世界位置。为了计算该值，需要顶点着色器来计算顶点在世界空间的位置，然后对其插值得到片元的位置。在代码清单 8-15 中，这个数据来自顶点着色器，并被读入 fragWorldPos 变量(见❷)。稍后将讨论需要对顶点着色器进行的更改，让我们先继续逐步介绍片元着色器。

轮廓光照计算从❸真正开始。如前所述，这包括计算从当前片元到摄像机的向量，然后使用这些向量计算点积(见❹)。请注意，在将该值写入 rimAmt 变量之前，将其从 1.0 中减去。因为点积值被限制在 0～1 的范围内，这就得到了反转计算的点积的效果。如果不这样做，最终会产生一个照亮网格中心而不是轮廓的效果。可以在图 8-11 中看到它的效果。

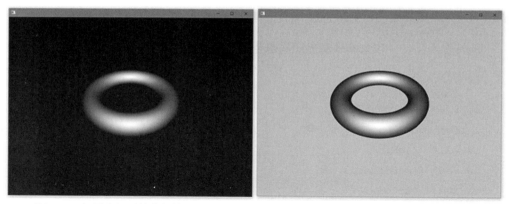

图 8-11　如果忘记反转点积值，轮廓光照的效果。如果你的背景是黑色的，如左图所示，
这使网格看起来像幽灵一样

反转点积值之后，需要做最后一点数学运算，以得到最终的 rimAmt 值。为了控制物体轮廓的"紧度(tight)"，可以将 rimAmt 值提高为幂值(❺)。这是我们第一次看到 GLSL 中使用的 pow()函数，但它与你在 C++中使用的 pow 函数相同。它所做的只是返回第一个参数的 N 次幂(第二个参数指定)。如果你不明白为什么这会压缩轮廓效果，想象当你把一个小于 1 的值提升到一个幂的时候会发生什么。接近 1 的值将保持接近 1——例如，0.95 提升到 4 次方即为 0.81。但是，随着值变小，此操作将产生更大的影响——例如，0.25 的 4 次方是 0.004。图 8-12 显示了在轮廓计算时使用不同次幂时的轮廓效果。

图 8-12　如果将 rimAmt 变量提高到不同的幂次，那么 rim 着色器会是什么效果。从左到右，
这些截图展示了不使用 pow()、提升到 2 次方，以及提升到 4 次方的渲染效果

这就介绍完片元着色器中包含的所有新内容，但请记住，还需要修改顶点着色器，以便为轮廓计算传递世界空间位置信息。代码清单 8-16 显示了顶点着色器的代码，以支持刚刚介绍的轮廓光照效果。

代码清单 8-16　支持 rimlight.frag 的顶点着色器

```
#version 410
```

```
layout (location = 0) in vec3 pos;
layout (location = 2) in vec3 nrm;

uniform mat4 mvp;
uniform mat3 normal;
uniform mat4 model;

out vec3 fragNrm;
out vec3 fragWorldPos;

void main(){
    gl_Position = mvp * vec4(pos, 1.0);
    fragNrm = (normal * nrm).xyz;
    fragWorldPos = (model * vec4(pos, 1.0)).xyz; ❶
}
```

为了获得单个片元的世界空间位置,顶点着色器需要输出每个顶点的世界空间位置。这些顶点位置就像其他 out 变量一样被插值,插值的结果是得到了每个片元的位置向量。通过将顶点位置乘以网格的模型矩阵(见❶),将顶点位置转换为世界空间。这也意味着 C++代码需要为顶点着色器提供 MVP 矩阵和模型矩阵。

现在我们已经了解只使用轮廓光的着色器的效果,是时候将轮廓光效果与之前编写的平行光光照数学相结合了。将在第 9 章中使用现有的平行光着色器,但不希望它在其中包含轮廓光,因此请在示例项目中创建一个新的片元着色器,并将代码清单 8-17 复制到其中。第 9 章将使用片元的世界位置计算,因此可以安全地将其添加到 mesh.vert。

代码清单 8-17　将轮廓光添加到平行光着色器

```
#version 410
uniform vec3 lightDir;
uniform vec3 lightCol;
uniform vec3 meshCol;
uniform vec3 cameraPos;

in vec3 fragNrm;
in vec3 fragWorldPos;
out vec4 outCol;

void main()
{
```

```
    vec3 normal = normalize(fragNrm);

    vec3 toCam = normalize(cameraPos - fragWorldPos);
    float rimAmt = 1.0-max(0.0,dot(normal, toCam));
    rimAmt = pow(rimAmt, 2);

    float lightAmt = max(0.0,dot(normal, lightDir));
    vec3 fragLight = lightCol * lightAmt;

    outCol = vec4(meshCol * fragLight + rimAmt, 1.0); ❶
}
```

对于上面大部分代码，只是将轮廓光着色器的一部分复制并粘贴到现有的平行光着色器中。唯一需要注意的是，如何将轮廓光值与片元的其余颜色结合起来。因为我们希望轮廓光添加到网格的现有光照上，所以需要在所有其他光照都完成之后再添加轮廓光对片元颜色的贡献。代码如❶处所示。

在这个示例中，在网格中添加了一个纯白色的轮廓光，但是很多游戏会选择使用不同的颜色。在你对着色器进行了这些更改并修改了 draw()函数以传递所需的有关相机位置的新统一变量数据之后，你的程序运行效果应该如图 8-13 所示。如果遇到问题，可以在本章示例代码中的 RimLight 项目中找到代码。

图 8-13　使用白色轮廓光渲染的圆环网格

虽然看起来很酷，但游戏最常用的光照计算默认情况下不包括轮廓光。这是因为轮廓光并不是基于光的工作原理，而是纯粹的艺术效果。接下来的几章将讨论如何在着色器代码中建模真实世界的灯光效果，因此我们将不再使用轮廓光。这并不意味着你不应该在你的项目中使用轮廓光。相反，可以将其视为在正确设置了该对象的所有其他光照之后添加到着色器中的一种技术，以便为渲染添加一些非真实的视觉效果。

8.9 小结

我们完成了关于光照的第一个章节！以下是本章所涵盖的内容的简要介绍：

- 法线向量是指从网格表面向外指向的向量。它们存储在网格的每个顶点上，以帮助提供有关每个网格面的形状的信息。
- 如果游戏支持非等比缩放，则法线向量需要一个特殊矩阵(称为法线矩阵)将其从物体空间变换为世界空间。
- 点积是表示两个向量之间关系的标量值。可以使用 GLSL dot()函数计算点积。
- 漫反射光照是在非光滑表面上建立的光照类型的名称。片元接收到的漫反射光的量等于片元的法线向量和入射光的方向向量之间的点积。
- 轮廓光是一种着色技术的名称，它使网格看起来就像从后面照亮一样。它可以通过将片元的法线向量和从该片元到游戏摄像机的向量的点积来计算。

第9章

第一个光照模型

漫反射光照非常适合渲染粗糙(无光泽)的物体，但如果想正确地渲染游戏中可能包含的所有物体，则需要在工具箱中增加一些工具。例如，塑料、金属、镜子和潮湿的表面都不可能仅使用漫反射光照就能很好地渲染。相反，需要学习一些新的光照数学来处理光泽。几乎没有什么东西完全是闪亮的，或者完全是哑光的，因此必须将漫反射光照计算与这些新的计算结合起来，以便能够很好地渲染所有物体。

游戏通常结合几个不同的光照数学计算，以创建一个方程，从而可以用来计算游戏中每个物体的光照。这个统一的方程通常被称为光照模型(lighting model)。在本章中，将结合 3 种不同类型的光照计算。我们已经讨论过 3 个其中之一：漫反射光照。我们将介绍另外两个新的：高光和环境光，并讨论如何将它们与现有的着色器相结合。这种组合的结果就是 Blinn-Phong 光照模型，这是游戏中最常见的光照模型之一。在本章结束时，我们将能够渲染一系列不同的物体。

9.1 镜面光照

第 8 章介绍了漫反射光照，因此，本章将从高光光照开始。我们将使用这种类型的灯光来渲染刚才所说的那些闪亮材质。光线照射在光滑表面时，将产生镜面(specular)光照。请记住，模拟粗糙表面的漫反射光照，它模拟了光线撞击物体表面然后向所有方向散射的效果。对于光滑的表面，光照射到物体表面会以一个特定的角度反射出去，这个角度被称为反射角。网格的表面越平滑，像这样反射的光就越多，光在随机方向上的散射就越少。这会产生闪亮的光斑。图 9-1 显示了在 3 个示例网格上的镜面反射光照的效果。

请注意，左侧的立方体与漫射光照的立方体没有任何不同。这是因为没有光线以适当的角度撞击立方体，然后反射到游戏摄像机中，所以我们在网格上看不到任何镜面反射光。

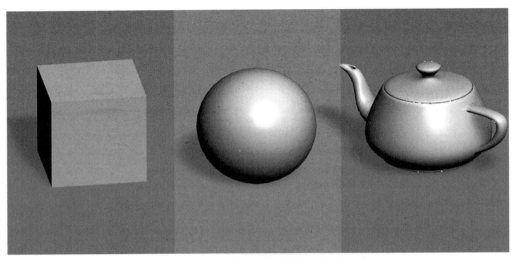

图9-1　3个不同示例网格上的镜面反射光照

如果你恰好从光线反射的方向观看一个高光物体，最终会看到一个非常明亮的镜面高光，当你的视角与光线发射的方向不太平行时，该高光就会消失。这与漫反射光照不同，后者完全独立于视角。可以在图9-2中的中间和最右边的球体上看到镜面反射高光；它是网格右上角明亮的白色"光斑"。图中的中心球体仅使用了镜面光照。你会注意到，与其他两个示例相比，它看起来有点奇怪。这是因为，除了镜子外，几乎所有类型的物体都至少会获得一些漫反射光照，而且非常平滑的对象(如镜子)如果没有渲染反射，效果看起来也不好。因此，一旦有了镜面反射着色器，就必须将其与第8章中编写的漫反射着色器结合起来。

图9-2　左侧球体仅使用漫反射光照，中心球体仅使用高光光照，右侧球体则结合了两种类型的光照

值得一提的是，在一些更现代的光照模型中，金属在漫反射光照方面也有不同的处理。但在此建立的 Blinn-Phong 光照模型对金属和非金属表面的处理相同。

9.2　第一个镜面着色器

首先，创建一个全新的片元着色器，并将其命名为 specular.frag。也必须修改顶点着色器，但是在知道片元着色器需要什么信息之后，修改顶点着色器就会更容易。镜面反射光照的数学计算比漫反射光照的数学计算要复杂一些，但其核心仍然是计算两个方向向量之间的点积。最困难的是如何得到这些方向向量。

需要的第一个方向向量是光线在片元上的反射方向。可以从片元的法线向量和归一化的灯光方向向量来计算这个值，GLSL 有一个方便的 reflect()函数，可以为我们做数学运算。使用示例如代码清单 9-1 所示。

代码清单 9-1　使用 GLSL 的 reflect()函数

```
vec3 refl = reflect(-lightDir,normalVec);
```

请务必以正确的顺序指定参数。传入的第一个向量是入射光向量，第二个参数是当前片元的法线向量。与 GLSL 的许多函数一样，reflect 函数可以用于任何维度的向量，只要两个参数相同。还要注意，使用的是光方向向量的相反方向。这是因为 reflect()函数希望被反射的向量指向网格曲面，而已经手动将灯光方向翻转为从曲面指向灯光，以便简化漫反射光照数学运算。现在，既然不只是编写漫反射光着色器，那么也可以选择修改 C++代码不翻转光的方向向量，但是示例仍将其保留下来，以保持与之前编写的着色器的兼容性。

有了反射向量，需要的第二个向量是从片元位置指向摄像机位置的方向向量。我们在第 8 章创建轮廓光效果时对此进行了计算，在此将做同样的数学运算。就像以前一样，顶点着色器将输出 FragWorldPos 数据，把摄像机位置从 C++代码传递到 camPos 统一变量。一旦这些数据可用于片元着色器，计算摄像机和片元之间的向量就如代码清单 9-2 所示。

代码清单 9-2　计算 toCam 向量

```
vec3 toCam = normalize(camPos - fragWorldPos);
```

有了这两个向量，下一步就是计算它们之间的点积。可以将这个点积值提高 N 次幂，以便控制镜面反射高光的光泽度。指数越高，我们的曲面就越平滑，镜面反射高光就越紧密。图 9-3 显示了一个光滑的球体使用几种不同的光泽度幂值后的效果。

图 9-3　通过将 toCam 和反射向量的点积提高到 4 次方、16 次方和 32 次方(从左到右)来得到具有不同尺寸光斑的球体

通常把点积提高到的指数称为"光泽度"值。代码清单 9-3 显示了着色器代码中的最后一部分数学运算。

代码清单 9-3　计算镜面高光亮度

```
float specAmt = max(0.0, dot(refl, viewDir));
float specBrightness = pow(specAmt, 16.0); ❶
```

最后，将 specBrightness 与灯光的颜色(因为红光不会产生白色的镜面反射高光)，以及网格的镜面反射颜色相乘。这将为高光亮点提供最终颜色。把上面的代码综合起来，只包含镜面反射的片元着色器应该如代码清单 9-4 所示。

代码清单 9-4　specular.frag，只含镜面反射的片元着色器

```
#version 410

uniform vec3 lightDir;
uniform vec3 lightCol;
uniform vec3 meshCol;
uniform vec3 meshSpecCol;
uniform vec3 cameraPos;
in vec3 fragNrm;
in vec3 fragWorldPos; ❶
out vec4 outCol;
```

```
void main(){
    vec3 nrm = normalize(fragNrm);
    vec3 refl = reflect(-lightDir,nrm);
    vec3 viewDir = normalize( cameraPos - fragWorldPos);

    float specAmt = max(0.0, dot(refl, viewDir));
    float specBright = pow(specAmt, 16.0);

    outCol = vec4(lightCol * meshSpecCol * specBright, 1.0);
}
```

在第 8 章中，轮廓光效果要求在顶点着色器中添加逻辑，以便计算和输出 fragWorldPos 向量。如果你还没修改 mesh.vert，则需要立即进行修改，以使镜面反射着色器正常工作。由于第 8 章介绍了如何实现这一点，因此在此处省略顶点着色器源代码。

完成所有修改后，你应该能够运行程序，并看到类似于图 9-4 的画面。如果遇到任何问题，请参考生成该图的源代码，它位于本章示例代码中的 SpecularTorus 项目中。

图 9-4　使用高光着色器的圆环网格

9.3　组合漫反射和镜面反射光照

将漫反射光照添加到镜面反射着色器很简单。需要做的就是将之前着色器中的漫反射计算添加到镜面反射片元着色器中。代码清单 9-5 显示了 specular.frag 的 main 函数添加了漫反射计算后的代码。

代码清单 9-5　添加了漫反射光照的 specular.frag

```
void main(){
    vec3 nrm = normalize(fragNrm);
    vec3 refl = reflect(-lightDir,nrm);
    vec3 viewDir = normalize( cameraPos - fragWorldPos);

    float diffAmt = max(0.0, dot(nrm, lightDir));
    vec3 diffCol = meshCol * lightCol * diffAmt;

    float specAmt = max(0.0, dot(refl, viewDir));
    float specBright = pow(specAmt, 16.0);
    vec3 specCol = meshSpecCol * lightCol * specBright;

    outCol = vec4(diffCol + specCol, 1.0);
}
```

如果使用上面的代码来渲染，你将看到一个令人愉快的闪亮的红色圆环网格，画面效果如图 9-5 所示。

图 9-5　使用漫反射和镜面光照渲染的圆环

9.4　环境光照

在现实世界中，灯光不必直接照射在物体上就能将其照亮。这是因为光线从物体反射到其他物体上，而这些物体又将光线反射到其他物体上。在图形中，这被称为全局光照，游戏开发人员不断地发明新方法，以便更准确地模拟由这种物体到物体的光反射引起的光照。

我们要实现的最后一种光照类型是全局光照的最简单近似，称为环境光。环境光的工作原理是简单地向网格中的每个片元添加颜色。这样可以防止片元完全变黑，并表示光线在环境中反弹。将其添加到组合光照着色器中非常简单。只需要为场景添加一个表示环境光颜色的统一变量，将该颜色乘以网格的表面颜色，然后更改着色器 main()函数的最后一行以使用该值。代码清单 9-6 显示了需要的更改。要记住的关键是，无论场景中的灯光是什么颜色，红色物体只会反射红光。因此，需要将环境光的颜色乘以片元的颜色，以确保没有添加不应该存在的颜色。

代码清单 9-6　组合漫反射、高光和环境光

```
vec3 ambient = ambientCol * meshCol;
outCol = vec4(diffCol + specCol + ambient, 1.0);
```

根据将 ambientCol 统一变量设置的值，此类型灯光的影响可能非常微小，也可能非常显著。图 9-6 显示了环境光照的两个不同的用例。在第一行中，可以看到使用灰色环境光颜色(0.5,0.5,0.5)来真正照亮圆环的效果。而最后一行显示了如果使用绿色环境光(0.0,0.3,0.0)来模拟绿色环境中的光照，圆环的显示效果。请注意，绿色示例需要使用不同颜色的圆环，因为纯红色网格无法反射绿色灯光，并且不会受绿色环境光颜色的影响。蓝色圆环的网格颜色为(0.0,0.5,1.0)。

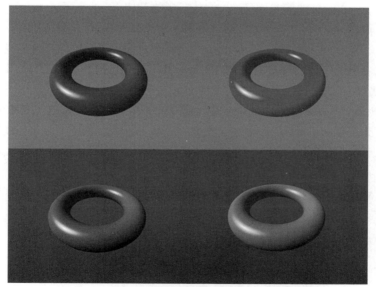

图9-6　使用环境光照。左列的两张图是没有环境光照的网格效果。
右列中两张图的网格使用了与画面背景颜色相同的环境光

如果想查看使用漫反射、镜面反射和环境光渲染圆环网格的完整源代码，可以在 PhongTorus 示例项目中找到它。Phong 这个名称是指我们刚刚实现的光照模型，接下来详细探讨该光照模型。

9.5 Phong 光照模型

现在已经实现了 3 种不同类型的光照，但是根本没有讨论它们的数学来源。如本章简介中所述，一起使用的光照计算的集合通常称为光照模型。现在使用的 3 个光照数学(漫反射、镜面反射和环境光)组合在一起形成了 Phong 光照模型，这是游戏中最常见的光照模型之一。

如果你在网上查找 Phong 光照，可能会看到一堆复杂的数学问题，看起来像图 9-7。如果你觉得这很陌生，别担心，数学符号只是让它看起来比实际可怕。实际上，我们已经实现了所有复杂的部分，因此解开此等式到底想表达什么。

$$I_p = k_a i_a + \sum_{m \in \text{lights}} (k_d(\hat{L}_m \cdot \hat{N})i_{m,d} + k_s(\hat{R}_m \cdot \hat{V})^\alpha i_{m,s}).$$

图 9-7 以数学符号表示的 Phong 光照模型

图 9-7 中的方程式是描述 Phong 着色如何计算网格上某一点的光照的数学方法。此光照值称为 I_p，可在 Phong 方程的等号左侧找到。等号的右侧告诉我们，着色器需要做什么来计算它。Phong 光照是由环境光、漫反射光和镜面光组合而成的。根据这个公式，这 3 个值由常量值缩放，这些常量值控制片元接收的每种类型的光照量。这些常数被称为 k_a、k_d 和 k_s，它们都是 vec3 向量，用于描述网格上该点的这 3 种光照类型中的每种颜色。在着色器中，k_a 和 k_d 被定义为网格颜色，k_s 由 meshSpecCol 统一变量表示。稍后讨论这些常数的替代值。

根据 Phong 方程，场景中的灯光还定义了它们自己的常数，这些常数表示它们发出的每种灯光类型的量。它们是前面公式中的 i_a、i_d 和 i_s 项。实际上，大多数游戏只是让光源发出单一的颜色值，并将该颜色用于 i_d 和 i_s 符号。i_a 符号是为整个游戏场景单独定义的。

定义了这些常数后，方程的其余部分将告诉我们如何使用它们。我们只是在着色器代码中实现了所有这些数学运算，但是以方程形式阅读有点困难。图 9-8 将等式的右侧划分成几部分，以便于讨论。

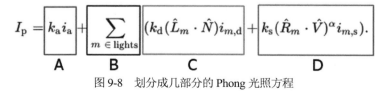

图 9-8 划分成几部分的 Phong 光照方程

方程式的 A 部分是用于环境光照的数学计算。完整的 Phong 方程指定了一种材质可以为环境光(k_a)定义自己的颜色，但通常假设每个片元的 k_a 是该点网格曲面的颜色。如前所述，i_a 符号通常为整个游戏场景定义，而不是由特定灯光设置。不管如何处理这些符号，但是，一旦知道了它们的值，只需要将它们相乘，然后将它们添加到其他光照中，就像之前在着色器中所做的那样。

在环境光照之后，进入光照方程的核心：为场景中的所有灯光处理漫反射和镜面反射光照。标记为 B 部分的含义是对每个灯光执行漫反射和镜面反射计算，这些灯光对当前网格点的光照有贡献，并将它们全部相加。在本书的后面章节，将详细讨论如何使用多个灯光。现在，只要知道在此处，我们要做的就是把每个照到片元上的灯光进行光照计算就足够了。

紧随其后的是 C 部分，这是漫反射光照的数学模型。我们已经知道 k_d 项是正在计算光照的网格上的点的漫反射颜色，而 i_d 项是入射光的颜色。在圆括号内，可以看到另外两个值，L_m 和 N。因为我们已经编写了漫反射着色器，所以这两个值是灯光方向向量和网格法线就不足为奇了。定义了所有的术语后，方程的 C 部分简单地说，就是将网格颜色和灯光颜色与这两个向量的点积相乘，得到漫反射光照。

最后，学习镜面反射光照数学(D 部分)。我们知道 k_s 是当前正在计算光照的网格上的点的镜面反射颜色，i_s 是镜面入射光的颜色。这两种灯光颜色控制物体上镜面反射高光的颜色。到目前为止，在着色器中，k_s 被定义为白色，使镜面反射高光颜色与灯光颜色(i_s)相同。如果手动为某些材质选择高光颜色，则它们看起来效果可能会更好，因此请随意尝试使用不同的 k_s 值。就像前面的着色器数学一样，D 的其余部分要获得 R_m(反射光向量)和 V(视线方向)的点积，并将其提高到 α(光泽度常数)次幂，然后将其乘以材质和灯光的镜面反射颜色。然后将其添加到漫反射光照中，以获得单个灯光的光照。所有这些加在一起给照亮的片元提供了最终的颜色。

Phong 着色远远不是游戏使用的唯一光照模型。你可能听说过许多游戏正在朝着"基于物理的着色"方向发展，这涉及一个更复杂的光照方程，以更真实的方式渲染物体。然而，Phong 着色在游戏行业中仍然被广泛使用。例如，手机游戏可能会选择 Phong 光照，而不是基于物理的模型，因为它们需要运行在各种各样的硬件上，并且需要使用不太逼真的光照模型来获得额外的性能提升。

9.6　Blinn-Phong 光照

Phong 光照是一种功能非常强大的着色模型，但是在某些光照情况下，它的处理效果不是很好。最值得注意的是，某些视角可能会导致对具有低光泽度值的物体产生怪异的镜面反射阴影。图 9-9 展示了渲染效果，请注意光照似乎有一个锐利的轮廓，这不是物体在真实环境中应该看起来的效果。在本例中，将着色器中的光泽指数设置为 0.5。

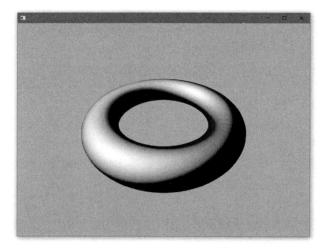

图 9-9　Phong 光照在处理低光泽指数时的镜面反射问题的示例

　　出现这种情况的原因是，当反射光向量和摄像机向量之间的角度超过 90°时，Phong 着色模型将无法正确处理。在大多数情况下，这不是问题，因为镜面反射高光非常小，以至于当你看到这个光照边缘时，镜面高光光照已经变为零。但是，对于亮度值较低的对象(因此，镜面反射高光非常大)，这些问题可能会逐渐增加。为了解决这个问题，大多数使用 Phong 光照模型的游戏都使用一种称为 Blinn-Phong 光照的变体。这种变体会改变用于计算镜面高光光照的数学运算。Blinn-Phong 光照还具有比 Phong 镜面高光更精确仿真真实世界的优势。

　　Phong 和 Blinn-Phong 镜面反射的主要实现差异在于，Blinn-Phong 用一个称为半向量的新向量替换了镜面反射计算中的反射光向量。代码清单 9-7 显示了如何在着色器代码中计算该值。

代码清单 9-7　计算半向量

```
vec3 halfVec = normalize(viewDir + lightDir);
```

　　有了这个新的半向量，需要改变点积计算，以便得到法线向量和这个新的半向量之间的点积。之后，继续使用 pow()函数。代码清单 9-8 显示了 Phong 和 Blinn-Phong 镜面反射计算，以便你可以清楚地看到它们之间的差异。

代码清单 9-8　比较 Phong 与 Blinn-Phong 镜面反射

```
//phong 镜面反射
vec3 refl = reflect(-lightDir,nrm);
float specAmt = max(0.0, dot(refl, viewDir));
```

```
float specBright = pow(specAmt, 16.0);

//blinn-phong 镜面反射
vec3 halfVec = normalize(viewDir + lightDir);
float specAmt = max(0.0, dot(halfVec, nrm));
float specBright = pow(specAmt, 64.0); ❶
```

除了数学上的改变，还需要注意的是，为了获得相同大小的镜面反射高光，需要将 Blinn-Phong 的光泽度指数设置为常规 Phong 镜面反射光照所需值的 2～4 倍之间(参见❶处)。

修改这几行是我们切换到使用 Blinn-Phong 着色所需的全部工作。如果把它应用在圆环网格上，把光泽指数设为 2.0，而不是 0.5，则会得到图 9-10。注意，镜面反射高光周围的锐利边缘已大大减少(虽然没有完全消除)，而且看起来更自然一些。绘制图 9-10 的代码可以在第 9 章示例代码的 BlinnPhong 示例项目中找到。

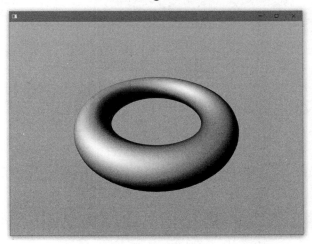

图 9-10　具有低光泽度以及使用 Blinn-Phong 镜面反射光照的圆环

9.7　使用纹理控制光照

到目前为止，网格表面一直是完全均匀的。也就是说，网格上的每个片元都具有相同的光泽度、相同的颜色和相同的镜面反射颜色。这通常不是游戏的使用方式。相反，游戏使用纹理改变网格表面的这些信息。我们已经了解如何使用纹理改变每个片元的网格颜色，但是游戏通常也使用纹理存储其他信息。

一种用于帮助改变网格曲面上的光照的常见纹理称为镜面贴图(通常简称为 spec map)。此类型纹理中的数据用于控制网格曲面不同部分的光泽。使用这种纹理有很多种方法，但其中一种较简单的方法是，将片元上的高光光照乘以片元 UV 坐标的镜面贴图中的值。这允许我们控制哪些片元是有光泽的，但需要为网格的所有有光泽的部分设置一个固定的光泽值。

为了查看实际效果，先将圆环网格暂放一边，转而使用一个你可能在游戏中看到的网格。本章的 assets 文件夹包含一个 shield.ply 网格和两张称为 shield_diffuse.png 和 shield_spec.png 的纹理。获取这些文件并将其放入 bin/data 目录，将在本书的其余示例中使用它们。网格本身是一个低多边形盾牌网格，并带有所有的法线和 UV 向量，需要将它贴上纹理。顾名思义，每个纹理都被设计为提供不同光照类型的信息。漫反射纹理为网格表面提供了主要的颜色，并且来自该纹理的颜色数据将与漫反射光照值相乘。同样，镜面反射纹理将与镜面光照贡献相乘。可以在图 9-11 中看到这些纹理。

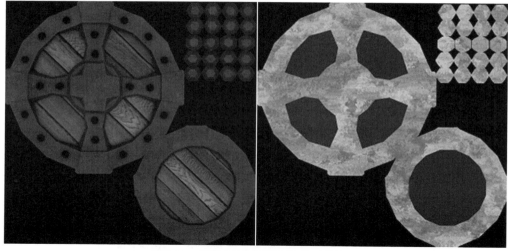

图 9-11　将用于渲染盾牌网格的两种纹理

请注意，只有盾牌的金属区域在镜面反射贴图中有颜色。这意味着网格的木质区域将不会收到任何高光，因为我们将用纯黑色乘以木质片元上的高光。你还可以看到，金属区域没有得到均匀的镜面反射光照。相反，镜面反射区域的亮度会有一点差异，以呈现金属划痕的外观。

由于使用的是不同的网格，因此可能需要使用网格的模型矩阵和场景中的摄像机位置，并不断调整它们的值，以便在程序运行时获得网格的良好观察视图。代码清单 9-9 显示了本章中屏幕截图所用的摆放网格和摄像机的代码。

代码清单 9-9　为示例屏幕截图设置摄像机和网格变换

```
//创建视图矩阵——旋转摄像机以向下观看网格
float cAngle = radians(-45.0f);
vec3 right = vec3(1, 0, 0);
cam.pos = glm::vec3(0, 0.85f, 1.0f);
mat4 view = inverse(translate(cam.pos) * rotate(cAngle, right));
//创建模型矩阵——旋转以指向上方，并放大
mat4 model = rotate(radians(-45.0f), right) * scale(vec3(1.5, 1.5, 1.5));
```

在前面的章节中，已经在 C++代码中设置了很多次纹理，因此，直接跳到需要对片元着色器进行的更改，以对网格使用漫反射和镜面贴图。首先，需要为纹理声明两个新的统一变量，为 UV 声明一个新的 in 变量，如代码清单 9-10 所示。

代码清单 9-10　specular.frag 使用的新变量

```
uniform sampler2D diffuseTex;
uniform sampler2D specTex;
in vec2 fragUV;
```

在设置了这些新变量之后，唯一需要做的其他更改就是用纹理中的颜色替换 main 函数中的 meshCol 和 meshSpecCol 变量。代码清单 9-11 显示了完成着色器修改所需更改的两行代码。

代码清单 9-11　更改光照计算以使用纹理贴图

```
//旧代码
vec3 diffCol = meshCol * lightCol * diffAmt;
vec3 specCol = meshSpecCol * lightCol * specBright;

//新代码
vec3 meshCol = texture(diffuseTex, fragUV).xyz;
vec3 diffCol = meshCol * lightCol * diffAmt;
vec3 specCol = texture(specTex, fragUV).x * lightCol * specBright;
```

完成这些更改后，还需要修改顶点着色器，以便将 UV 坐标传递给片元着色器中的 fragUV 变量，不过这些没有我们以前没有见过的新知识。设置完成后，你的场景应该如图 9-12 所示。用于渲染该图形的代码可以在第 9 章示例代码的 BlinnShield 项目中找到。

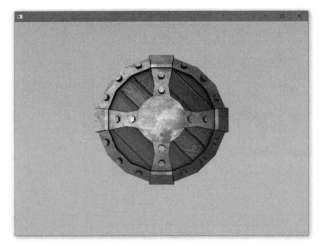

图 9-12　使用漫反射和镜面映射渲染的盾牌网格

如果仔细观察图 9-12，可能会注意到镜面反射光只照射了网格的金属部分。不过，由于镜面反射着色非常依赖于视图(译注：观察视角)，使用完全静态的网格很难真正看到镜面映射贴图的效果。我们确实需要一个移动的网格来查看光照的全部效果，为此，在示例中添加了几行代码，使网格在程序运行时自动旋转。代码清单 9-12 展示了此简单的修改。

代码清单 9-12　使盾牌网格在程序运行时自动旋转

```
//创建模型矩阵——旋转以指向上方，并放大
static float rotAngle = 0.0f;
rotAngle += 0.01f;
vec3 up = vec3(0, 1, 0);
mat4 rotation = rotate(radians(-45.0f), right) * rotate(rotAngle, up);
mat4 model = rotation * scale(vec3(1.5, 1.5, 1.5));
```

完成这一修改后，镜面映射的效果更加明显了，从而使得实现的 Blinn-Phong 光照模型看起来真不错。不过，渲染网格可以使用多种技术，不仅仅是漫反射和镜面高光光照，接下来的几章将继续扩展着色器，使这个盾牌真正发光。

9.8　小结

以下是本章内容的小结。

- 不同类型的光照需要在着色器代码中进行不同的计算。"光照模型"是用于渲染物体的这些计算的组合。

- Phong 光照模型是一种流行的光照数学模型，该模型将照射到网格表面上的灯光建模为漫反射、镜面高光和环境光的组合。

- 需要 Phong 风格光照的游戏，通常使用与之相关的 Blinn-Phong 光照模型。该光照模型变体看起来更真实，并修复了光泽度值非常低的物体上的视觉瑕疵。

- 为了改变网格表面的光照特性，着色器使用不同类型的纹理来提供不同类型光照的有关信息。在盾牌网格上，使用了漫反射贴图来提供有关漫反射颜色的信息，并使用一个镜面映射贴图来告诉我们每个片元应该接收多少高光光照。

第 10 章

法线贴图

第 9 章介绍了使用纹理存储非颜色数据的第一个示例。本章将扩展这个概念，除了存储有关网格曲面的光泽度的信息外，还将存储有关凹凸度的信息。我们将演示使用存储法线向量而不是颜色的特殊纹理。到目前为止，我们所有的法线向量都直接来自网格的几何体。但顶点法线只能提供有关网格面的整体形状的信息。如果想渲染较小的细节，比如凹凸或刮痕，则需要另一个法线数据源。从视觉上更容易解释，图 10-1 有一个特写镜头，盾牌网格的顶点法线被绘制成白色细线。

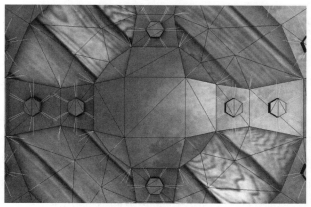

图 10-1　盾牌网格的中心，显示了法线向量。请注意，中心金属件的最大截面仅使用 4 个顶点建模

注意，盾牌网格的中心金属部分由非常少量的顶点组成。如果想让这个区域布满小划痕，或者像你期望的那样，用未抛光的金属制成的盾牌，有什么方法？盾牌的中心正方形总共只有 4 个顶点，这意味着如果不向网格添加更多的顶点，就无法在实际网格几何体中添加这些小细节。可以添加更多的顶点来建模更多的细节，但是网格的顶点越多，渲染网格所需的顶点着色器计算就越多，网格占用的内存也就越多。大多数游戏不能仅仅因为凹凸和刮痕而为每个物体添加数千个顶点。

为了解决这个问题，游戏使用了一种特殊的纹理贴图，称为"法线贴图(normal map)"，以与"高光贴图(spec map)"纹理存储曲面亮度信息相同的方式存储法线向量。由于法线贴图纹理中的像素比网格中的顶点多得多，这为我们提供了一种存储更多法线向量的方法，而不仅仅是使用几何体顶点存储法线向量。当这一切正常工作时，它看起来像图 10-2 的右侧屏幕截图，这就是我们在本章中要构建的内容。

图 10-2　没有法线贴图(左)，和有法线贴图(右)的盾牌

10.1　什么是法线贴图

现在，我们已经知道了它们的功能，下面讨论法线贴图的确切含义。法线贴图是在每一像素中存储归一化的向量而不是颜色的纹理。这意味着法线贴图纹理中每一像素的 RGB 值实际上是可以在光照计算中使用的法线向量的 XYZ 值。

但是，纹理无法表示小于 0 的值，因为不存在负颜色。这通常意味着只能存储具有正分量的向量，但这将使法线贴图几乎无法存储法线向量，因为这将严重限制可以存储的方向。若要解决此问题，法线贴图将值 0.5 视为 0.0。这意味着颜色为(0, 0.5, 1)的像素代表向量(-1, 0, 1)。这样做的副作用是，在对法线贴图采样后，必须进行一些附加的着色器数学运算，以便将颜色值转换为所需的向量方向。代码清单 10-1 中给出了一个示例。

代码清单 10-1　从法线贴图采样器中解压法线向量

```
vec3 nrm = texture(normTex, fragUV).rgb;
nrm = normalize(nrm * 2.0 - 1.0);
```

你以前可能见过法线贴图，它们通常会偏蓝色。例如，我们要在盾牌上使用的法线贴图如图 10-3 所示。它们呈蓝色色调(tint)是因为法线贴图中每一像素的蓝色通道对应于存储在纹理中的向量的 Z 值。法线贴图使用一个称为切线空间(tangent space)的特殊坐标空间，它是相对于网格曲面定义的。对于任何给定点，切线空间中的 Z 轴指向网格几何体法线向量的方向。因为我们在法线贴图中提供的法线也将指向远离网格曲面的方向，这意味着存储的每个法线向量都将具有正的 Z 值，因此，每一像素的蓝色值都大于 0.5。

图 10-3 显示了法线贴图通常用于提供的各种曲面细节。如果你仔细看，可以看到网格金属区域的凹凸不平的表面，以及木头的纹理。这些小细节效果需要成千上万个三角形才能渲染得出，但可以通过法线贴图轻松地实现。

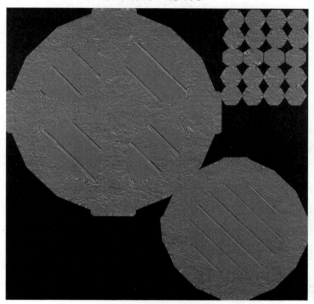

图 10-3　用于盾牌的法线纹理

10.2　切线空间

现在，我们知道了法线贴图如何存储向量以及如何在着色器中解压它们，需要讨论定义这些向量的坐标空间。切线空间是一个怪异的坐标空间，因为它是一个每片元的坐标空间。它不是基于摄像机的方向或物体的位置，而是相对于每个片元所来自的网格表面进行定义。

我们已经知道，切线空间中的 Z 轴总是指向从网格几何体中得到的法线向量的方向，所以剩下的就是弄清楚另外两个轴是什么。切线空间的 X 轴来自网格的切线向量。切线向量存储在网格的每个顶点上，就像顶点颜色或法线向量一样，并存储网格 UV 坐标的 U 轴方向。切线空间的 Y 轴称为副切线(bitangent)，它是一个垂直于切线和法线向量的向量。副切线通常在着色器代码中计算，而不是存储在网格数据中。这 3 个向量一起就构成了坐标空间的轴，这个坐标空间是面向当前正在处理的片元的。图 10-4 显示了球体上单个片元的情况。

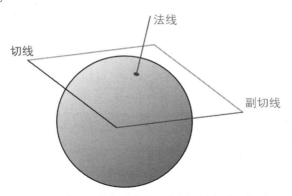

图 10-4　球面网格上一点的切线空间轴向量示意图

从图中可以看出，可以对切线和副切线方向使用任何一组垂直向量，但重要的是，它们必须与 UV 坐标方向对齐，以便对给定的片元，法线贴图计算与纹理采样相匹配。

为什么要把法线向量存储在这个怪异的坐标空间，而不是将向量存储在模型空间的法线贴图中。有些游戏确实选择使用模型空间法线贴图，而不是使用我们目前所见的更典型的切线空间贴图。但是，模型空间法线贴图有几个限制，例如不支持网格动画，以及不允许美工人员为网格的不同部分重用 UV 坐标。但这些限制导致大多数游戏选择了切线空间法线贴图，尽管增加了复杂性，但法线贴图得到最广泛的应用。

10.3　使用切线向量

现在，我们知道了需要切线向量，是时候讨论如何获取它们了。切线向量通常不是由 3D 建模师创建的，因为它们只是网格上 UV 坐标的函数，所以你要使用的大多数网格在默认情况下都不会在数据中包含这些向量。相反，当网格导入游戏项目中时，许多游戏引擎将计算网格的切线向量。一旦生成了这些向量，访问它们就与我们迄今为止访问任何其他顶点属性的方式相同。

遗憾的是，openFrameworks 默认不支持切线向量。这意味着我们没有一种简单易用的方法来计算网格的切线向量，而且 ofMesh 类不支持现成的切线向量。通常，这意味着必须编写自己的 mesh 类和 mesh 导入函数。但是，本章的目的是解释如何编写实现法线贴图的着色器，而不是如何自己计算切线或者编写自己的网格类(如果你想正确实现它们，这两个类都需要付出不少时间)。相反，我们将稍微取巧，将切线向量存储在网格的顶点颜色属性中。我们一直在使用的盾牌网格已经这样设置了，因此可以访问盾牌的切线向量，就像我们在第 2 章中获得顶点颜色一样，如代码清单 10-2 所示。

代码清单 10-2　获取盾牌网格的切线向量

```
layout (location = 0) in vec3 pos;
layout (location = 1) in vec4 tan;
layout (location = 2) in vec3 nrm;
layout (location = 3) in vec2 uv;
```

如果想在 openFrameworks 中测试自己的网格上的法线贴图，那么为 ofMesh 生成切线并将其存储在网格的顶点颜色属性中的代码可以在附录 A 和在线示例代码中找到。我们在这里不再赘述如何计算切向向量，因为即使你不操心计算切线向量，法线贴图就已经足够复杂把你脑袋绕晕，并且你通常可以依靠游戏引擎为你提供这些向量。

我们已经介绍了访问网格的切线向量所需的内容，但如之前所述，副切线向量通常在着色器代码中计算。为此，需要学习一些新的向量数学，在开始编写着色器代码之前，我先介绍一下。

10.4　叉积

副切线向量是一个同时垂直于片元的法线向量和切线向量的向量。可以在图 10-5 中看到示例图。假设两个原始向量是片元的法线向量和切线向量，那么在右边图像中添加的绿色向量就是我们想要的向量。

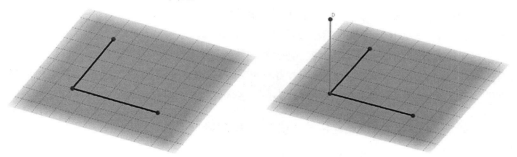

图 10-5　如果我们计算左图中两个向量的叉积，结果就是右图中的绿色向量(竖直向上的向量)

可以使用称为叉积(Cross Products)的数学运算计算这个向量。叉积是一种数学运算，它接收两个向量，然后返回垂直于两个输入向量的第三个向量。对此有一些限制。首先，两个输入向量的方向不能重合(即相同)。其次，叉积只适用于三维向量。

计算叉积比较简单。代码清单 10-3 显示了 GLSL 中一个可以用来计算它的函数。不过，就像点积一样，GLSL 在语言中内置了一个函数，可以为我们执行此计算，因此这里的示例代码仅供参考。

代码清单 10-3　执行叉积的函数的示例实现

```
vec3 cross(vec3 a, vec3 b){
    return a.yzx * b.zxy - a.zxy * b.yzx;
}
```

需要注意的一点是，两个归一化向量的叉积并不能保证得到的也是归一化向量。如果你的数学运算要求一个由叉积创建的向量被归一化，那么要在代码中显式地这样做。

给定一个顶点法线向量和一个切线向量，我们将使用叉积计算副切线向量。然后，将把所有 3 个向量(法线、切线和副切线)从顶点着色器传递到片元着色器。片元着色器接收到的经过插值的向量将是我们在法线贴图计算中需要使用的。

10.5　法线贴图的工作原理

为了使法线贴图正常工作，我们已经讨论了很多背景信息，但是到目前为止，我们只讨论了其中的一小部分。现在，把它们放在一起从整体视角看一看。

法线贴图的工作原理是，将从网格顶点获得的法线向量替换为法线贴图纹理中找到的向量。这个问题的难点在于，从法线贴图纹理获得的向量在切线空间中，这意味着需要将其变换为不同的坐标空间，以便在光照计算中使用它。为此，使用法线、切线和副切线向量创建一个矩阵，该矩阵可以将向量从切线空间变换为世界空间，这是定义所有其他光照向量的坐标空间。有了这个矩阵，我们将从法线贴图着色器中得到的法线变换为世界空间，并使用新的法线向量继续进行光照计算。

这个过程的第一步是创建切线、副切线、法线矩阵(通常称为 TBN 矩阵)。这在顶点着色器中完成，并传递给片元着色器。这个过程的第一步是把这 3 个向量转换成可以处理的变量。代码清单 10-4 的代码片段展示了这是如何完成的。

代码清单 10-4　在顶点着色器中获取 TBN 向量

```
layout (location = 0) in vec3 pos;
layout (location = 1) in vec4 tan;
layout (location = 2) in vec3 nrm;
layout (location = 3) in vec2 uv;

void main(){
    vec3 T = tan.xyz;
    vec3 N = nrm.xyz;
    vec3 B = cross(T, N);
```

```
    //省略了本函数的其余部分代码
}
```

有了这些向量，下一步就是将这 3 个向量都变换到世界空间中。即使从法线贴图中得到的向量将在切线空间中，但是存储在网格上的实际切线向量是在模型空间中指定的。需要把这些向量从模型空间变换成世界空间。与法线向量一样，可以通过乘以模型矩阵或法线矩阵来完成此操作，但是我们的示例代码将选择法线矩阵，以确保正确地考虑到非等比的网格缩放(即使在我们的示例中，盾牌网格是等比缩放的)。如代码清单 10-5 所示。

代码清单 10-5　将 TBN 向量从模型空间变换到世界空间

```
vec3 T = normalize(normal * tan.xyz);
vec3 B = normalize(normal * cross(tan.xyz,nrm));
vec3 N = normalize(normal * nrm);
```

注意，在前面的代码中，必须显式地获取切线向量的 xyz 坐标，因为将该向量存储在顶点颜色属性中，该属性默认是 vec4。一旦在世界空间中获得了这 3 个向量，顶点着色器剩下的工作就是把它们打包成一个 3×3 的矩阵，然后将其发送给片元着色器。这是我们第一次将矩阵传递给片元着色器，但它的工作原理与传递向量数据相同。代码片段示例如代码清单 10-6 所示。该矩阵中向量的顺序很重要，因此要确保你的代码与示例代码相同。

代码清单 10-6　从顶点着色器输出矩阵 mat3

```
out mat3 TBN;

void main(){
    vec3 T = normalize(normal * tan.xyz);
    vec3 B = normalize(normal * cross(tan.xyz,nrm.xyz));
    vec3 N = normalize(normal * nrm.xyz);
    TBN = mat3(T, B, N);
    //省略了本函数的其余部分代码
}
```

这就是需要添加到顶点着色器的所有内容，接着讨论片元着色器。光照计算中，法线贴图影响的唯一部分是法线向量的方向，因此，要修改的着色器的唯一部分是将归一化法线方向写入变量的代码行。该行代码如代码清单 10-7 所示。

代码清单 10-7　Blinn-Phong 着色器中需要替换的代码行

```
vec3 nrm = normalize(fragNrm);
```

因为已经使用 TBN 矩阵替换了传递给片元着色器的法线向量，所以不再需要读取 fragNrm 值。相反，需要通过从法线贴图纹理中获取切线空间的法线向量。代码我们已经在前面的代码清单 10-1 看到过，但我再次将相同的示例代码(见代码清单 10-8)放在这里，这样就不必来回翻页了。请记住，在对法线贴图进行采样之后，需要进行一些数学运算，将 0～1 范围的值转换回需要的-1～1 范围。

代码清单 10-8　从法线贴图采样器中解压法线向量

```
vec3 nrm = texture(normTex, fragUV).rgb;
nrm = normalize(nrm * 2.0 - 1.0);
```

在正确地解压这个向量之后，法线贴图过程的最后一步是将这个向量变换成世界空间。到目前为止，我们一直在顶点着色器中进行矩阵乘法，但在片元着色器中看起来完全相同。代码清单 10-9 展示了如何使用 TBN 矩阵将法线变换为世界空间。

代码清单 10-9　将切线空间法线变换为世界空间

```
nrm = normalize(TBN * nrm);
```

进行此修改后，着色器逻辑的其余部分可以完全保持不变。新的法线向量将完全适合我们的光照计算，方法与旧的法线向量完全相同。最后，代码清单 10-10 为 Blinn-Phong 着色器提供了新的 main()函数。

代码清单 10-10　用于带有法线贴图的片元着色器的 main()函数

```
void main(){
    vec3 nrm = texture(normTex, fragUV).rgb;
    nrm = normalize(nrm * 2.0 - 1.0);
    nrm = normalize(TBN * nrm);

    vec3 viewDir = normalize(cameraPos - fragWorldPos);
    vec3 halfVec = normalize(viewDir + lightDir);
    float diffAmt = max(0.0, dot(nrm, lightDir));
    vec3 diffCol = texture(diffuseTex, fragUV).xyz * lightCol * diffAmt;

    float specAmt = max(0.0, dot(halfVec, nrm));
```

```
float specBright = pow(specAmt, 4.0);
vec3 specCol = texture(specTex, fragUV).x * lightCol * specBright;
outCol = vec4(diffCol + specCol + ambientCol, 1.0);
}
```

现在，所有着色器的修改都已完成，但与往常一样，在 C++方面有一些工作要做。为了使所有功能运行正确，必须创建一个 ofImage 来保存法线贴图纹理，然后将该纹理作为统一变量传递给着色器。将所有设置好之后，你的盾牌网格应该会比之前看起来更凹凸不平。本章示例代码中的示例项目 NormalMap 包含生成图 10-2(我们用法线贴图渲染的盾牌)所需的所有代码，因此，请检查一下你自己的项目中是否存在问题。

法线贴图对于移动的物体来说确实很有帮助，因此，请确保使用第 9 章中的旋转代码进行尝试。这项技术最酷的部分是，它与所有其他光照计算能很好地集成，使一切看起来更加富有细节。但是，使网格看起来更具细节并不是法线贴图的唯一用途，因此，在结束本章之前，让我们使用所学的方法做一些与之不同的事情。

10.6   编写水面着色器

法线贴图的另一个常见用途是创建简单的水面效果。除了使对象看起来更凹凸不平外，法线贴图通常与滚动 UV 坐标相结合，使网格表面看起来像水面一样涟漪。这是一个非常有趣的效果，因此让我们创建它。如果你想跟随本书逐步创建自己的项目，则可以在本章的资源文件夹中找到一个带有切线的平面网格，以及一个名为 water_normals.png 的纹理。

这一效果将结合第 9 章的概念。我们将结合滚动 UV(早在第 3 章就讨论过)，具有非常高的光泽度指数以及法线贴图来产生非常不错的水面效果。图 10-6 显示了完成后的效果。

我们先为此效果创建两个新的着色器。在示例代码中，这些着色器命名为 water.vert 和 water.frag。顶点着色器将类似于我们用于盾牌网格的着色器，但有一些重要的补充。为了使效果随时间变化而产生动画效果，需要一个统一变量来传递时间值，就像我们之前对精灵表着色器所做的那样。还需要制作两组不同的 UV 坐标，并让它们随着时间的推移在不同的方向滚动。在此示例中，首先从盾牌网格的顶点着色器复制和粘贴代码，然后进行如代码清单 10-11 所示的更改。

图 10-6　水面效果

代码清单 10-11　water.vert，从以前的顶点着色器复制之后再进行修改

```
//省略前面的声明
out vec2 fragUV;
out vec2 fragUV2;
uniform float time;

void main() {
    float t = time * 0.05;
    float t2 = time * 0.02; ❶
    fragUV = vec2(uv.x+t, uv.y) * 3.0f; ❷
    fragUV2 = vec2(uv.x+t2, uv.y-t2) * 2.0;
    //省略其余的代码
```

除了要添加的新变量外，前面的代码中还有一些逻辑可能看起来有点怪异。首先，我们将时间值乘以不同的常数(见❶)。这使我们以不同的速率滚动两组要输出的 UV 坐标。你可以在❷看到，我们只是将这些时间变量添加到从网格几何体获得的 UV 坐标上。由于要在不同方向上滚动两个法线贴图，因此需要为两组 UV 坐标添加不同的值。上面的示例为什么选择给某些 UV 添加时间值，而从其他 UV 中减去时间值，这并没有什么神奇之处。你可以简单地尝试不同的组合，直到找到看起来不错的方式为止。

❷处可能还有一个令人困惑的逻辑，就是对新滚动的 UV 值进行的乘法运算。由于法线贴图将 wrap mode 设置为 repeat(重复)，因此可以在着色器中随意地将 UV 超出范围0-1。乘以大于 1 的数字会产生在平面上平铺法线贴图纹理的效果，如图 10-7 所示。

图 10-7　左图显示了使用法线贴图纹理的平面。右侧图像显示了相同的平面和法线贴图，
但纹理的 UV 坐标乘以 4

两组 UV 坐标滚动时，将每组乘以不同的标量值有助于避免水面重复出现。为了真正避免重复，将 UV 坐标乘以两个相对互质的数。两个数互质意味着它们的最大公因子只有 1。2 和 3 互质，这使它们成为缩放 UV 坐标的最佳选择。

这个着色器的其余部分与我们之前用于 Blinn-Phong 的着色器相同，因此，现在该继续进行片元着色器了。同样，通过复制和粘贴之前的 Blinn-Phong 着色器代码作为新着色器的起点，因为着色器的大多数逻辑将保持不变。在深入研究该着色器的滚动水面法线部分之前，需要对现在的光照计算进行一些简单的调整，以便真正获得令人信服的水面效果。代码清单 10-12 显示了这些细微的修改。

代码清单 10-12　对 water.frag 的光照计算进行修改

```
float diffAmt = max(0.0, dot(nrm, lightDir));
vec3 diffCol = vec3(0.3,0.3,0.4) * lightCol * diffAmt;  ❶

float specAmt = max(0.0, dot(halfVec, nrm));
float specBright = pow(specAmt, 512.0);  ❷
vec3 specCol = lightCol * specBright;  ❸
```

需要做的修改都是用于控制网格曲面外观的细微修改。在一个完整的游戏中，这些值通常作为统一变量暴露，以便 C++代码可以为每个物体设置这些值，但由于只有两个物体，因此将用快捷和丑陋的方式来执行这些操作，即在着色器中对代码进行硬编码。首先，我们不使用漫反射纹理，而只是为水的漫反射光照提供一个蓝色(见❶)。其次，需要将镜面反射计算中的光泽度指数提高到非常高的值。因为水非常像镜子，所以需要一个非常高的值，例如 512.0(见❷)。最后，由于水面没有镜面反射纹理，因此可以从 specCol

计算中移除纹理样本(见❸)。其余的光照数学运算保持完全相同,因此,我们仍然在使用 Blinn-Phong 光照,只是使用不同的输入。

完成了这些修改,现在是时候深入研究水面的效果了:滚动两个互相交叠的法线贴图。代码清单 10-13 展示了如何实现此操作。

代码清单 10-13 对从其他的 Blinn-Phong 着色器复制而来的 water.frag 所做的修改

```
in vec2 fragUV2;
void main()
{
    vec3 nrm = texture(normTex, fragUV).rgb;
    nrm = (nrm * 2.0 - 1.0);

    vec3 nrm2 = texture(normTex, fragUV2).rgb;
    nrm2 = (nrm2 * 2.0 - 1.0);

    nrm = normalize(TBN * (nrm + nrm2));
    //省略了着色器的其余代码
```

在第 9 章中,当计算 Blinn-Phong 镜面反射光照的半向量时,你可能认识到将两个向量相加,然后对和进行归一化的技术。在此使用相同的思路,在两个不同的法线贴图纹理采样之间进行混合。在本章介绍的示例代码中,为两个纹理采样重用了相同的法线贴图纹理,但此技术也通常使用两个不同的法线贴图纹理。然而,无论你使用单个法线贴图还是在多个法线贴图之间混合,使水面看起来效果逼真的真正诀窍在于:选择适用于这种技术的法线贴图纹理。一般来说,要避免使用垂直或水平形状非常明显的法线贴图,因为当平铺在水平面上时,这些形状非常明显。还需要无缝的法线贴图,这意味着当平铺它们时,无法分辨纹理的边缘在哪里。与在示例中使用的法线贴图相比,图 10-8 显示了一个含有一些问题的法线贴图的示例。

在 C++代码部分中,需要对示例代码做一些设置,才能使其渲染效果和之前的目标截图相同。首先,需要创建一个新的 ofImage 对象来保存水面法线贴图。由于要平铺该纹理,因此要确保将它的 Wrap Mode 设置为 repeat,就像在第 3 章中平铺鹦鹉纹理时所做的那样。代码清单 10-14 显示了执行此操作所需的代码片段,以防你忘记了如何设置。

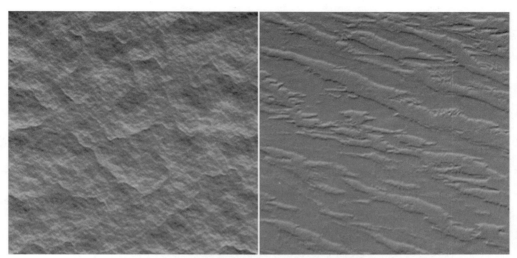

图 10-8　左边是正在用于水面的法线贴图。右边是具有很强的水平特征的法线贴图，
当平铺在水面上时会非常明显

代码清单 10-14　加载法线贴图并将 Wrap Mode 设置为 Repeat

```
waterNrm.load("water_nrm.png");
waterNrm.getTexture().setTextureWrap(GL_REPEAT, GL_REPEAT);
```

在第 11 章中将使用一种技术，该技术能很好地适用于盾牌网格和即将渲染的水面网格，因此与其替换我们一直在使用的盾牌网格，不如创建一个不同的 ofMesh 对象来加载水面使用的 plane.ply 网格。我们也不会覆盖盾牌物体的绘图代码，因为想同时渲染两者。相反，将绘图代码拆分为两个函数：drawShield()和 drawMesh()，并调整场景中的视图和模型矩阵，以便一切都能很好地协同工作。代码清单 10-15 显示了该示例的 draw()函数现在的代码。

代码清单 10-15　新的绘制函数

```
void ofApp::draw(){
    using namespace glm;

    DirectionalLight dirLight;
    dirLight.direction = glm::normalize(glm::vec3(0.5, -1, -1));
    dirLight.color = glm::vec3(1, 1, 1);
    dirLight.intensity = 1.0f;

    DirectionalLight waterLight;
```

```
waterLight.direction = glm::normalize(glm::vec3(0.5, -1, 1));
waterLight.color = glm::vec3(1, 1, 1);
waterLight.intensity = 1.0f;

mat4 proj = perspective(cam.fov, 1024.0f / 768.0f, 0.01f, 10.0f);

cam.pos = glm::vec3(0, 0.75f, 1.0);
mat4 view = inverse(translate(cam.pos));

drawShield(dirLight, proj, view);
drawWater(waterLight, proj, view);
}
```

代码清单 10-15 中的一点奇怪之处在于，为水面网格提供了不同的光照方向，但不用它照亮盾牌网格。这是因为为了在水面网格上看到镜面反射高光，光必须从平面反射到摄像机，但希望光线以相反的方向(从摄像机朝向场景)照亮盾牌的正面。这是一个窍门，但它使我们的示例场景看起来好很多。drawWater()和 drawShield()函数非常相似，主要用于在各自的着色器上设置统一变量，并绘制所需的网格。但是，如果你是在家里跟随本书的步骤，并且又不想在线查找源代码，那么看看示例场景是如何为每个物体设置模型矩阵，可能会很有帮助。代码清单 10-16 显示了每个函数的代码片段，这些函数设置了矩阵和值，然后将这些矩阵和值设置为着色器的统一变量。

代码清单 10-16　drawWater()和 drawShield()函数的代码片段

```
void ofApp::drawWater(DirectionalLight& dirLight, glm::mat4& proj,
glm::mat4& view)
{
    using namespace glm;

    static float t = 0.0f;
    t += ofGetLastFrameTime();

    vec3 right = vec3(1, 0, 0);
    mat4 rotation = rotate(radians(-90.0f), right);
    mat4 model = rotation * scale(vec3(5.0,4.0,4.0));
    mat4 mvp = proj * view * model;
    mat3 normalMatrix = mat3(transpose(inverse(model)));

    //省略了设置统一变量和提交绘图调用的代码
```

```
void ofApp::drawShield(DirectionalLight& dirLight, glm::mat4& proj,
glm::mat4& view)
{
    using namespace glm;

    mat4 model = translate(vec3(0.0, 0.75, 0.0f));
    mat4 mvp = proj * view * model;
    mat3 normalMatrix = mat3(transpose(inverse(model)));
```

//省略了设置统一变量和提交绘图调用的代码

整合所有内容后，运行示例程序，屏幕上看到渲染的盾牌网格和水面网格应该如图 10-9 所示。我真的非常喜欢这个示例，因为它结合了我们在本书前几章中所做的很多工作，将在第 11 章讨论反射时对它进行更多的扩展。如果你是在家跟随本书操作，值得花一些时间，确保一切正常，然后再继续往后学习。请记住，可以随时将代码与在线提供的示例代码进行比较。Water 示例项目包含渲染图 10-9 所需的所有代码。

图 10-9   水面示例最终的渲染效果

10.7   法线贴图的更多信息

在本章中构建的法线映射实现，并不是游戏实现这种技术的唯一方法。程序员有时会灵活调整数学运算，他们不会把法线向量从切线空间变换成世界空间，而是将其他向量从世界空间变换成切线空间。在有些情况下，你可能会看到一些着色器将所有这些向量变换为视图空间，并在那里执行数学运算。一般来说，做出这样的决定是因为它们允许在顶点着色器中完成更多的工作。在本书的其余部分，将继续在世界空间中实现法线贴图，因为我发现这是该技术的最简单的一个版本，但如果你发现自己想要从着色器中榨出一点额外的性能，那么可能会研究另一种方法来构建法线贴图数学。

10.8　小结

以下是本章内容的小结。

- 法线贴图是一种在每一像素中存储方向向量而不是颜色数据的纹理。游戏在渲染物体时使用它们提供有关微小表面细节的信息。
- 法线贴图通常将其方向向量存储在切线空间中，切线空间是由网格曲面上任何给定点的 UV 坐标和几何法线定义的坐标空间。
- 法线贴图的工作原理是将网格几何体提供的法线向量替换为法线贴图中存储的法线向量。
- 切线向量是存储在网格每个顶点上的特殊方向向量。这些向量指向网格上该点处纹理坐标的 U 轴方向。
- 叉积是一种数学运算，它创建一个垂直于两个输入向量的新向量。可以使用 GLSL 的 cross()函数计算着色器代码中的叉积。
- 通过在网格表面滚动两组不同的 UV 坐标，并使用这些坐标在片元着色器中查找法线向量方向，创建水面效果。

第 11 章

立方体贴图和天空盒

现在，我们的项目有了两个很好的示例，分别说明了不同类型的发光表面(水面和金属)，但它们的外观仍然存在一些明显的虚假。其中一个主要原因是，真正有光泽的表面不仅反射来自单个直接光源的光，还反射从周围世界反射回来的光。如果没有，就永远看不到任何反射！因此，当今游戏引擎使用更为复杂的光照模型，包括在计算片元上的光照时考虑环境反射光照计算。我们在示例中使用的经典的 Blinn-Phong 光照并非如此复杂，但是我们打算稍作扩展，以便渲染效果更好。

本章介绍如何向着色器添加简单的静态反射。将在一个称为立方体贴图(cubemap)的特殊纹理中提供世界的图像，在着色器中对该纹理进行采样，以确定光滑物体应该反射哪些颜色。反射不能正确地反射移动的物体，但它们仍将使场景看起来更具说服力。还将使用立方体贴图在示例场景中渲染天空盒，使整个场景具有无缝的 360° 背景纹理。

11.1 什么是立方体贴图

立方体贴图是一种特殊的纹理，它的特殊之处在于它是由存储在内存中的 6 个单独纹理的组合构成，这样就可以把它们当作一个单独的对象来对待。立方体贴图之所以叫这个名称，是因为这 6 个纹理中的每一个都被视为立方体的一个面，如图 11-1 所示。

对立方体贴图进行采样也不同于对 2D 纹理进行采样。立方体贴图采样不使用 UV 坐标向量，而是需要方向向量。为了理解其中的原因，假设你坐在立方体贴图虚构的立方体的中心。如果你正看着前方的一个像素，则可以从你出发沿方向$(0,0,1)$画一个向量，直到它碰到你正在看的立方体上的像素。这正是立方体贴图采样的工作原理，你可以在代码清单 11-1 的代码中看到一个示例。每一个片元都假设它位于立方体贴图的立方体的正中心，并且正看着立方体贴图的一个面。

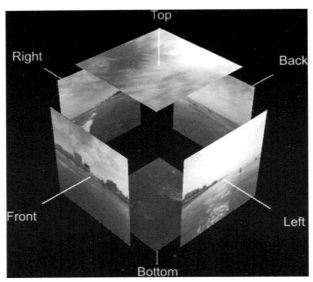

图 11-1　立方体贴图的面以立方体的形状摆放

代码清单 11-1　立方体贴图采样

```
vec3 nrm = normalize(fragNrm);
vec4 cubemap = textureCube(cubemap, nrm);
```

在代码清单 11-1 的代码片段中，使用一个法线向量来获得立方体贴图颜色。在后续章节中，将在盾牌网格上使用一种非常相似的技术。不过在开始之前，应该弄清楚如何在程序中加载立方体贴图。

11.2　在 openFrameworks 中加载立方体贴图

遗憾的是，就像切线向量一样，openFrameworks 不支持现成的立方体贴图。但是这一次，我们不能要诈并简单地将数据存储在其他地方，需要在项目中添加对 OpenGL 立方体贴图的支持。本书并不是关于 OpenGL 技术细节的，因此我编写了一个简单的类来处理加载立方体贴图的所有工作。该代码可以在线获得，也可以在附录 A 中找到，但是在这里完整地展示代码就有点太长了，因此代码清单 11-2 只是展示了如何使用它的示例。

代码清单 11-2　如何使用 ofxEasyCubemap 类

```
ofxEasyCubemap cubemap;
cubemap.load("cube_front.jpg", "cube_back.jpg",
```

```
"cube_right.jpg", "cube_left.jpg",
"cube_top.jpg", "cube_bottom.jpg");
```

//稍后，需要将其用作着色器统一变量
```
shd.setUniformTexture("name", cubemap.getTexture(), 1);  ❶
```

如上所示，该类被称为 ofxEasyCubemap，在大多数情况下，可以像使用 ofImages 一样使用它。load 方法接受 6 个纹理的路径，这些纹理将构成立方体贴图的面，并处理加载每个纹理的所有细节。对于我们来说，唯一的功能差异是，当我们想将立方体贴图用作着色器统一变量时，需要显式地调用 getTexture()，而不是像以前那样只传递 ofImage 引用(如❶处所示)。

与代码清单 11-2 一样，第一个示例(以及所有示例)都要求加载 6 个新图像，本章的 assets 文件夹包含示例代码中使用的文件。如果你在家跟随本书学习，请获取这些文件和 ofxEasyCubemap 类，并将它们添加到你的项目中。你还需要获取该文件夹中的立方体网格，以便在一些示例中使用。

11.3　在立方体上渲染立方体贴图

考虑到立方体贴图存储的是一个假想立方体的面，因此，我们应用立方体贴图的第一个物体是立方体就很有意义。本章的第一个着色器将简单地使用立方体贴图中的 6 张纹理绘制立方体网格的面。这不仅仅是一个有趣的开始：将立方体贴图的面渲染成可以看到的东西，还为我们提供了一种简单的方法，可以确保正确地加载了纹理，并看到我们期望的效果。它也为我们提供了一个很好的借口来编写一些非常简单的着色器，使用这种新类型的纹理。

我们将从顶点着色器开始，因此，创建一个新的顶点着色器，命名为 cubemap.vert。由于立方体贴图不使用 UV 坐标，并且仅在该着色器中使用立方体贴图，因此该着色器所需的唯一顶点属性是顶点位置。将这个模型空间位置原封不动地输出到片元着色器，因此，还需要声明一个 out vec3 参数来存储它。最后，需要像以前一样计算 gl_Position。整理好代码，此顶点着色器应该如代码清单 11-3 所示。

代码清单 11-3　使用立方体贴图的顶点着色器

```
#version 410

layout (location = 0) in vec3 pos;

uniform mat4 mvp;
out vec3 fragPos;
```

165

```
void main() {
    fragPos = pos; ❶
    gl_Position = mvp * vec4(pos, 1.0);
}
```

我们很久没有编写这么简单的着色器了，因此，这里没有太多需要讨论的东西，除
了输出模型空间顶点位置(见❶处)，这可能看起来有点奇怪。但是，如果你仔细想想，每
个顶点的位置也可以看为从网格模型空间原点开始的一个向量。由于立方体网格中的顶
点都以原点为中心，因此网格的顶点位置可以用作每个顶点查找立方体贴图的方向向量。
因此，输出模型空间向量(然后在片元着色器中获得插值向量)就是立方体映射，相当于
从顶点着色器输出网格的 UV。

片元着色器会更简单。使用从顶点着色器中获取的插值模型空间位置来从立方体贴
图中采样颜色。代码清单 11-4 显示了所需的几行代码，因此，创建一个新的片元着色
器并将示例代码复制到其中。

代码清单 11-4   cubemap.frag，基于顶点位置对立方体贴图进行采样

```
#version 410

uniform samplerCube cubemap; ❶

in vec3 fromCam;
out vec4 outCol;

void main()
{
    outCol = texture(cubemap, fromCam);
}
```

此着色器中唯一的新事物是用于立方体贴图的采样器类型。到目前为止，所有纹理
都使用了 sampler2D 类型的采样器，但由于立方体贴图不是 2D 纹理，因此使用
samplerCube 特殊类型的采样器。除了名称外，唯一的实际区别是 samplerCube 采样时期
望的参数类型是 vec3，之前已经详细讨论过了。

这就是本章前两个着色器所需要做的，现在来看 C++代码，并进行一些设置。首先，
需要将立方体贴图图像加载到内存中。可以通过本章前面提到的 ofxEasyCubemap 类来
实现。还需要加载立方体网格并创建一个新的ofShader 对象来保存新的 cubemap 着色器，
因此将这些变量添加到头文件中，然后将代码清单 11-5 所示的代码添加到setup()函数中。

代码清单 11-5　加载 cubemesh、cubemap 着色器和 cubemap 纹理

```
cubeMesh.load("cube.ply");
cubemapShader.load("cubemap.vert", "cubemap.frag");
cubemap.load("cube_front.jpg", "cube_back.jpg",
             "cube_right.jpg", "cube_left.jpg",
             "cube_top.jpg", "cube_bottom.jpg");
```

请注意，指定立方体贴图纹理的顺序很重要，因此请确保仔细检查是否以正确的顺序将纹理路径传递给 cubemap.load()函数。

加载完所有内容后，剩下的就是编写一个 drawCube()函数，可以使用它设置立方体的矩阵和着色器统一变量。对于第一个示例，注释掉了 drawWater()和 drawShield()函数，以便可以单独查看立方体了。还添加了一些逻辑来使立方体旋转，这样就更容易检查从立方体映射中采样的纹理数据。可在代码清单 11-6 中看到这个新 drawCube()函数。

代码清单 11-6　drawCube 函数

```
void ofApp::drawCube(glm::mat4& proj, glm::mat4& view)
{
    using namespace glm;

    static float rotAngle = 0.01;
    rotAngle += 0.1f;

    mat4 r = rotate(radians(rotAngle), vec3(0, 1, 0));
    mat4 s = scale(vec3(0.4, 0.4, 0.4));
    mat4 model = translate(vec3(0.0, 0.75, 0.0f)) * r *s;
    mat4 mvp = proj * view * model;

    ofShader& shd = cubemapShader;

    shd.begin();
    shd.setUniformMatrix4f("mvp", mvp);
    shd.setUniformTexture("envMap", cubemap.getTexture(), 0);
    shd.setUniform3f("cameraPos", cam.pos);
    cubeMesh.draw();
    shd.end();
}
```

完成所有代码编写之后，剩下的就是坐下来看着立方体旋转！如果你把所有的东西都正确整合好了，应该会看到类似图 11-2 的画面。请注意，立方体的每个面都是一个不同的输入纹理，这些纹理排列在立方体上，以便纹理的接缝与相邻纹理完全匹配。这对于使用立方体贴图至关重要。任何可见的接缝都会给使用它们的着色器带来视觉问题。

图 11-2　在立方体上渲染的立方体贴图

渲染图 11-2 的代码在第 11 章示例代码的 CubemapCube 项目中。现在完成了这项工作，看看此着色器的一个更有用的版本，它使用立方体贴图作为天空。

11.4　天空盒

到目前为止，所有 3D 示例场景的背景中都有一个没有绘制的区域，因此，openFrameworks 使用默认的灰色进行了着色。大多数游戏都不想让玩家看到一个单色的背景，他们使用不同的技术来确保这些背景像素充满颜色数据，从而使场景看起来更真实。一种常见的方法是使用天空盒(skybox)。

天空盒是一个大立方体，它总是位于相机所在的同一位置。这意味着摄影机将始终位于立方体内部，并且如果平移摄影机，立方体看起来不会移动。立方体贴图应用于面朝内的立方体的面，这样无论相机在哪里看，都会看到立方体贴图纹理，而不是看到背景色。一旦我们在场景中有一个立方体贴图，渲染水面和盾牌网格看起来如图 11-3 所示，这感觉更像你在游戏中看到的东西。

图 11-3 使用天空盒渲染的场景

创建天空盒与我们刚才对立方体网格所做的非常相似，因此要在天空盒上重用刚刚为立方体编写的片元着色器。顶点着色器有点不同。我们总是希望天空盒的表面是离相机最远的可见物体，但我们不想每次更改相机绘制的距离时都要不断调整天空盒网格的大小(请记住，在投影矩阵中设置了该值)，因此，顶点着色器必须根据我们提供的矩阵来处理立方体网格的缩放。这是一个巧妙的技巧，但是需要一些解释，因此，让我们看看代码清单 11-7 中的代码，然后将其分步骤讲解。

代码清单 11-7 天空盒顶点着色器

```
#version 410

layout (location = 0) in vec3 pos;

out vec3 fromCam;
uniform mat4 mvp;

void main() {
    fromCam = pos;
    gl_Position = (mvp * vec4(pos, 1.0)).xyww  ❶
}
```

为了理解上面的代码，需要更深入地研究图形管线是如何与投影矩阵一起工作的，以使物体看起来是三维的，因此，我们将先讨论一个新的图形概念，然后再回到这个示例。

11.5   透视除法

从顶点着色器输出顶点位置后，GPU 在该位置执行所谓的透视除法(perspective divide)。这听起来很奇怪，但这仅意味着 gl_Position 向量的 XYZ 分量除以 W 分量。在此之前，都不必理会这个问题，因为正交矩阵被设置为，使得该矩阵所变换的任何位置的 W 分量都被设置为 1，这意味着透视除法什么也不做。然而，透视矩阵负责将这个 W 分量设置为有用的值。当使用投影矩阵时，透视除法的效果是将远距离的物体朝水平线中心移动，如图 11-4 所示。这就是透视矩阵如何使物体看起来是三维的原理。

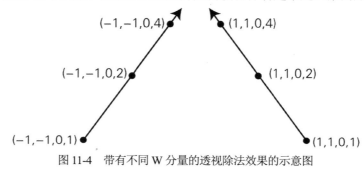

图 11-4   带有不同 W 分量的透视除法效果的示意图

当使用透视投影矩阵设置投影时,透视除法的效果是将 W 值较大的坐标拉向屏幕中心，如图 11-4 所示。由于正交投影明确表示不提供透视效果，因此将位置乘以正交矩阵将使结果向量的 W 分量为 1，因此透视除法不起任何作用。透视投影矩阵希望在其渲染中添加透视效果，因此当将一个位置乘以投影矩阵时，该位置越远，其 W 分量就越大。可以在图 11-4 中看到透视除法如何处理不同 W 分量的示例。

投影矩阵赋值给位置向量的实际 W 值取决于传递给 glm::perspective()函数的 near 和 far 参数的值，以便透视效果与摄影机视锥体的形状匹配。这对 99%的物体都有效。但是对于像天空盒这样的物体，我们总是希望它成为场景中最远的可见对象，我们并不十分在意它是否有透视效果，因为用户无论如何都无法看到它的形状(多亏了它的无缝纹理)。

11.6   天空盒和透视除法

透视除法非常方便，但我们不希望将其应用于天空盒，因为我们希望天空盒具有无限大的外观。这就是代码清单 11-7 中的❶行的作用。归一化设备坐标范围在每个轴上从 −1 到 1。这意味着，在该变换之后，可见对象可以具有的最大 Z 值为 1.0(任何大于该值的值都将位于摄影机视锥体之外)。因此，我们希望天空盒的每个顶点的 Z 值都为 1.0。但是不能简单地将 Z 值设为 1.0，因为透视除法是在处理完 Z 值之后再执行除法的(译者注：用 W 分量去除其他分量)。为了解决这个问题，将 gl_Position 的 Z 和 W 分量设置为相同的数字。这样，当应用透视除法时，可以确定 Z 分量始终为 1.0。

11.7　完成天空盒

如前所述，我们将简单地重用第一个立方体贴图示例中的片元着色器，因此，既然我们已经了解了新的顶点着色器，就已经完成了着色器代码的编写。回到 C++部分的代码，需要创建一个新 ofShader 对象来保存天空盒顶点着色器和立方体贴图片元着色器，并且需要编写用来绘制天空盒的函数。在示例代码中，将这个函数命名为 drawSkybox()，如代码清单 11-8 所示。

代码清单 11-8　drawSkybox()

```
void ofApp::drawSkybox(DirectionalLight& dirLight, glm::mat4& proj,
glm::mat4& view)
{
    using namespace glm;
    mat4 model = translate(cam.pos);
    mat4 mvp = proj * view * model;

    ofShader& shd = skyboxShader;
    glDepthFunc(GL_LEQUAL); ❶
    shd.begin();
    shd.setUniformMatrix4f("mvp", mvp);
    shd.setUniformTexture("envMap", cubemap.getTexture(), 0);
    cubeMesh.draw();
    shd.end();
    glDepthFunc(GL_LESS); ❷
}
```

drawSkybox()函数在 draw 函数中不平常，因为这是第一次必须使用 OpenGL 函数调用。事实证明，openFrameworks 使用的默认深度比较函数(称为 GL_LESS)只允许绘制归一化设备坐标中低于 1.0 的顶点，而 openFrameworks 无法在不编写 OpenGL 函数调用的情况下更改此深度比较函数。

这对我们来说是遗憾的，因为这意味着根本看不到天空盒。我们本可以通过着色器代码中的骇客手段来解决这个问题，但更优雅的解决方法是简单地更改绘制天空盒时使用的深度比较函数。你可以在❶处看到，我们的函数正在将程序使用的深度函数设置为 GL_LEQUAL，这将允许绘制归一化设备坐标中小于或等于 1.0 的物体。它还有其他的效果，但现在不关心，因为在绘制天空盒之后，立即将深度函数恢复为之前的值(❷)。

一个简短的说明：早在第 1 章，简要地提到了背面剔除的概念。这是一种渲染优化技术，通过不渲染网格面的"背面"来节省渲染时间。还没有在任何一个示例中启用此功能，但如果启用此功能，则现在根本无法看到天空盒。这是因为相机设置在立方体网格内部，所以看到的任何地方都是这些网格面的背面。在使用背面剔除的项目中，要么需要一个不同的立方体网格(面朝内部)，要么需要禁用剔除功能(方法与刚才对深度函数所做的类似)。

我们的场景现在应该看起来更有表现力了！然而，另外两个网格(盾牌和水面)现在看起来与环境有点不协调。有了天空盒，很明显，光照计算与背景图像根本不协调。幸运的是，还可以使用立方体贴图使光照更真实一些。

11.8 创建立方体贴图反射

我们将把用来制作天空的立方体贴图合并到盾牌和水面光照计算中，从而让网格在我们的世界里感觉更加协调。当立方体贴图用于提供有关环境的光照信息时，这将使网格中的反光部分看起来反射了它们所处的世界。通常将它们称为环境贴图，因为它们是一种纹理，可以将环境中的颜色映射到网格上。唯一真正的诀窍是，光照模型不支持环境光照，因此必须在如何添加环境光照方面有所创新。

让我们从水面网格开始吧。由于水本身没有任何颜色，因此到目前为止，我们一直硬编码了一个 vec3 漫反射颜色。为了整合反射，我们要做的就是用环境贴图中的采样颜色替换这个硬编码的颜色。这将只需要两行着色器代码，但将产生巨大的差异。这两行中的第一行只是声明一个统一变量来保存立方体贴图，示例着色器代码将其称为 envMap。第二行是对漫反射颜色逻辑的修改。代码清单 11-9 显示了第二个更改的代码。

代码清单 11-9 将漫反射计算更改为使用立方贴图反射

```
//旧代码
vec3 diffCol = vec3(0.3,0.3,0.4) * lightCol * diffAmt;

//新代码
vec3 diffCol = texture(envMap, (reflect(-viewDir, nrm))).xyz * lightCol
* diffAmt;
```

上面代码中的着色器逻辑与已经创建的两个立方体着色器之间的区别是，我们不再使用顶点位置查找立方体贴图中的颜色。如果你把每个片元看作网格上的一个微小平面，这是有道理的。环境添加到每个片元的颜色是片元指向的方向上的环境颜色，该方向由法线向量表示。这种方法的优点在于，默认情况下它可以与水面动画一起工作，因为这些动画是通过修改法线向量实现的。

　　进行该更改后，剩下的就是在 drawWater()函数中添加一行，将立方体贴图设置为水面着色器中的一个纹理统一变量，然后点击运行！图 11-5 显示了两者的差异。

图 11-5　左边没有使用立方体贴图反射，右边使用了立方体贴图反射

　　这看起来更加真实，但是盾牌网格仍然在没有立方体贴图的任何信息的情况下被渲染。将立方体贴图反射添加到具有真实漫反射颜色的物体，比像水面这样没有自带颜色的对象要复杂一些。因为我们仍然希望盾牌网格的颜色是可见的(至少在不像镜子一样的片元上)，所以整合环境贴图的效果将非常微妙。

　　之前提到过，光照模型不支持反射。更加现代的光照模型以更逼真地模拟真实世界的方式包含了这种环境光照，但 Blinn-Phong 光照却没有。这意味着，我们决定如何将立方体贴图反射添加到盾牌中，这更多的是个人品味的问题。我们选择使用数学方法，是因为它很简单易用，而且看起来很不错，而不需要对每个立方体贴图进行调整。要做的是将环境的颜色合并到在所有光照计算中使用的 lightCol 变量中。为此，从 C++代码中传递的灯光颜色变量将被在片元着色器中计算的 sceneLight 变量替换。如代码清单11-10 所示。

代码清单 11-10　向 Blinn-Phong 着色器添加环境反射

```
vec3 envSample = texture(envMap, reflect(-viewDir, nrm)).xyz;
vec3 sceneLight = mix(lightCol, envSample + lightCol * 0.5, 0.5); ❶
```

　　请注意，在❶处的 mix 函数中，将一些灯光颜色添加到从立方体贴图中得到的颜色中。这是因为，通常来说，立方体贴图通常比在关卡场景中设置的灯光颜色暗很多。对于我们的示例代码来说，这当然是正确的，示例使用了强度为 1.0 的白光。添加部分灯光颜色防止了整合立方体贴图后使我们的网格变暗太多。这并不是一个完美的解决方案，因为如图 11-6 所示，如果立方体贴图非常明亮，就像目前使用的那样，这个数学运算将导致片元变得比想要的效果更亮。

图 11-6 在盾牌上使用和不使用立方体贴图光照时渲染的场景(右面板使用了立方体贴图光照)

当前的场景有一个非常白色的立方体贴图、一个白色的平行光和大量的环境光，所有这些都有助于最大限度地减少灯光更改对最终渲染的影响。毕竟，如果我们用大部分的白光代替纯白光，会有多大的视觉差异？为了展示在不同的条件下，着色器的变化会产生什么效果，图 11-6 还显示了一些截图，显示了如果用更丰富的颜色替换立方体贴图，并降低场景中的环境光照，情况会如何。这两个立方体贴图都包含在示例代码中，供你尝试。图 11-6 还显示了水面着色器能够很好地适应不同的环境贴图，因为没有对该着色器进行任何更改来适应不同的场景。可以在 DrawSkybox 项目中找到生成图 11-6 中截图的所有代码，该项目位于本章的示例代码中。

11.9　立方体贴图的更多内容

以上内容就是本书中要讨论的立方体贴图反射，但距离如何使用立方体贴图来提高光照质量还差得远。一些游戏使用更复杂的光照模型，以更真实的方式整合环境反射。

有的游戏在运行时计算立方体贴图，以便可以看到其中的移动物体。还有一些游戏使用专门创建的立方体贴图，使对象根据曲面具有光泽度或更像镜面的反射。有很多方法可以将我们在这里所做的工作提升到下一个新的水平，现在你已经了解如何使用立方体贴图的基础知识，你拥有了能够分析这些方法中哪种最适合你的项目所需的全部知识。

11.10　小结

场景现在看起来更真实了！以下是在本章中介绍的实现方法：

- 立方体贴图是一种特殊的纹理，允许将 6 个大小相同的图像组合到一个纹理资源中。从这 6 幅图像中采样，就好像它们是立方体的面。
- 从立方体贴图采样使用方向向量而不是 UV 坐标。返回的值假定你位于立方体贴图的假想立方体的中心，并且朝着这个采样向量的方向看。
- 在着色器代码中，用于访问立方体贴图纹理的数据类型是 sampleCube。
- 透视除法是指在顶点着色器完成运行后，GPU 将 gl_Position 的 XYZ 坐标除以其 W 分量。透视投影矩阵使用此透视除法帮助创建三维场景的效果。
- 天空盒着色器可以利用透视除法绘制不受透视效果影响的天空纹理。
- 将环境反射整合到用于渲染常规网格的着色器中可以采用多种不同的形式。在我们的场景中，完全替换了水面网格的漫反射颜色，但只更改了用于盾牌网格的灯光颜色。

第 12 章

深 入 光 照

到目前为止，场景只由一个平行光照亮。这对我们很有用，因为我们一直试图照亮一个简单的室外场景，而平行光非常适合模拟太阳光。许多游戏使用的光照也并不比这复杂。然而，保持光照如此简单的缺点是它限制了项目画面的灵活性。由于我们不希望总是局限于仅使用太阳光照亮场景，因此本章将介绍视频游戏常用的不同类型的光源，以及如何编写同时使用多个光源的着色器。在此过程中，我们将把示例项目更改为夜间场景，其中有许多不同的光源协调工作。

12.1 定向光源

游戏渲染中使用的最简单(也是最常见的)光源类型是定向光源。到目前为止，我们一直在使用这种光源。如前几章所述，定向光源可以用颜色和方向向量表示。这是因为定向光源被用来模拟无限远的光源，因此，它们的实际位置并不重要。我们只关心来自这个光源的光线的方向。这对于模拟太阳或月亮这样的物体非常有用，到目前为止，这对我们的场景来说非常完美。

比较不同类型光源的方法之一是根据渲染它们所需的数据。代码清单 12-1 是之前创建的 DirectionalLight 结构体的副本，因此，当比较定向光源和本章介绍的新的光源类型时，可以作为一个简单的参考。

代码清单 12-1 表示平行光的结构

```
struct DirectionalLight
{
    glm::vec3 direction;
    glm::vec3 color;
    float intensity;
};
```

由于定向光源投射的光线是平行的，因此它将以完全相同的强度和方向照射场景中的每个网格。这是因为假设光源离我们很远，影响场景的光线是平行的，如图 12-1 所示。

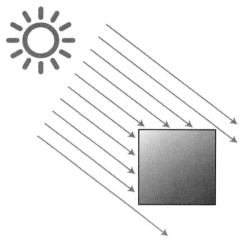

图 12-1　定向光源的平行光线

由于 Blinn-Phong 光照所需的光照数学运算需要平行光存储的精确数据(光源颜色和方向向量)，因此编写使用平行光的着色器非常简单。这也使得平行光在性能方面成为渲染的最具性价比的光源类型，因为不必花费 GPU 周期从光源所在位置计算光源的方向向量，也不必根据光源和片元的距离计算片元的亮度。

12.2　点光源

第二种常用的光源称为点光源。在代码中设置这种类型的光源要复杂得多，但是从概念上讲可能是最容易理解的类型。点光源基本上就是灯泡。点光源从三维空间中的单个点投射光线，从该点的四面八方投射光线。如图 12-2 所示，该图显示了点光源投射的光线的方向。请注意，与平行光不同，来自点光源的光线并非都彼此平行。

片元从点光源接收的光线量取决于该片元与该点光源位置的距离。当你考虑灯泡在现实世界中的工作方式时，这是合理的，因为离光源较近的物体比较远的物体被照得更亮。

我们将创建一个着色器来演示如何使用点光源。首先在 C++代码中定义用于创建点光源的结构。不必为点光源存储方向向量，因为它们在其位置周围的所有方向发射光，所以无须存储点光源的方向。相反，需要存储光源的位置，以及将被光源照亮的球体半径。代码清单 12-2 显示了将在示例中使用的数据。

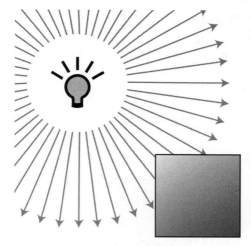

图 12-2　点光源的光线

代码清单 12-2　表示点光源的结构

```
struct PointLight{
    glm::vec3 position;
    glm::vec3 color;
    float intensity;
    float radius;
};
```

另一个经常看到的与点光源一起存储的数据是光源衰减的信息。点光源在其位置周围的球体中发射光，靠近球体中心的片元将比边缘附近的物体接收更多的光。光源的衰减量是根据该光源所照亮的每个物体与光源位置之间的距离来描述物体接收的光量。着色器通过一系列数学运算来实现光源的衰减，但是通常会看到点光源结构存储了可用于自定义此数学运算方式的常数。将使用非常简单的函数处理点光源的衰减，因此，没有存储自定义光源衰减计算方式的常量。

定义了光源的数据之后，就可以开始创建一个着色器来使用这些数据了。先使用单点光源，且仅处理漫反射光照的着色器代码。如代码清单 12-3 所示。

代码清单 12-3　PointLight.frag

```
#version 410

uniform vec3 meshCol;
uniform vec3 lightPos;  ❶
```

```
uniform float lightRadius;
uniform vec3 lightCol;

in vec3 fragNrm;
in vec3 fragWorldPos;
out vec4 outCol;

void main(){
    vec3 normal = normalize(fragNrm);
    vec3 toLight = lightPos - fragWorldPos; ❷
    vec3 lightDir = normalize(toLight);
    float distToLight = length(toLight); ❸
    float falloff = max(0.0, 1.0 - (distToLight / lightRadius)); ❹
    vec3 adjLightCol = lightCol * falloff;
    float finalBright = max(0, dot(toLight, normal));
    outCol = finalBright * adjLightCol * meshCol, 1.0);
}
```

代码清单 12-3 的前几行显示了需要为点光源声明的新统一变量：lightPos 和 lightRadius(见❶)。这些数据将与前面介绍的结构中的数据完全匹配。

与使用定向光源着色器数学不同的第一个部分从❷处开始。由于点光源沿很多方向发光，因此需要分别计算光线照射到每个片元的方向。还需要知道片元离光源有多远。第一步是计算当前片元和点光源位置之间的向量。为了得到光的方向向量，可以简单地将 toLight 向量归一化。可以使用 GLSL 的 length()函数(见❸)计算向量的大小。

一旦我们得到距离和方向，下一步是计算照射到当前片元的光线的亮度。这就是光线的衰减功能发挥作用的地方。为了实现衰减，我们将获取能接收光照的点光源周围的球面区域的半径，然后将距离值除以该半径。结果值将表示片元与光源的接近程度，以百分比表示。当片元与光源的距离值接近光的最大有效范围时，这个百分比会增加。值大于 1.0 意味着片元太远，根本无法接收任何光。从 1.0 中减去该值，将得到照射片元的光源强度，以最大光源强度的百分比表示。然后，将光源颜色乘以该值，得到片元的最终光照量。计算过程如❹处代码行所示。

这称为线性衰减，意味着位于光源处的片元将获得 100%的光强度，位于半径之外的片元将获得 0，位于这两个值中间的片元将获得正好 50%的强度。人们使用很多不同的函数来进行光衰减，每种函数在模拟物理的精度和计算所需的 GPU 周期数之间有不同的权衡，但是我们使用的线性衰减应该是最简单的。

使用点光源需要记住的一点是，无论片元离该光源有多远，执行光照计算都需要相同的时间。这意味着，默认情况下，即使片元太远根本无法照亮，也要为点光源付出性能成本。这是一个问题，因为光照计算是昂贵的，而且大多数游戏不想花费 GPU 周期来处理没有贡献明显光照的点光源。由于这个原因，大多数游戏都会在非着色器端做一些工作，以确定哪些光源足够接近而对网格有影响，并且只运行处理这些光源的着色器。具体操作方式因游戏引擎而异。例如，Unreal(虚幻)引擎可以生成能处理不同数量光源的每个着色器的版本。接近许多光源的网格可能使用同时支持 4 个光源的着色器变体进行渲染，而远处的对象可能使用同一着色器的单个光源版本。我们今天不会这样做，但这是你做自己的项目时需要考虑的。

现在，已经逐步介绍了代码清单 12-3，这距离修改 Blinn-Phong 着色器以支持点光源而不是定向光源仅几步之遥。我们还不打算在着色器中支持多种光源类型，因此不会修改现有的 Blinn-Phong 着色器。相反，创建一个新的片元着色器，用于着色器的点光源版本，命名为 pointLight.frag。为了使我们明白无论片元上使用什么类型的光照，所使用的光照数学都是一样的，让我们把光照代码移到它自己的函数中。这将使我们更容易地将光照模型计算与从光源中提取信息所需的工作分开。代码清单 12-4 展示了这个函数的代码。

代码清单 12-4　blinnPhong()

```
float diffuse(vec3 lightDir, vec3 nrm)
{
    float diffAmt = max(0.0, dot(nrm, lightDir));
    return diffAmt;
}

float specular(vec3 lightDir, vec3 viewDir, vec3 nrm, float shininess)
{
    vec3 halfVec = normalize(viewDir + lightDir);
    float specAmt = max(0.0, dot(halfVec, nrm));
    return pow(specAmt, shininess);
}
```

这是我们第一次用 GLSL 编写函数，但是它们的工作方式与任何 C 函数都一样。如果想重写这个着色器的平行光版本以使用这些新函数，它将如代码清单 12-5 所示。

代码清单 12-5　重写 main()以使用新的光照函数

```
void main(){
    vec3 nrm = texture(normTex, fragUV).rgb;
```

```
    nrm = normalize(nrm * 2.0 - 1.0);

    nrm = normalize(TBN * nrm);

    vec3 viewDir = normalize( cameraPos - fragWorldPos);

    vec3 envSample = texture(envMap, reflect(-viewDir, nrm)).xyz;

    vec3 sceneLight = mix(lightCol, envSample + lightCol * 0.5, 0.5);

    float diffAmt = diffuse(lightDir, nrm);  ❶

    float specAmt = specular(lightDir, viewDir, nrm, 4.0);  ❷

    vec3 diffCol = texture(diffuseTex, fragUV).xyz * sceneLight * diffAmt;

    float specMask = texture(specTex, fragUV).x;

    vec3 specCol = specMask * sceneLight * specAmt;

    vec3 envSample = texture(envMap, reflect(-viewDir, nrm)).xyz;

    outCol = vec4(diffCol + specCol + ambientCol, 1.0);
}
```

这与在第 11 章中编写的着色器完全相同，只是其中一些光照数学被❶和❷的函数调用所替换。很好，这为我们提供了一个在着色器代码中编写函数的示例，但是这里要考虑的关键点是，不管使用的是哪种类型的光源，实际的光照数学都是完全相同的。上一个示例之后，我们对修改此着色器代码以便支持点光源应该非常熟悉。只需要计算出光线的方向，用光的衰减值乘以一些东西即可。代码清单 12-6 列出了所有详细信息。

代码清单 12-6　修改 main()以使用点光源

```
//一些新的统一变量，我们还删除了 lightDir 统一变量
uniform vec3 lightPos;
uniform float lightRadius;

void main() {
    vec3 nrm = texture(normTex, fragUV).rgb;
    nrm = normalize(nrm * 2.0 - 1.0);
    nrm = normalize(TBN * nrm);
    vec3 viewDir = normalize( cameraPos - fragWorldPos);

    vec3 envSample = texture(envMap, reflect(-viewDir, nrm)).xyz;
    vec3 sceneLight = mix(lightCol, envSample + lightCol * 0.5, 0.5);
```

```
//手动计算光的方向
vec3 toLight = lightPos - fragWorldPos;
vec3 lightDir = normalize(toLight);
float distToLight = length(toLight);
float falloff = 1.0 - (distToLight / lightRadius);

float diffAmt = diffuse(lightDir, nrm) * falloff; ❶
float specAmt = specular(lightDir, viewDir, nrm, 4.0) * falloff; ❷
//函数剩余部分不需要修改
```

注意，除了提供我们自己的 lightDir 向量外，还需要将 diffAmt 和 specAmt 值乘以光源的衰减(见❶和❷)。这是因为这两个变量存储了片元将接收到的每种类型的光的数量，并且该值需要根据片元与点光源的距离而减小。还需要用两个新的统一变量替换 lightDir 统一变量，这两个统一变量也在代码清单 12-6 中说明了，但这也是需要做的唯一更改！如果你对水面着色器进行相同的修改，将得到两个功能齐全的点光源着色器。就像我们创建的其他示例一样，如果不对 C++代码进行一些更改，就无法享受闪亮的新着色器，因此让我们跳回 C++代码进行修改。

代码清单 12-7　在 draw()函数中设置点光源

```
void ofApp::draw() {
    using namespace glm;

    static float t = 0.0f;
    t += ofGetLastFrameTime();

    PointLight pointLight; ❶
    pointLight.color = vec3(1, 1, 1);
    pointLight.radius = 1.0f;
    pointLight.position = vec3(sin(t), 0.5, 0.25); ❷
    pointLight.intensity = 3.0;

    mat4 proj = perspective(cam.fov, 1024.0f / 768.0f, 0.01f, 10.0f);

    cam.pos = glm::vec3(0, 0.75f, 1.0);
    mat4 view = inverse(translate(cam.pos));

    drawShield(pointLight, proj, view);
    drawWater(pointLight, proj, view);
```

```
    drawSkybox(pointLight, proj, view);
}
```

设置点光源的大部分工作只是填写 PointLight 结构(见❶)。在代码清单 12-7 中，点光源的值被设置为创建了一个小而强的光，以真正显示使用的是点光源而不是平行光。为了进一步证明这一点，前面的示例代码添加了一些附加代码，使用 sin()函数(见❷)，使光源的位置在 X 轴上随时间在-1 和+1 之间振荡。要渲染光源，还需要进行的另一项更改是修改 drawShield()、drawWater()和 drawSkybox()函数，使它们接收点光源结构，并适当设置着色器统一变量。由于这只是提供一些新统一变量的问题，因此在此处省略了提供代码，但与往常一样，本章的示例中包含了完整的代码。

如果你像现在这样运行程序，应该能够看到盾牌上的光照，以及水面网格随着光线左右移动而移动。但是，一切看起来都有点不对劲，因为场景中当前设置的天空盒是白天场景，但不再有全局平行光。这意味着网格对天空盒来说太暗了。为了使效果更真实(并真正展示新的点光源)，在本章的"资源"文件夹中提供了夜间天空盒。有了夜间天空盒，关卡中唯一的光源是微小点光源，这一灯光效果就更加可信了。在图 12-3 中，可以看到用两个天空盒渲染的场景。可在本章示例代码的 PointLight 项目中找到用于渲染图 12-3 的所有代码。

图 12-3 使用两个不同的天空盒渲染点光源示例。请注意，由于水面颜色是基于天空盒计算的，因此较暗的天空盒也意味着水的颜色更暗，即使是在光照区域

12.3 聚光灯

电子游戏中常见的第三种光源是聚光灯。聚光灯的工作原理与点光源类似，因为它们在游戏世界中有明确的位置。与点光源不同，它们将光投射为圆锥体而不是球体。图 12-4 用示意图对此进行了说明，如果你曾经用过手电筒，应该已经了解它的效果。

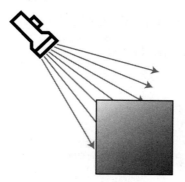

图 12-4　聚光灯的光线

　　与处理点光源一样，从讨论在代码中表示聚光灯所需的数据开始对聚光灯的讨论。在数据方面，聚光灯有点像平行光和点光源的混合体。需要一个位置和一个方向向量，以及一个表示聚光灯的光锥形的宽度。最后，还需要常见的数据：颜色和强度。还可以指定聚光灯的半径或范围，这样距离较远的片元将获得较少的光，但为了简单起见，暂时将其忽略。代码清单 12-8 显示了聚光灯结构的代码。

代码清单 12-8　聚光灯的结构

```
struct SpotLight
{
    glm::vec3 position;
    glm::vec3 direction;
    float cutoff;

    glm::vec3 color;
    float intensity;
};
```

　　与点光源类似的是，使用聚光灯时，我们的光照计算不会改变，唯一会改变的是用来计算输入的着色器代码，其结果用于光照计算。若要查看实际效果，请创建一个新的片元着色器并将其命名为 spotLight.frag。可以复制并粘贴刚刚编写的点光源着色器代码到该文件中，然后删除和重写几行，最后，编写聚光灯着色器的起点应该如代码清单 12-9 所示。

代码清单 12-9　修改 main()以使用聚光灯

```
uniform vec3 lightConeDir;
uniform vec3 lightPos;
```

```
uniform float lightCutoff; //替代光源半径

//diffuse()和specular()函数保持不变

void main()
{
    vec3 nrm = texture(normTex, fragUV).rgb;
    nrm = normalize(nrm * 2.0 - 1.0);
    nrm = normalize(TBN * nrm);
    vec3 viewDir = normalize( cameraPos - fragWorldPos);

    vec3 envSample = texture(envMap, reflect(-viewDir, nrm)).xyz;
    vec3 sceneLight = mix(lightCol, envSample + lightCol * 0.5, 0.5);

    //聚光灯计算从此处开始

    float diffAmt = diffuse(lightDir, nrm) * falloff; ❶
    float specAmt = specular(lightDir, viewDir, nrm, 4.0) * falloff; ❷
    //函数的其余代码保持不变
```

仍然需要在❶和❷处乘以衰减值，不过，现在的衰减值将表示片元是否在聚光灯的圆锥体内。事实上，聚光灯着色器和点光源着色器之间的差异甚至比点光源和平行光着色器之间的差异更小。在本章的后面，当开始编写可以同时使用多个光源的着色器时，这将非常有用，但现在它只是让我们的编程生活变得更加轻松。

由于删除了一堆用于计算光照函数输入的着色器逻辑，因此需要添加一些新代码来替换它。第一件事是再次获得光的方向向量。我们不会使用传递到着色器中的 lightConeDir 统一变量来计算此值。这是由于由聚光灯投射的光线仍然沿许多方向传播（它们不像平行光那样平行），因此在光照数学中使用统一的光源方向向量是没有意义的。光的方向向量将只用于帮助计算衰减值，将在最后乘以所有值。相反，计算光的方向向量将与对点光源进行的计算相同。如代码清单 12-10 所示。

代码清单 12-10　计算聚光灯的光源方向向量

```
vec3 toLight = lightPos - fragWorldPos;
vec3 lightDir = normalize(toLight);
```

这就像我们对点光源所做的修改一样，只是省略了计算片元到光源的距离的着色器数学运算。这是因为，为了简单起见，我们正在创建的聚光灯在当前指向的方向上无限传播。

下一步是计算片元是否位于聚光灯的圆锥内。这将使衰减值为 0 或 1，我们将乘以光照计算的结果。这样，聚光灯就是具有不同衰减计算类型的点光源。像大多数光照数学运算一样，通过示意图更容易理解。图 12-5 说明了我们面临的问题。

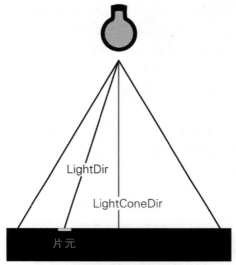

图 12-5 图解聚光灯数学问题

我们有两个方向向量：聚光灯圆锥体的方向(LightConeDir)和从片元到光源位置的方向(LightDir)。如果这两个向量之间的角度小于光源的截光角(cutoff)，就知道片元在聚光灯的圆锥体内，应该被照亮。你可能还记得第 8 章，点积运算的结果是两个向量之间夹角的余弦值。这意味着，只要从 C++传入的 lightCutoff 是聚光灯锥角的余弦值，可以使用着色器代码中的点积来将 LightDir 和 LightConeDir 之间的角度与截光角进行比较。代码清单 12-11 展示了这个数学表达式。

代码清单 12-11 判断片元是否在聚光灯的锥体内

```
vec3 toLight = lightPos - fragWorldPos;
vec3 lightDir = normalize(toLight);
float cosAngle = dot(lightConeDir, -lightDir); ❶
float falloff = 0.0;
if (cosAngle > lightCutoff) ❷
{
    falloff = 1.0;
}
```

代码清单 12-11 有几点需要注意。首先，就像以前用点积比较两个向量一样，需要确保两个向量指向同一个方向。为光照计算而计算的 lightDir 向量指向光源的位置，而不是像光源方向向量那样从光源位置出发。这意味着，为了从点积计算中获得有意义的数据，必须将来自光源的 lightConeDir 值与 lightDir 向量的相反数(见❶)进行比较。

关于这个代码示例的第二点重要事项是在❷处的条件判断。乍一看，这种比较似乎是反了，如果我们比较的是实际角度，而不是角度的余弦值，这就是搞反了。但由于要将值 cos(lightCutoff)的结果传递到着色器中统一变量 lightCutoff，因此需要知道 cosAngle 值是否大于 lightCutoff 值，因为 cosAngle 值越接近 1.0，lightDir 和 lightConeDir 向量越接近于平行。

代码清单 12-12 显示了盾牌着色器的 main()函数，以及使用聚光灯所需的所有更改。如果你要跟随本书自己输入代码，则需要对水面着色器进行类似的更改。所有源代码都可以在 SpotLights 示例项目中找到。

代码清单 12-12 为聚光灯修改了盾牌着色器的 main()

```
void main(){
    vec3 nrm = texture(normTex, fragUV).rgb;
    nrm = normalize(nrm * 2.0 - 1.0);
    nrm = normalize(TBN * nrm);
    vec3 viewDir = normalize( cameraPos - fragWorldPos);

    vec3 envSample = texture(envMap, reflect(-viewDir, nrm)).xyz;
    vec3 sceneLight = mix(lightCol, envSample + lightCol * 0.5, 0.5);

    vec3 toLight = lightPos - fragWorldPos;
    vec3 lightDir = normalize(toLight);
    float angle = dot(lightConeDir, -lightDir);
    float falloff = 0.0;
    if (angle > lightCutoff)
    {
        falloff = 1.0;
    }

    float diffAmt = diffuse(lightDir, nrm) * falloff;
    float specAmt = specular(lightDir, viewDir, nrm, 4.0) * falloff;

    vec3 diffCol = texture(diffuseTex, fragUV).xyz * sceneLight * diffAmt;
```

```
float specMask = texture(specTex, fragUV).x;

vec3 specCol = specMask * sceneLight * specAmt;

vec3 envSample = texture(envMap, reflect(-viewDir, nrm)).xyz;


vec3 envLighting = envSample * specMask * diffAmt;

specCol = mix(envLighting, specCol, min(1.0,specAmt));

outCol = vec4(diffCol + specCol + ambientCol, 1.0);

}
```

在看到工作成果之前，剩下要做的就是对 C++代码做一些快速的修改。与点光源一样，需要修改 drawWater()和 drawShield()函数，以接收 SpotLight 结构参数，并将光源值传递给相应的统一变量。为了示例项目展示一个易于观察的屏幕截图，将聚光灯设置为正好位于相机所在的位置并指向同一方向，可在代码清单 12-13 中看到这段代码。

代码清单 12-13　在 C++中设置聚光灯

```
void ofApp::draw() {
    using namespace glm;

    mat4 proj = perspective(cam.fov, 1024.0f / 768.0f, 0.01f, 10.0f);

    cam.pos = glm::vec3(0, 0.75f, 1.0);
    mat4 view = inverse(translate(cam.pos));

    SpotLight spotLight;
    spotLight.color = vec3(1, 1, 1);
    spotLight.position = cam.pos;
    spotLight.intensity = 1.0;
    spotLight.direction = vec3(0, 0, -1);
    spotLight.cutoff = glm::cos(glm::radians(15.0f));

    drawShield(spotLight, proj, view);
    drawWater(spotLight, proj, view);
    drawSkybox(spotLight, proj, view);
}
```

如果完成了所有修改，运行示例场景后，就应该看到一个类似于图 12-6 中最左边的图像。乍看之下，这可能看起来出错了，但这的确是正确的结果：只有在聚光灯锥体内的区域才有光线。为了用不同方式证明这一点，图 12-6 中的右图显示了如果调大截光角，并且将聚光灯放置在相机的右侧，它的显示效果。渲染图 12-6 的所有代码都可以在本章示例代码的 SpotLight 项目中找到。

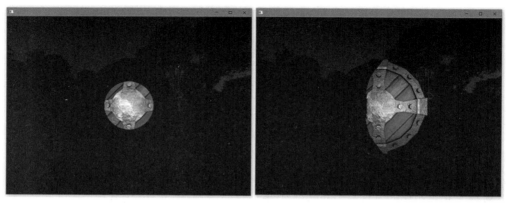

图 12-6　使用两个不同设置的聚光灯渲染的场景

12.4　多光源

能够使用不同类型的光源照亮网格是很酷的，但是对于创建 3D 关卡仍然不是很有用。除了非常简单的场景外，往往需要使多个光源同时照射到物体上。寻找处理多个光源的新方法是图形程序员几十年来一直在研究的主题，有很多不同的方法可以解决这个问题。在本章中，我们将探讨两种不同的方法。先使用简单的方法，这需要事先知道有多少盏灯。然后，再介绍一种更灵活的方法，该方法将以牺牲性能为代价来处理任意数量的光源。

这种简单的方法与前面已经介绍的方法非常相似，但是还需要学习一些新的着色器编写技术。首先，在着色器代码中定义结构，以帮助管理不同类型光源所需的统一变量类型。然后创建这些结构的数组来存储场景中每个光源的数据。这些数组根据我们要支持的每种光源类型的数量来调整大小。然后使用这些数据执行光照计算。这是第一次在着色器代码中使用数组或结构，但是它与 C++中的工作方式几乎都是一样的。代码清单12-14 显示了包含多种光源组合的着色器的统一变量，因此创建一个新的片元着色器并将下面的代码复制到其中。

代码清单 12-14　为 Light Array 着色器声明统一变量

```
struct DirectionalLight {
vec3 direction;
vec3 color;
};
```

```
struct PointLight {
vec3 position;
vec3 color;
    float radius;
};

struct SpotLight{
    vec3 position;
    vec3 direction;
    vec3 color;
    float cutoff;
};

#define NUM_DIR_LIGHTS 1
#define NUM_POINT_LIGHTS 2
#define NUM_SPOT_LIGHTS 2

uniform DirectionalLight directionalLights[NUM_DIR_LIGHTS];
uniform PointLight pointLights[NUM_POINT_LIGHTS];
uniform SpotLight spotLights[NUM_SPOT_LIGHTS];
uniform sampler2D diffuseTex;
uniform sampler2D specTex;
uniform sampler2D normTex;
uniform samplerCube envMap;

in vec3 fragNrm;
in vec3 fragWorldPos;
in vec2 fragUV;
in mat3 TBN;

out vec4 outCol;
```

这看起来与迄今为止编写的任何着色器都非常不同，但是在 GLSL 中编写这类代码
没有什么诀窍。所有东西的行为都与在 C 中编写的一样。现在有了一个着色器，它需要
一个平行光、两个点光源和两个聚光灯。

既然已经单独处理了每个光源，编写着色器代码来使用所有这些光源就相对容易了。
光源始终是相加(additive)的，这意味着如果在网格上照射更多灯光，它将总是导致网格

看起来更亮。这意味着处理更多光源只要分别计算每个光源的光照贡献，然后将结果相加即可。不过，在开始编写光源处理代码之前，有一些值可以在 main()函数的一开始就计算，然后提供给每个光源重复使用。代码清单 12-15 显示了 main()函数的开头，其中包含这些预先计算。

代码清单 12-15　Combined Light 着色器将进行的初始计算

```
void main(){
    vec3 nrm = texture(normTex, fragUV).rgb;
    nrm = normalize(nrm * 2.0 - 1.0);
    nrm = normalize(TBN * nrm);
    vec3 viewDir = normalize( cameraPos - fragWorldPos);

    vec3 diffuseColor = texture(diffuseTex, fragUV).xyz;
    float specMask = texture(specTex, fragUV).x;
    vec3 envReflections = texture(envMap, reflect(-viewDir, nrm)).xyz;

    vec3 finalColor = vec3(0,0,0);  ❶
```

除了最后一行外，其他都是以前见过的代码。把所有这些都移到函数的开头是有意义的，因为诸如视点方向或纹理中的采样颜色之类的数据，对每一个光源都是一样的。最后一行(见❶)只是声明了一个向量，用于存储每个光源的光照贡献的累加。在函数的末尾，这个向量将包含照射在片元上的所有光源的总和，然后将该值写入 outColor 变量。

随着几个初始化变量的计算，现在该处理光源了！因为要处理每种类型的一个或多个光源，所以将光照计算封装在 3 个不同的循环(每种光源类型一个循环)中是有意义的。这是第一次看到在着色器中使用 for 循环，但是它的工作方式与 C++等价。代码清单 12-16显示了第一个循环——平行光处理循环——的代码。

代码清单 12-16　平行光处理循环

```
for (int i = 0; i < NUM_DIR_LIGHTS; ++i)
{
    DirectionalLight light = directionalLights[i];  ❶
    vec3 sceneLight = mix(light.color, envSample + light.color * 0.5, 0.5);

    float diffAmt = diffuse(light.direction, nrm);
    float specAmt = specular(light.direction, viewDir, nrm, 4.0) * specMask;

    vec3 envLighting = envReflections * specMask * diffAmt;
```

```
    vec3 specCol = specMask * sceneLight * specAmt;

    finalColor += diffuseColor * diffAmt * light.color;  ❷
    finalColor += specCol * sceneLight;
}
```

这里所有的光照数学和第一次编写的平行光着色器的逻辑相同。可以看到，在光源数组中获取值与在 C++ 中相同，就像从我们定义的结构中访问成员值一样。在光照计算中，唯一真正新的内容是，将最终的漫反射和镜面反射值添加到代码清单 12-15(见❷)中声明的 finalColor 向量中。这将是所有光源的贡献总和，现在终于可以看到它的实际效果。

第二个循环将处理点光源数组。就像平行光一样，我们执行的所有实际光照数学运算与在本章前面编写的点光源着色器相同。唯一的区别是它现在处于 for 循环中，并把光照值添加到 finalColor 中。代码清单 12-17 显示了该循环的代码。

代码清单 12-17　点光源循环

```
for (int i = 0; i < NUM_POINT_LIGHTS; ++i)
{
    PointLight light = pointLights[i];
    vec3 sceneLight = mix(light.color, envSample + light.color * 0.5, 0.5);
    vec3 toLight = light.position - fragWorldPos;
    vec3 lightDir = normalize(toLight);
    float distToLight = length(toLight);
    float falloff = 1.0 - (distToLight / light.radius);

    float diffAmt = diffuse(lightDir, nrm) * falloff;
    float specAmt = specular(lightDir, viewDir, nrm, 4.0) * specMask *
    falloff;

    vec3 envLighting = envReflections * specMask * diffAmt;
    vec3 specCol = specMask * sceneLight * specAmt;

    finalColor += diffAmt * sceneLight * diffuseColor;
    finalColor += specCol;
}
```

Shader 开发实战

最后，以聚光灯循环结束讲解，如代码清单 12-18 所示。该代码片段和之前编写的聚光灯函数的唯一区别是，将比较 lightCutoff 与计算出的角度的条件语句压缩为一行三元表达式语句，以节省一些空间(见❶)。其他代码一切照旧。

代码清单 12-18　聚光灯循环，以及 main()函数的结尾

```
for (int i = 0; i < NUM_SPOT_LIGHTS; ++i)
{
    SpotLight light = spotLights[i];
    vec3 sceneLight = mix(light.color, envSample + light.color * 0.5, 0.5);
    vec3 toLight = light.position - fragWorldPos;
    vec3 lightDir = normalize(toLight);
    float angle = dot(light.direction, -lightDir);
    float falloff = (angle > light.cutoff) ? 1.0 : 0.0; ❶

    float diffAmt = diffuse(lightDir, nrm) * falloff;
    float specAmt = specular(lightDir, viewDir, nrm, 4.0) * specMask *
    falloff;
    vec3 envLighting = envReflections * specMask * diffAmt;

    vec3 specCol = specMask * sceneLight * specAmt;
    finalColor += diffAmt * sceneLight * diffuseColor;
    finalColor += specCol;
}
```

main()函数将场景的环境光添加到 finalColor 值中，并将总和写入 outColor。如果压缩前面代码示例中显示的所有循环和预光照计算，那么 main 函数整体上如代码清单 12-19 所示。

代码清单 12-19　多光源 main()函数的代码大纲图

```
void main(){
    PRELIGHTING CALCULATIONS
    DIRECTIONAL LOOP
    POINT LOOP
    SPOT LOOP

    outCol = vec4(finalColor + ambientCol, 1.0); ❶
}
```

194

现在我们有了一个完整的多光源 Blinn-Phong 着色器。如前所述，如果你在家中跟随本书学习，下一步是将这些代码复制到你的水面着色器。这不是一个简单的复制和粘贴工作，因为在水面网格上使用的光照计算与盾牌的有一点不同(特别是处理漫反射颜色方面)。但是，核心概念将保持不变：仍将创建光源数组，并将以前编写的代码包装在 for 循环中。完成后，建议你对照示例代码检查你的代码，可以在 FixedLightCount 示例项目中找到全部示例代码。

与所有示例一样，最后一步是设置 C++代码。然而，这一次要对代码进行一些比平常更多的重构，因为现在需要同时处理许多光源。首先将在 ofApp.h 中声明 3 个 light 结构数组，分别是 DirectionalLight、PointLight 和 SpotLight。确保这些数组的大小至少与着色器代码中数组的大小一样大。还将修改 draw()函数的函数签名，以便它们不再以 light 结构作为参数。代码清单 12-20 显示了 ofApp.h 中添加或更改的代码行。

代码清单 12-20　对 ofApp.h 的修改

```
class ofApp : public ofBaseApp {
    //为简洁起见，省略了未更改的代码
    void drawWater(glm::mat4& proj, glm::mat4& view);
    void drawShield(glm::mat4& proj, glm::mat4& view);
    void drawSkybox(glm::mat4& proj, glm::mat4& view);

    DirectionalLight dirLights[1];
    PointLight pointLights[2];
    SpotLight spotLights[2];
};
```

接下来，需要编写一些代码，使用一些初始值填充每个数组中的光源结构。建议为每个光源指定不同的颜色，以便可以看到每个光源对最终渲染的贡献度。由于我们已经了解如何为每种类型的光源设置值，因此在此将省略这些设置代码。如果要使用与示例代码相同的值，请参考示例项目。如果不想与示例代码完全相同，建议你仍然为每个光源指定一个唯一的颜色，以便可以看到每个光源对最终渲染的贡献度。

对 drawWater()和 drawShield()函数也需要稍作调整，因为需要在统一变量数组上设置值。这是我们第一次这么做，但是非常简单。代码清单 12-21 显示了如何设置其中一个点光源的值。按照该示例，添加代码来设置其余的光源。

代码清单 12-21　为多光源着色器设置光源统一变量

```
shd.setUniform3f("pointLights[1].position", pointLights[1].position);
shd.setUniform3f("pointLights[1].color", getLightColor(pointLights[1]));
```

```
shd.setUniform1f("pointLights[1].radius", pointLights[1].radius);
```

设置好之后，运行程序应该可以得到类似于图 12-7 的结果。为了使这个示例能够正常工作，我们在很短的时间内介绍了许多新概念，因此，如果最初看起来不太正确，请确保将你的代码与示例项目进行比较。

图 12-7　用 5 盏灯渲染的场景。请注意红色和绿色的点光源、蓝色和青色的聚光灯以及黄色的平行光

12.5　更灵活的多光源设置方法

本章篇幅已经有点长了，但我觉得有必要向你展示另一种处理场景中的多个光源的方法。正如所述，以前的解决方案的主要缺点是它无法扩展。即使只有一个光源对场景有贡献，我们也总是要付出为 5 个光源着色的代价，而且还不能添加比预先硬编码更多的光源。处理多个光源的第二种方法以一点性能的损失换取更大的灵活性。它还为我们提供了一个重新探讨 alpha 混合的机会，我们已经有一段时间没有使用过 alpha 混合了。

我们将要实现的方法将能够支持单个平行光和任意数量的点光源。我们将省略聚光灯，只是为了使示例代码稍微简短一些。第二种方法不是编写一个将所有光源类型组合在一起的着色器，而是通过多次绘制每个网格来实现的：为每个照射在网格上的光源绘制一次。这有时被称为 multi-pass(多通路)着色，其中每个 pass(通路)是为同一网格发出的绘图调用。每个 pass 都将包含其自己的着色器。第一个 pass 的平行光将使用与我们原来平行光 Blinn-Phong 着色器几乎相同的着色器渲染网格。点光源渲染 pass(场景中的每个光源都会有一个)将使用与我们的单个点光源着色器类似的着色器，除了修改为不包含环境光，因为我们不希望每个 pass 都向网格添加环境光。

所有这一切的秘诀在于，在为点光源发出绘制调用之前，启用了加法(additive)alpha

混合，这可以简单地将颜色添加到颜色缓冲区中已有的颜色上。我们还将深度测试方程改为 GL_LEQUAL，这样就不会忽略片元被绘制到前面通道已经绘制的同一个点上。这一细微的设置意味着，每个点光源 pass 只需要将该点光源的光照贡献添加到已绘制的网格中，从而使网格变亮，而不是替换已完成的光照。这样就可以绘制任意数量的点光源，而不必知道前面已经有多少个点光源。而且，可以随时调整想要的 pass 数量。

由于将用于这些 pass 的着色器只需要每次支持单个光源，因此可以重用本章前面编写的着色器来处理单个光源，而不是编写全新的着色器。基本 pass 将是平行光和环境光 pass，因为我们只希望环境光添加到网格一次。这意味着可以按原样使用单个平行光着色器。单个点光源着色器也可以使用，但需要从该着色器中移除环境光代码。

完成后，剩下的工作就是更改 C++代码。第一个修改是重构光源的数据结构，这样就可以将任何类型的光源传递给 drawShield()和 drawWater()函数，并使这些光源能够正确设置自己。如代码清单 12-22 所示。

代码清单 12-22　重构光源数据结构

```
struct Light
{
    virtual bool isPointLight() { return false; }
    virtual void apply(ofShader& shd) {};
};

struct DirectionalLight : public Light
{
    glm::vec3 direction;
    glm::vec3 color;
    float intensity;

    virtual void apply(ofShader& shd) override
    {
        shd.setUniform3f("lightDir ", -direction); ❶
        shd.setUniform3f("lightCol ", color * intensity);
    }
};

struct PointLight : public Light
{
    glm::vec3 position;
```

```
    glm::vec3 color;
    float intensity;
    float radius;

    virtual bool isPointLight() override { return true; }
    virtual void apply(ofShader& shd) override
    {
        shd.setUniform3f("lightPos ", position);
        shd.setUniform3f("lightCol ", color * intensity);
        shd.setUniform1f("lightRadius ", radius);
    }
};
```

修改的真正目的是在光源本身中(见❶)封装设置着色器统一变量所需的代码,以便我们以后可以使用多态性来简化绘图代码。诚然,isPointLight()函数是一种黑客技巧,但它对于我们而言,是一种便捷的方法,因为将使用它决定网格应该使用的着色器。

对 drawWater()和 drawShield()函数也将进行修改。我们要传递一个 Light&,作为这些函数的第一个参数。在函数中,将使用该 Light&决定使用哪个着色器,并设置统一变量。代码清单 12-23 显示了 drawShield()函数的代码,但如果你在家中跟随本书学习,则需要对 drawWater()函数进行相同的更改。

代码清单 12-23　新的 drawShield()函数

```
void ofApp::drawShield(Light& light, glm::mat4& proj, glm::mat4& view)
{
    using namespace glm;

    mat4 model = translate(vec3(0.0, 0.75, 0.0f));
    mat4 mvp = proj * view * model;
    mat3 normalMatrix = mat3(transpose(inverse(model)));

    ofShader shd = light.isPointLight() ? pointLightShieldShader :
    dirLightShieldShader; ❶

    shd.begin();
    light.apply(shd); ❷
    shd.setUniformMatrix4f("mvp", mvp);
    shd.setUniformMatrix4f("model", model);
```

```
shd.setUniformMatrix3f("normal", normalMatrix);
shd.setUniform3f("meshSpecCol", glm::vec3(1, 1, 1));
shd.setUniformTexture("diffuseTex", diffuseTex, 0);;
shd.setUniformTexture("specTex", specTex, 1);
shd.setUniformTexture("normTex", nrmTex, 2);
shd.setUniformTexture("envMap", cubemap.getTexture(), 3);

shd.setUniform3f("ambientCol", glm::vec3(0.0, 0.0, 0.0));
shd.setUniform3f("cameraPos", cam.pos);
shieldMesh.draw();
shd.end();
}
```

可以看到为什么 isPointLight()函数对我们来说很方便(见❶)，因为这意味着可以简单地根据传递到函数的光源类型来推断要使用的着色器。代码清单 12-23 中还显示了添加到光源(见❷)中的 apply()函数，它取代了在过去示例中所做的手动设置统一变量工作，并节省了大量重复代码。

drawWater()和 drawShield()修改完毕后，现在该看看新的 draw()函数了。有一件事你会立即注意到，光源设置代码已经移出了此函数。如果查看示例代码，将看到它的逻辑现在已经转移到 setup()函数中。这正是光源设置代码应该放置的地方，但是将所有内容都放在 draw()函数中减少了所需的代码片段的数量，使代码更集中，更方便新手查看。到目前为止，我们已经设置了很多次光源，因此将代码移到属于它的位置是安全的。设置光源的唯一新技巧是，所有的点光源现在都存储在 std::vector 中，这允许在运行时改变使用的点光源的数量。示例代码设置了 3 个不同的点光源。为了便于参考，代码清单 12-24 显示了在 setup()中设置第一个光源的代码。

代码清单 12-24　设置点光源并将其添加到点光源数组中

```
PointLight pl0;
pl0.color = glm::vec3(1, 0, 0);
pl0.radius = 1.0f;
pl0.position = glm::vec3(-0.5, 0.35, 0.25);
pl0.intensity = 3.0;

pointLights.push_back(pl0);
```

将点光源放入数组中意味着 draw()函数可以简单地遍历该数组，并为每个光源调用一次 drawShield()和 drawWater()函数。请记住，要将每个点的结果与已经写入后置缓冲区的颜色数据相加混合。认识到这一点后，请查看代码清单 12-25，它展示了新的 draw() 函数的代码。

代码清单 12-25　新的 Multi-light 示例的 draw()函数

```
void ofApp::draw() {
    using namespace glm;
    cam.pos = glm::vec3(0, 0.75f, 1.0);

    mat4 proj = perspective(cam.fov, 1024.0f / 768.0f, 0.01f, 10.0f);
    mat4 view = inverse(translate(cam.pos));

    drawSkybox(proj, view);

    drawWater(dirLight, proj, view);
    drawShield(dirLight, proj, view);

    beginRenderingPointLights(); ❶
    for (int i = 0; i < pointLights.size(); ++i) {
        drawWater(pointLights[i], proj, view);
        drawShield(pointLights[i], proj, view);
    }

    endRenderingPointLights(); ❷
}
```

还有两个函数需要讨论，如❶和❷所示。这些函数设置混合和深度测试，以支持我们的相加(additive)光源。代码清单 12-26 展示了组成这些函数的几行代码。

代码清单 12-26　beginRenderingPointLights 和 endRenderingPointLights

```
void ofApp::beginRenderingPointLights()
{
    ofEnableAlphaBlending();
    ofEnableBlendMode(ofBlendMode::OF_BLENDMODE_ADD);
    glDepthFunc(GL_LEQUAL);
}

void ofApp::endRenderingPointLights()
```

```
{
    ofDisableAlphaBlending();
    ofDisableBlendMode();
    glDepthFunc(GL_LESS);
}
```

这两个函数中的代码对我们来说都不陌生。alpha 混合代码来自第 4 章，depth 函数的设置直接来自 drawSkybox()函数，但很高兴看到这些概念以新的方式予以应用。

这就是所有的设置代码。为了好玩，设置了一个快速测试场景，用 3 个不同的点光源——红、绿、蓝，还有一个暗黄色的平行光，结果如图 12-8 所示。如果你自己的代码在运行得到图 12-8 效果时遇到困难，那么可以在第 12 章示例代码中的 VariableLightCount项目中找到用于渲染它的所有代码。

图 12-8　多光源场景演示

理论上，这种多光源系统可以支持无限数量的光源。然而，在实践中，你会发现为每个网格发出多个 draw 调用是一个相对缓慢的过程，对于具有大量网格的复杂场景，你将遇到性能问题。使用这样系统的游戏在优化它们发出 draw 调用的方式时会遇到很多麻烦，以确保为一个网格发出的每个 pass 都是针对一个足够接近该网格的光源。当你想把它应用到一个更大的项目时，请记住这一点。

12.6　更进一步

就像前两章一样，我想在这一章结束时简要介绍一下游戏是如何将在本章中学到的概念更进一步。在本书中使用的光照类型称为前向渲染(forward rendering)。这意味着在执行对每个网格的绘制调用时，将计算每个网格的光照。使用这种渲染方式时，最重要的性能问题之一是管理渲染每个网格时使用哪些光源。一些希望使用前向渲染的游戏通过使用先进的技术来进一步扩展它,这些技术允许游戏根据每个片元而不是每个网格来决定要考虑哪些光源。如果这听起来很有趣,可以在线搜索"前向渲染(forward rendering)"或"分群组渲染(clustered rendering)"。

除了前向渲染外,游戏处理光源的另一种主要方式称为延迟渲染(deferred rendering)。在这种类型的渲染中,所有对象都会渲染到屏幕上,而不会对它们进行任何光照计算。然后,光照着色器将遍历后置缓冲区中的每一像素,并计算每一像素的光照。这样做的好处是不需要花费时间对最终用户看不到的片元进行光照计算。使用延迟渲染会增加很多复杂度,但是性能的提高是如此之大,以至于过去几年发布的很多 AAA 游戏都使用了这种技术。在本书中,不打算介绍如何实现延迟渲染器,但如果你觉得有趣,learnopengl.com 网站有一篇很棒的免费文章,介绍了如何实现延迟渲染器。

以上是本章的全部内容,也是本书介绍新的着色技术的章节的全部内容。到目前为止,已经涵盖了足够多的领域,使你能够编写简单的 3D 游戏所需的所有着色器,这是相当棒的!接下来的几章将介绍编写着色器时遇到的常见问题,以及如何调试和优化所编写的着色器。因此,一旦你完成了刚刚创建的所有示例,请来学习第 13 章吧,我们将深入探讨如何使刚刚学到的所有内容运行得足够快的一些细节,以便能够应用到一个真正的游戏中。

12.7　小结

以下是本章所有内容的简要介绍:

- 视频游戏渲染中通常使用 3 种不同类型的光源:平行光、点光源和聚光灯。
- 平行光模拟无限远的光源。此光源发出的光线彼此平行,并且对于场景中的每个对象都具有相同的强度。这种类型的光源很适合对太阳或月球等光源进行建模。
- 点光源模拟球形光源。它们在游戏世界中有一个 3D 位置,并在这个位置周围的球体上投射光线。靠近点光源位置的物体从该光源接收更高强度的光照。点光源非常适合对灯泡或灯笼等这类光源进行建模。
- 聚光灯模拟锥形光源。它们在游戏世界中有一个 3D 的位置,并从这个位置将光线投射到一个圆锥体中。一些聚光灯会将较低强度的光投射到更远的网格上(较远的网格接收到低强度的光照),但现在创建的聚光灯均匀地照亮所有物体。聚光灯非常适合创建闪光灯或探照灯之类的光源。
- 有很多方法可以使着色器使用多个光源。在本章中,我们了解了如何创建使用固定数量的不同光源的着色器,以及如何为物体渲染多 pass 以支持可变数量的光源。

第 13 章

剖析着色器性能

我们已经花了很多时间来学习着色器的功能，但遗憾的是，仅仅知道如何创建视觉效果只是成功的一半。在编写游戏或其他实时应用程序中使用的着色器时，还需要能够足够快地渲染视觉效果，以使用户的整体体验不受影响。不能足够快地显示新帧或以不稳定的速度显示新帧的游戏被称为存在"性能"问题，而 GPU 执行耗时较长的着色器是游戏性能问题的主要根源。因此，作为着色器编写者，能够衡量编写的每个着色器占显示帧所需的总时间的比例至关重要。这种性能分析称为剖析(profiling)，而调整程序以提高性能称为优化(optimization)。

本章标志着本书第二部分的开始，该部分将重点介绍有关着色器的性能分析和优化的基础知识。我们将从整体上讨论如何衡量游戏的性能，然后深入探讨如何在项目中找出性能问题。这将为第 14 章做好准备，第 14 章将介绍如何解决着色器中的性能问题。

13.1　如何衡量性能

优化的基础是测量。测量对于识别问题和验证问题何时得到解决都很重要。在游戏中，性能通常用两种度量标准来衡量：帧率和帧时间。这两种方法都可以表示程序渲染帧的速度，而性能问题可以定义为以意想不到的方式对这些度量产生负面影响的情况。游戏渲染任何内容都会花费一些时间，但是我们要寻找的情况是，一些渲染过程花费的时间比我们预期的或我们所能接受的时间要长。

在编程领域之外，帧率是目前比较流行的测量方法，你经常会看到用户和媒体使用这个指标来谈论游戏的性能。帧率以每秒帧数(fps)为单位进行度量，它描述了程序在操作中每秒可以渲染多少帧。游戏的性能越好，在屏幕上绘制新帧的速度就越快，从而帧率就越大。游戏通常尝试以 30 或 60fps 的速度运行，如果它们的速度低于目标帧率，则可以说存在性能问题。减速幅度越大，性能问题就越大。

帧率是一种不适合在编程时使用的度量方法，原因是它是一种非线性的性能度量方法。如果项目以 30 帧每秒的速度运行，则意味着它将在 1/30 秒(或 33 毫秒)内渲染每一帧。如果某个原因导致游戏每秒渲染慢一帧，则表示渲染速度减慢了约 1.4 毫秒，这是 1/30 秒与 1/29 秒之间的差值。然而，慢一帧并不总是慢 1.4 毫秒。对于以 60fps 运行的游戏，考虑一下同样的情况。1/60 秒和 1/59 秒之间的差别只有 0.3 毫秒，这是一个小得多的变慢值。然而，如果你只看一个应用程序的帧率，则似乎这两种情况的问题都是相同的。

为了避免这个问题，程序员在讨论渲染性能时倾向于使用帧时间。"帧时间"(frame time)只是表示渲染一帧所需的毫秒数，来表示游戏渲染的速度。这避免了使用帧率的所有令人困惑的特性，因为无论游戏渲染的速度有多快，1 毫秒的减速始终是 1 毫秒的减速。简单的经验法则是：确保在进行性能相关工作时始终使用帧时间，在与用户谈论性能时使用帧率。

测量帧时间可能很难做好，让我们简要地讨论为我们的项目获取此数字所涉及的一些细微差别。

13.2　CPU 时间与 GPU 时间

CPU 和 GPU 通常不完全同步，这意味着 CPU 可以在 GPU 仍在尝试渲染当前帧的同时为下一帧执行计算。可以编写代码，使 CPU 在开始处理新帧之前必须先等待 GPU 完成渲染，但游戏通常不这样安排。

这意味着游戏渲染帧的速度取决于两个不同的时间：CPU 执行帧的所有逻辑并将图形命令发送到 GPU 的速度(称为 CPU 时间)，以及 GPU 执行所有这些命令的速度(称为 GPU 时间)。游戏的帧时间取决于这两个数字，但更重要的是，帧时间由这两个测量值中较慢的一个来决定。

如果可以在 16.6 毫秒内渲染一帧，但是 CPU 需要 33 毫秒来处理所有游戏逻辑并发出一帧所需的渲染命令，那么帧时间大约是 33 毫秒。即使 GPU 可以在 1 毫秒内渲染每一帧，帧时间仍然是 33 毫秒。性能受限于 CPU 的程序被称为 CPU 受限的；同样，如果 GPU 是帧中较慢的部分，则程序是受 GPU 限制的。如果受 CPU 限制，在 GPU 上进行任何优化都不会提高渲染速度，反之亦然。因此，在剖析性能时通常同时测量 CPU 和 GPU 时间。许多游戏会更进一步细化，将 CPU 时间划分为执行游戏逻辑计算的时间和向 GPU 发出命令所花费的时间。

13.3　解决 VSync(垂直同步)

游戏渲染的速度还取决于用户玩游戏所使用的显示器。显示器只能以特定的速度(称为刷新率)显示新信息。实际上，所有的显示器的刷新率至少为 60 赫兹，这意味着它们可以每秒向用户显示 60 次新帧。较新的显示器可能有更高的刷新率。对我们而言，这意味着无论游戏渲染帧的速度有多快，用户只能在他们的显示器"刷新"显示数据时才能看到新的一帧。

当渲染一帧时，应用程序将渲染的结果绘制到一个缓冲区，称之为"后置缓冲区"。显示器上当前显示的数据称为"前置缓冲区"。当显示新帧时，将交换这两个缓冲区。前置缓冲区变成后置缓冲区，后置缓冲区变成前置缓冲区。这种双缓冲区设置称为双缓冲，是游戏渲染的一种极为常见的方式。

这种设置的问题是，缓冲区交换随时可能发生，即使显示器正在读取前置缓冲区并在屏幕上显示数据时。当这种情况发生时，屏幕的一部分是来自旧的前置缓冲区的数据，而另一部分屏幕将有来自新交换的缓冲区的数据。这会导致称为撕裂(tearing)的视觉问题，如图 13-1 所示。

图 13-1　模拟屏幕撕裂(感谢维基百科的 Vanessaezekowitz)。撕裂点用红线(图中的两根小平线)标出

为了解决这个问题，许多游戏采用了一种称为 vsync 的技术("垂直同步"的缩写)。vsync 延迟游戏的缓冲区交换，直到显示器准备好开始新的刷新周期。这修复了撕裂问题，因为在显示器刷新过程中，缓冲区从不交换。但是，它会对应用程序的帧率产生负面影响，因为根据定义，vsync 导致在开始渲染下一帧时增加了延迟。

这种延迟对渲染性能的最大影响是，它限制了渲染速度最大为显示器的刷新率。在 60 赫兹的显示器上，这意味着游戏的渲染帧的速度永远不会超过 16.6 毫秒(60fps)。而且，对于渲染速度低于屏幕刷新率的帧，它也会产生影响。要理解原因，请看图 13-2，它将屏幕的刷新率显示为时间轴的线条。在此图中，屏幕将只在每个编号的垂直线处刷新，它们之间的间隔表示 16.6 毫秒的时间段。

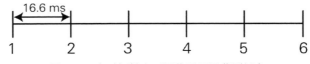

图 13-2　在时间轴上可视化显示屏幕刷新率

如果程序始终以比显示器的刷新率更快的速度渲染帧，那么 vsync 会引入一个延迟，以便正好以 60 fps 的速度触发缓冲区交换，如图 13-3 所示。在此图中，每个帧都将从一条垂直线开始渲染，而该帧在与其相连的较短垂直线处完成渲染。延迟是指从帧完成渲染的短垂直线到下一个刷新点的较淡的线段。这张图显示了如果在 3.6 毫秒而不是 16.6 毫秒内渲染完每一帧的情况下，所需延迟的直观表示。由于屏幕每 16.6 毫秒只刷新一次，因此这意味着程序必须等待 13 毫秒才能开始渲染下一帧。

图 13-3　vsync 在渲染每帧 3.6 毫秒的应用程序中引入的延迟的示意图

但是，请考虑如果一帧的渲染速度略慢于显示器的刷新率，会发生什么情况。图 13-4 显示了如果在 19.6 毫秒(而不是 16.6 毫秒)内渲染一帧会发生什么。尽管它几乎和显示器的刷新率一样快，但是仍然太慢而无法达到 60 赫兹的刷新间隔。但是，为了确保不会在屏幕刷新过程中交换缓冲区，vsync 会将缓冲区交换延迟几乎整个帧，这意味着只慢 3.6 毫秒就完成渲染的帧将比前一帧延迟整整 16.6 毫秒。这有点像火车站，如果你错过了早上 8 点开出的火车，就得等 9 点来的火车，即使你只错过了第一趟火车几分钟而已。

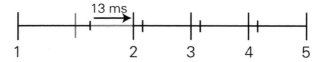

图 13-4　如果应用程序错过刷新间隔，为什么 vsync 会导致帧率非常低

当然，这并不理想，因此更多的现代 GPU 驱动程序实现了所谓的自适应 vsync 或动态 vsync，这取决于你的 GPU 供应商。这将限制应用程序的帧率以匹配显示器的刷新率，但如果帧渲染得太慢并且错过了刷新时间，则允许撕裂。这意味着渲染较慢的帧仍然会

引入撕裂，但应用程序的总体帧率要稳定得多。并非所有系统都具有此功能，因此了解用户使用的硬件非常重要，而不是假设这个功能会存在。

以上这些对我们来说很重要的原因是，vsync 引入的延迟会影响我们衡量性能的能力。如果启用了 vsync，那么在某些度量中，渲染速度比显示器快得多的应用程序可能在某些度量中显得和显示器一样慢。因此，重要的是要确保在测量性能时禁用 vsync，或者使用能够区分 CPU/GPU 时间和应用程序渲染新帧的速率的工具。

本章中的一些示例将涉及分析在第 12 章中编写的演示应用程序。对于这些场景，使用了一些 openFrameworks 特定的代码禁用了 vsync，如代码清单 13-1 所示。

代码清单 13-1　在 openFrameworks 应用程序中禁用 vsync

```
void ofApp::setup() {
    ofSetVerticalSync(false);
    //省略函数的其余代码
```

尽管我们是对程序的真实性能做一个全面的测量，但也请确保所剖分的任何项目都是在"发布(Release)"配置中构建的，因为这是你的用户将要用到的配置。

13.4　设置评测用的计算机

除了 vsync，在调试自己的应用程序时，另一个常见的问题源是计算机上安装的其他软件或驱动程序自动修改或添加功能到程序中。例如，在我的笔记本电脑上，NVidia 驱动程序给我的应用程序添加了一大堆我没有明确开启的功能。其中一些(例如线程渲染)是为了提高计算机上应用程序的性能。其他的，例如抗锯齿，是为了改善这些程序的画面效果。

遗憾的是，当试图测量我们编写的代码的速度时，这些都没有帮助，因此为了获得更准确的基准，我需要使用 Nvidia 控制面板为 openFrameworks 应用程序禁用许多设置。不过，这个问题并不局限于 Nvidia 显卡，在另一台带有 Intel 集成 GPU 的测试机器上，同样的事情也发生了。我没有用于测试的 AMD GPU，但是可以肯定地说，所有的现代驱动程序都给你的应用程序运行带来了一点点增强。重要的是要确保你了解这些增强功能，并且在进行性能测试和优化工作时将其关闭。

除了驱动程序外，在后台打开应用程序也会影响性能分析的结果，尤其是当这些应用程序正在执行大量后台工作时。在启动分析之前，请确保你了解计算机正在执行的其他工作。如果可能，请禁用尽可能多的后台程序，以便有一个更可控的测试环境。

13.5 剖析实践

现在是把这些理论付诸实践的时候了，下面介绍如何才能从项目中获得一些有用的指标。让我们先来了解一下帧时间。这很简单，只需要找到一个在每帧的同一时间被调用的函数，然后每帧从高精度计时器获取时间戳。帧时间就是前一帧的时间戳与当前帧的时间戳之间的差。在 openFrameworks 中，这已经由我们以前使用过的 ofGetLastFrameTime() 函数来实现。代码清单 13-2 展示了如何使用这个函数在演示程序中将 CPU 时间(以毫秒为单位)绘制到屏幕上。

代码清单 13-2 在 openFrameworks 程序中输出帧时间

```
void ofApp::draw() {
    using namespace glm;

    static char fpsString[128];
    //ofGetLastFrameTime 以秒为单位返回时间
    //但是我们希望以毫秒显示
    double t = ofGetLastFrameTime() * 1000.0;
    snprintf(fpsString, 128, "%f", t);
    ofDrawBitmapString(fpsString, 100, 400);
```

根据被分析的程序运行的速度，仅输出当前帧的帧时间可能太频繁太混乱，以至于无法理解它。因此，你可能希望选择存储一定数量的前几帧的帧时间，并在屏幕上显示这些时间的平均值。在我的电脑上，我们制作的上一个示例项目的帧时间大约为每帧 2.4 毫秒。

我们想要得到的下一个值是 C++代码执行的时间。需要在帧中启动的第一个函数的开始处获取一个时间戳，并将其与 CPU 端最后一个工作完成后得到的时间戳进行比较。这对我们来说有点棘手，因为 openFrameworks 会处理每帧发生的很多事情。因此，为了准确地了解 CPU 时间，必须了解 openFrameworks 广播的全局事件。

游戏中的每帧逻辑通常称为游戏循环。openFrameworks 游戏循环分为 3 个阶段：更新(update)、绘制(draw)和交换(swap)。更新和绘制阶段分别用于处理非渲染相关逻辑和发出绘制调用(draw call)。交换阶段是交换前后缓冲区。此外，openFrameworks 还将在每个帧上花费一些时间来轮询操作系统中的事件，如鼠标单击或按键。交换和事件轮询每帧都要花费一定的 CPU 时间来执行，但是我们想知道的是执行代码所需的时间，因此只需要获得执行前两个阶段所需的时间。

openFrameworks 使用可以订阅的全局事件系统，让我们在每帧循环的不同阶段执行操作。将使用这些事件插入所需的计时代码。需要订阅的第一个事件是 update 事件。此事件在游戏循环的第一阶段开始时触发，并按优先级顺序调用所有已注册的回调函数。为了确保回调函数是第一个被调用的函数，需要将它注册为一个优先级为 0 的事件侦听器。代码清单 13-3 显示了代码。请注意，回调函数将经过的时间存储在添加到 ofApp 类的新 uint64_t 成员变量中。

代码清单 13-3　将回调函数注册为第一个 Update 事件侦听器

```
void ofApp::onFrameStart(ofEventArgs& args){
    frameStartMicros = ofGetElapsedTimeMicros();
}

void ofApp::setup() {
    ofAddListener(ofEvents().update, this, &ofApp::onFrameStart, 0);
    //函数的其余代码不变
```

下一步是在绘制阶段结束时获取时间。这是安排 GPU 需要执行的所有工作的阶段。与 update 事件类似，此事件(以及所有 openFrameworks 事件)使用优先级系统确定调用事件侦听器函数的顺序。对于 draw 事件，我们希望计时函数是最后一个调用的事件侦听器，这样就可以正确地获得为该帧安排所有工作所需的时间。这意味着 draw 事件监听器需要有 INT_MAX 优先级，以确保后面没有其他事件。代码清单 13-4 显示了所需的代码。

代码清单 13-4　注册 Draw 事件回调函数

```
void ofApp::onFrameEnd(ofEventArgs& args){
    uint64_t total = ofGetElapsedTimeMicros() - frameStartMicros;
    cpuTime = (total) / (double)1e+6;
}

void ofApp::setup() {
    ofAddListener(ofEvents().update, this, &ofApp::onFrameStart, 0);
    ofAddListener(ofEvents().draw, this, &ofApp::onFrameEnd, INT_MAX);
    //函数的其余部分代码不变
```

注意，在 onFrameEnd()函数中，将获得当前时间戳与之前存储的 frameStartMicros 时间戳之间的差异，然后将其从微秒转换为秒。这个 cpuTime 值(一个新的双精度成员变量)是帧的 CPU 时间，用秒表示。通过这些更改，终于可以看到 CPU 处理每帧所用的时间。在我的机器上，每帧大约 1.2 毫秒。

这两项测量值(帧时间和 CPU 时间)可以告诉我们很多性能方面的问题。根据我的测量,代码运行所需的时间和项目渲染新帧的速度只有 1.2 毫秒的差别。我们知道交换缓冲区和轮询操作系统的事件需要一些时间,因此可以自信地说,CPU 时间接近(如果不完全)等于总帧时间。这意味着要么程序受 CPU 限制,要么它的 CPU 和 GPU 时间大致相等。这不是一个完美的衡量标准,但它是一个很好的起点。如果这是一个真正的项目,需要精确地计算交换阶段和事件轮询所用的时间,但如果不修改 openFrameworks 的核心类,这是不可能的,因此将跳过这个步骤。

性能分析的下一步是找出 GPU 渲染所有内容需要的时间。获取 GPU 时间比获取 CPU 时间要困难一些,因为没有每帧函数可以让我们为图形管线添加计时器。每一个图形 API 都有不同的方法来衡量 GPU 完成工作所需的时间,而试图介绍如何手动地对应用程序进行 GPU 剖析,则需要绕开许多 OpenGL 特定的函数调用。幸运的是,有许多免费的程序可以用来计算这个值,而不必更改我们的代码。这些程序被称为图形调试器,它们可以提供大量的信息,这些信息在尝试查找和修复渲染问题时非常有价值。

图形调试器通常由设计和生产 GPU 的公司创建,并专门针对该公司生产的硬件进行定制。因此,如果你有一个 Nvidia GPU,需要使用一个调试程序,它是为 Nvidia GPU 而设计的。AMD 和 Intel 也是如此。本章将介绍使用 Nvidia 的 Nsight 工具。但是,如果你有一个不同公司生产的 GPU,请不要失望!我们将要使用的通用分析和优化方法可以移植到任何图形调试器中,并且不难发现我们在 Nsight 中执行的任务,可以方便地转换为在与你的硬件匹配的调试器上使用。

本章的其余部分将介绍如何使用 Nsight 诊断性能问题。将看到如何确定是受 CPU 还是 GPU 限制的示例,然后如果是 GPU 限制,如何确定哪个着色器(或哪几个着色器)占用了最多的渲染时间。

13.6　Nsight Graphics 介绍

Nvidia 的 Nsight Graphics 工具可在 GameWorks 网站上免费获得:https://developer. nvidia.com/gameworksdownload。请注意,互联网是一个日新月异的地方,如果这个链接在你阅读本文的时候不起作用,那么最好搜索“Nvidia Nsight Graphics”,就可以轻松找到。

Nsight Graphics 是一个功能非常丰富的工具,但在本章中,我们所关心的是如何使用它测量渲染性能,并帮助我们找到可能影响帧时间的所有着色器。我们马上将看到一个有性能问题的程序的案例研究,但是为了快速上手,为什么不先使用 Nsight 图形来告诉我们在第 12 章中编写的最终程序(多光照 demo,它为每个光源渲染一次网格)的一些性能呢?首先,启动 Nsight 图形应用程序并选择启动对话框 Quick Start 部分下的 Continue 按钮。然后将看到图 13-5 所示的 Connect to Process 对话框窗口。

图 13-5　Nsight Graphics 的 Connect to Process 对话框

单击 Application Executable 文本框旁边的"…"按钮，选择 multilight 项目生成的 exe 文件(它位于项目的 bin/目录中)。然后，确保在这个窗口的左下角选择了 Frame Profiler 活动，如图 13-5 所示。这将以一种模式启动 Nsight Graphics，该模式在项目运行时提供关于我们项目的大量高级性能信息。这对我们来说非常完美，因为我们现在对这个项目的执行情况一无所知。完成所有设置后，单击屏幕右下角的蓝色 Launch 按钮。如果你正确地完成了所有操作，那么同时会执行很多处理。

首先，应该启动了 multilight 项目。不再像往常一样，它现在会显示一些 fps 和帧时间的屏幕文本，以及一个柱状图，显示了每次绘制调用有多少三角形被发送到 GPU 的其他统计信息(因为我们只想分析着色器，所以忽略这一信息)。所有这些额外的 HUD 元素都会在每一帧中增加少量的 CPU 时间，因此为了更精确地测量帧时间，可以通过按 ctrl+Z 并单击 Close 按钮禁用 Nsight HUD。Nsight 的 GPU 剖析也增加了一些开销，因为它告诉你的 GPU 执行大量额外的时间测量，所以当你附加 Nsight 后，如果你的应用程序的帧时间增加了，也不要感到惊讶。

其次，Nsight 应该已经转换到 frame profiler 视图，并提供了大量关于正在运行的项目的信息。可以在图 13-6 中看到屏幕截图。该视图中有很多事情发生，一开始很容易感到不知所措，但目前只需要关注屏幕左侧的 3 个图表，而假装其他一切都不存在。此视图中的顶部图形显示了正在运行的项目的 fps。原始 fps 值有点杂乱，特别是在渲染速度很快的项目中。

在我的笔记本电脑上，这个项目在连接了 Nsight 的情况下以 160 fps 的速度运行，如图 13-6 所示。中间的图表显示了 GPU 的不同部分正在完成的工作的明细。由于现在只关注于查找与着色器相关的性能问题，因此将跳过此图。但在其他情况下，此图将为我们提供有关图形管线中可能存在性能问题的有用信息。

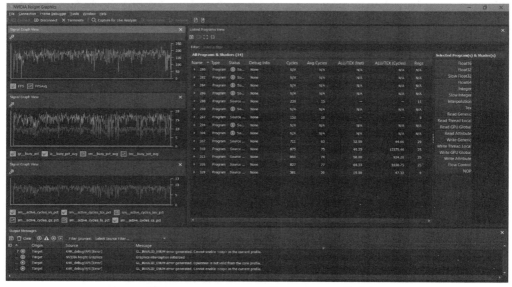

图 13-6　Nsight Graphics 的 frame profiler 视图

底部的图表是我们想要的数据，因为它可以告诉我们在每种类型的着色器上花费了多少时间。因为我们的项目只包含顶点和片元着色器，所以只对图中显示的两个选项感兴趣：sm_active_cycles_vs_pct 和 sm_active_cycles_fs_pct。sm_active_cycles_vs_pct 表示处理顶点着色器花费了多少 GPU，sm_active_cycles_fs_pct 表示处理片元着色器花费了多少 GPU。在图 13-6 中，可以看到 GPU 大部分时间都在处理片元着色器，这是有道理的，因为顶点着色器非常简单，而网格是低精度多边形。

13.7　我们是受 CPU 还是 GPU 限制

通过查看 frame profiling 视图和正在运行的应用程序上的帧率显示，我们知道演示应用程序没有任何性能问题。但是，如果想进一步提高运行速度，第一步是确定是否需要

改变着色器或者改变 C++代码。为此，需要比较 CPU 时间(前面已经介绍过如何计算)
与 GPU 上花费的时间。为了得到后者的数值(即 GPU 占用时间)，需要将 Nsight 从 frame
profiling 模式切换到 frame debugging 模式，单击 frame profiler 顶部标记为 capture for live
analysis 的按钮进行切换。单击该按钮后，应用程序将暂停，并且将显示 Nsight 的帧调
试视图，如图 13-7 所示。

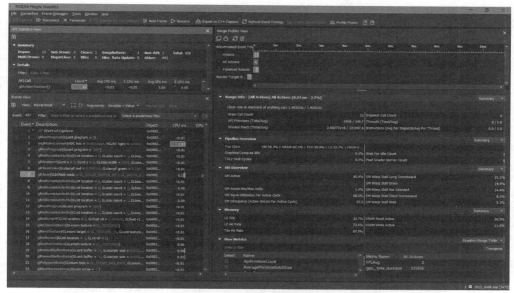

图 13-7　Nsight 帧调试视图

在这个视图中会发生很多事情，而大部分内容与本书无关，我们现在要看的部分是
窗口右上角的时间轴视图。此视图显示 GPU 在最近一帧中执行的所有命令，按这些命
令对应的 draw 调用分组，并按时间轴排列。帧没有花很长时间来渲染，因此为了从这个
视图中获取任何真实的信息，需要放大时间轴的开头。可以通过调整水平滚动条上的控
制柄进行放大，如果你有一个触控板，则可以通过捏来缩放。在 Range Profiler View 中
放大时间轴的开头，如图 13-8 所示。

图 13-8　放大 Range Profiler View 中的事件

Actions 行中的每个条目对应于场景中网格的一个绘制调用，因此在图 13-8 中，时间轴视图告诉我们，帧由 9 个绘制调用组成。我们为第 12 章编写的最后一个程序涉及为每个网格提交多个绘图调用(对影响网格的每个光源提交一个绘图调用)，因此最终为水和盾牌网格都提交了 4 个绘制调用(3 个用于点光源，1 个用于平行光)，以及一个对天空盒的绘制调用。为了帮助我们找出这些动作中的哪一个对应什么，Nsight 还启动了程序的第二个实例，称为 Nsight Graphics Replay，它(如果你启用 Nsight GUI)可以让你浏览这些事件，并查看它们如何影响屏幕上的结果。可以在图 13-9 中看到这个图形回放视图。

图 13-9　Nsight 图形回放视图

但现在我们只想知道是受 CPU 还是 GPU 限制，因此真正想知道的是所有 GPU 命令需要花费多长时间来渲染。为此，需要查看 Range Profiler View 中标记为 All Actions 的第二行。在该行中，可以看到帧中的所有操作花费 GPU 处理的时间摘要，在图 13-8 中，这些操作花费了 0.21 毫秒。我们从前面了解到，每帧的 CPU 时间约为 1.2 毫秒，这意味着应用程序目前受到 CPU 的限制，优化任何着色器都不会对我们的整体帧时间产生任何影响。可以通过将其中一个着色器替换为一个更简单的着色器(例如，返回红色的着色器)并观察程序的帧时间发生的变化来测试这一点。如果应用程序确实受 CPU 限制，则简化着色器将不会影响整个帧时间。

13.8　捷径

当使用图形调试器来确定你受 CPU 还是 GPU 限制时，调试可能是最佳选择，但有时你可能只想要一种快速的方法来弄清楚运行时发生的情况，而不需要一个重量级的分析工具。一种快速确定性能的方法是编写一些代码，以人为地为每帧 CPU 计算添加固定的时间，如代码清单 13-5 所示。

代码清单 13-5　按下 Insert 键时增加 1 毫秒的 CPU 时间

```
bool addTime = false;

void ofApp::keyPressed(int key) {
    if (key == ofKey::OF_KEY_INSERT)
    {
        addTime = true;
    }
}
void ofApp::update(){
    if (addTime) ofSleepMillis(1);
}
```

如果睡眠 1 毫秒会使帧时间增加 1 毫秒，那么这是一个非常明显的指标，表明性能瓶颈是 CPU。如果每帧额外增加一毫秒的 CPU 时间并不会改变帧的渲染速度，那么可以非常确定你的瓶颈是 GPU。这不是一个百分之百精确的测试方法，但在你不想花太多时间分析应用程序性能的情况下，这是一种快速了解性能的很有用的方法。

13.9　跟踪问题着色器

现在我们知道在做什么，让我们看一个受 GPU 限制的示例。在这种情况下，向其中一个着色器添加了一大堆不必要的操作(且速度很慢)。如果我们看一下 CPU 计时器，会发现 CPU 时间每帧仍然是 1.2 毫秒，但帧时间已经跃升到超过 9 毫秒。因为 CPU 时间没有增加，可以非常肯定问题是与 GPU 有关。下面介绍是否可以使用 Nsight 来找出是哪个着色器导致了问题。

第一步是跳入 frame profiling 视图并查看底部的性能图表，这样就可以知道问题是出在顶点还是片元着色器上。图 13-10 显示了这个图表对于新的、慢得多的演示应用程序版本的样子。

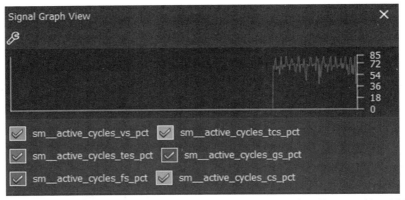

图 13-10　片元着色器百分比太高，以至于甚至看不到顶点着色器的 GPU 时间百分比
sm_active_cycles_vs_pct

图 13-10 清楚地表明，问题出在我们在片元着色器上花费了太多时间，这意味着可以正式排除项目中一半的着色器的嫌疑(即顶点着色器)。然而，在我们的小项目中有 5个片元着色器，需要知道是哪一个导致了性能问题，这意味着需要更多的信息。下一步是切换到"帧调试"视图，因此需要单击 capture for live analysis 按钮，并再次查看范围分析器视图。这一次，如图 13-11 所示，draw 0 占了 GPU 时间的 83%。

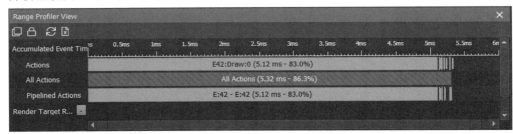

图 13-11　Range Profiler View 的屏幕截图

Range Profiler View 也给了我们另一条信息：problem draw 调用也是帧中发生的第 42个 GPU 事件。有了这些信息，可以转到 Events 视图，它通常位于屏幕的左下角(也可以通过菜单栏中的 Frame Debugger 菜单访问)。如果向下滚动该视图直到到达第 42 个事件，将看到图 13-12 所示的界面。

该视图本身并不能告诉我们太多信息，但如果单击事件号(如图 13-12 中的红色矩形所示)，就会淘到金矿。单击此数字将显示 API Inspector 视图，该视图提供关于所选事件中发生的事情的大量不同信息。对我们来说最重要的是，该视图的左侧允许我们按图形管线的不同阶段过滤这些信息。我们在寻找关于片元着色器的信息，因此可以选择 FS类别，这将显示如图 13-13 所示的界面。

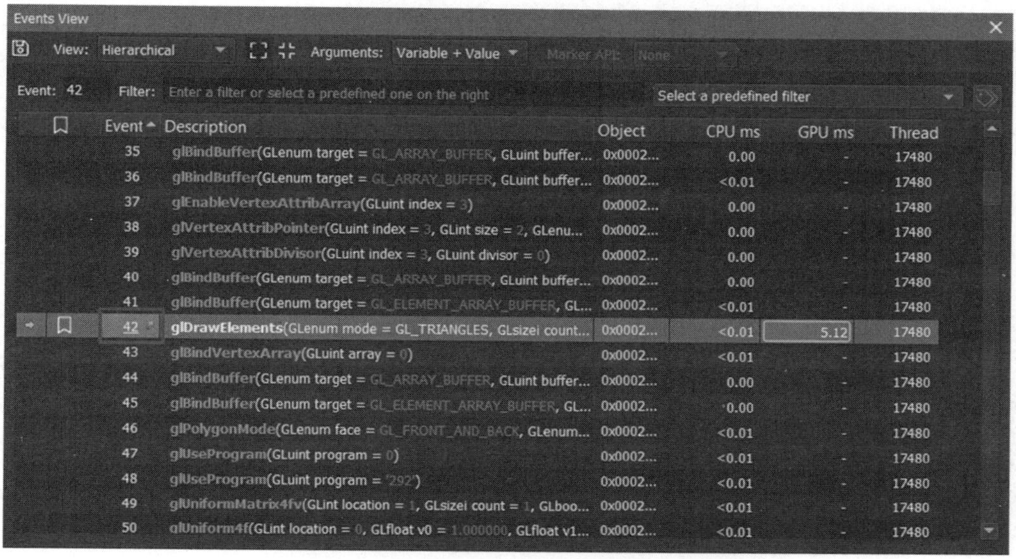

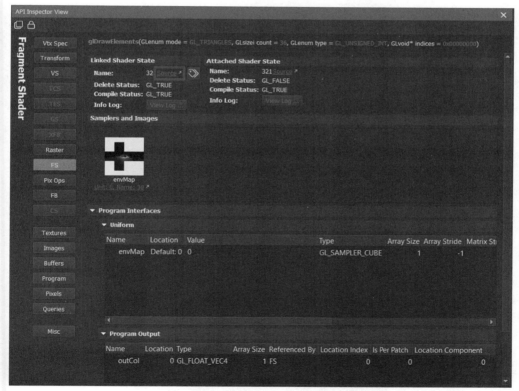

图 13-12　Nsight 的帧调试器视图的事件视图

图 13-13　API Inspector View 的片元着色器部分

这个界面告诉了我们很多事情，但对我们来说最重要的是，如果单击"Source(源)"链接(如图 13-13 的红色矩形所示)，将直接找到正在查看的片元着色器的源代码，它告诉我们到底是哪个着色器导致了问题。此着色器源代码视图还允许我们实时编辑有问题的着色器，因此可以尝试对着色器进行不同的更改，并立即查看对性能的影响。在本例中，导致问题的着色器是 skybox 片元着色器，它是添加了不必要的计算的着色器(如代码清单 13-6 所示)。为了解决这个问题，需要做的就是删除这些计算。

代码清单 13-6　滑稽的坏天空盒着色器

```
#version 410
uniform samplerCube envMap;

in vec3 fromCam;

out vec4 outCol;

void main(){
    //我们从未使用过 f 变量，它只是在减慢速度
    float f = 0.0;
    for (int i = 0; i < 500000; ++i){
        f = sqrt(sqrt(sqrt(sqrt(1))));
    }

    f = mod(f, 1.0);
    outCol = texture(envMap, fromCam);
}
```

自此就结束了示例分析场景和本章。我知道本章有很多新的信息，但是经过足够的练习，我们刚刚所做的一切都能熟练掌握。更重要的是，你现在已拥有足够的知识，能够找到速度较慢的着色器，并确保添加到项目中的新着色器不会导致任何问题，这是能够为产品级项目编写着色器的重要部分。在确定了着色器导致的性能问题后，第 14 章将深入研究如何优化着色器(遗憾的是，它们并不像我们刚刚处理的示例中那样明显)。

13.10　小结

下面是本章内容的简要介绍：
- 游戏的性能以每秒帧数(fps)或帧时间来衡量。在进行分析或优化时，最好使用帧时间，因为它是性能的线性度量。

- 游戏的性能是 CPU 和 GPU 每帧花费的时间的结合。这些时间分别称为"CPU 时间"和"GPU 时间"。
- vsync 是一种向用户显示帧与显示器刷新率同步的技术。在分析或优化应用程序时，禁用 vsync 是很重要的，或者至少要了解 vsync 对度量的影响。
- 安装在开发人员计算机上的图形驱动程序可能会干扰分析结果。确保你知道你的驱动程序在做什么，以及在必要时如何禁用这些功能。
- 图形调试器，如 Nvidia 的 Nsight 调试器，是诊断和调试 GPU 相关性能问题的强大工具。

第14章

优化着色器

现在我们知道了如何计算一帧中着色器运行的速度，下一步是学习如何使它们运行得更快。优化着色器可能是我最喜欢写的部分！它总是让人感到困惑，我先进行一些优化，然后测量所产生的影响有多大，然后再做一遍，我喜欢这样的反馈循环。

分析很重要，因为着色器优化是一个非常深入的主题，在许多情况下，你所做的优化类型将取决于你运行的硬件。这使得很难知道一个优化对整个项目的性能影响有多大。也就是说，不管你在哪个平台上工作，有一些通用的优化准则都是有用的，我们将在本章中介绍其中的 6 个，在本章结束时，你将有一个小型的技术工具箱，可以应用于任何需要从中压榨额外性能的着色器。

撰写一章适用于每个人的性能优化技巧非常棘手，我精心选择了这里的技巧，试图提出我能想到的最通用的建议。这意味着我没有选择适用于一个特定平台或 GPU 类型的建议。为了改进为特定项目编写的着色器，你还可以做很多事情，因此请将本章作为优化过程的起点，而不是如何使着色器快速运行的终极秘籍。记住这一点，让我们开始吧！

14.1　将计算移至顶点着色器

渲染游戏的一帧所涉及的片元通常比顶点要多得多。因此，通过尽可能多地将计算移至顶点着色器，然后将这些计算的结果发送到片元着色器，可以节省大量 GPU 时间，因为顶点着色器的执行次数要少得多。如果可以移动使用任何类型三角函数(如 sin、cos、tan、asin、acos、atan 等)的计算，这一点尤其有用，因为取决于你的 GPU，这些函数的速度可能会比常规的数学指令要慢得多。代码清单 14-1 显示了一个片元着色器的示例，其中包含一些可以轻松移至顶点着色器的计算。

代码清单 14-1　不太理想的片元着色器

```
#version 410
uniform float time;
uniform sampler myTexture;

in vec2 fragUV;
out vec4 outColor;

void main()
{
    vec2 uv = fragUV + vec2(sin(time), 0);  ❶
    outColor = texture(myTexture, uv);
}
```

该着色器将从顶点着色器获取的 UV 偏移一个常量值(对每个片元使用相同的值)。但是，这可以在顶点着色器中轻松完成，因为偏移量计算不需要特定于片元(或插值)的数据。要解决这个问题，所需做的就是从片元着色器中移除在❶处的加法(以及 time 统一变量)，并将该逻辑移至顶点着色器，如代码清单 14-2 所示。

代码清单 14-2　处理来自❶处加法的顶点着色器

```
#version 410
layout (location = 0) in vec3 pos;
layout (location = 2) in vec2 uv;

uniform mat4 mvp;
uniform float time;

out vec2 fragUV;
void main()
{
    fragUV = uv + vec2(sin(time), 0.0);
    gl_Position = mvp * vec4(pos, 1.0);
}
```

有时甚至值得为网格添加一些顶点，以便将计算从片元着色器移至顶点着色器。我记得我所做的一个项目，该项目必须渲染许多在地板上方移动的灯光。与其逐像素计算这些灯光，不如将足够多的顶点添加到地板上，使灯光看起来"足够好"，而光照计算只需要逐顶点进行，因此结果节省了很多计算。虽然这样无法解决所有问题，但始终将其放在工具箱中随时备用是一个不错的选择。

请务必注意，有些东西无法移至顶点着色器。一个常见的错误是试图通过在顶点着色器中归一化顶点的法线向量，然后从片元着色器中移除 normalize()函数来节省一些性能损失。遗憾的是，在逐段插值过程运行后，归一化的向量不能保证保持这种归一化状态，这意味着这种优化将在游戏中引入渲染问题。在将任何逻辑移至顶点着色器之前，请务必仔细检查，确保计算结果在插值步骤时没有被修改。

14.2　避免动态分支

一个经常重复的着色器优化建议是避免任何类型的条件分支。这个建议无害，但是在着色器中使用 if 语句对性能是否有影响的真相要复杂一些。

当 GPU 处理 draw 调用时，它需要在该调用涉及的每个顶点和每个片元执行着色器计算。GPU 具有专门同时运行这些计算的硬件，使这个过程尽可能快。实际上，这意味着为每个顶点或片元分配自己的线程并同时运行多个线程。这些线程被组织成组(有时被各种 GPU 供应商称为 warps 或 wavefronts)，并且至少部分地按屏幕上的位置进行分组。例如，空间上更接近的片元更有可能在同一线程组中处理。当着色器对有关联的每个顶点或片元执行相同的计算时，这种线程组架构是最有效的。如果着色器没有分支或控制流，那么它处理的每个顶点或片元都将执行相同的工作，并且 GPU 可以尽可能高效地安排这些线程组所做的工作。然而，一旦我们开始引入控制流，比如 if 语句或 while 循环，事情就会变得复杂得多，而且一般来说，性能也会变得更昂贵。

当然，这是对事物的一种简化(相当费事的)解释，但是我们有足够的背景知识讨论为什么不将着色器中的所有分支都视为相同。例如，如果着色器有一个 if 语句，但是线程组中的每个线程都将采用相同的路径通过代码(所有线程都在执行或跳过条件分支)，则该分支没有额外的性能开销。因此，需要讨论两种不同类型的分支，以便清楚地了解着色器何时可以使用任何类型的条件分支：统一分支(uniform branching)和动态分支(dynamic branching)。

统一分支是两种分支中较容易考虑的一种。当着色器的分支只依赖于传递给着色器的统一变量值时，就称为统一分支类型，如代码清单 14-3 所示。

代码清单 14-3　统一条件分支

```
uniform float controlVal;
void main(){
    if (controlVal > 0.5)
    {
```

```
        //执行一些操作
    }
    //其余代码被省略
```

注意,在代码清单 14-3 中,此着色器处理的所有片元都将沿着相同的路径通过代码,因为 controlVal 统一变量值对于着色器的每次运行都是相同的。在着色器代码中使用这种类型的分支通常是安全的,因为它不会导致线程组中的线程执行不同的计算。

动态分支与刚才看到的示例相反。当条件分支依赖于基于每个片元的计算(如纹理采样的结果)或基于片元的世界位置而变化时,就会发生这种情况。这种分支是导致线程组发散(diverge)的原因。与统一分支相比,确定动态分支在着色器代码中是否正确使用的讨论要复杂得多。为了帮助提供一些讨论的上下文,让我们看看代码清单 14-4 中使用动态分支的着色器示例。

代码清单 14-4 着色器中的动态分支

```
void main() {
    vec3 nrm = texture(normTex, fragUV).rgb;
    vec3 viewDir = normalize( cameraPos - fragWorldPos);

    vec3 toLight = lightPos - fragWorldPos;
    vec3 lightDir = normalize(toLight);
    float distToLight = length(toLight);
    float falloff = 1.0 - (distToLight / lightRadius);

    vec3 diffCol = vec3(0,0,0);
    vec3 specCol = vec3(0,0,0);

    if (falloff > 0.01)
    {
        float diffAmt = diffuse(lightDir, nrm) * falloff;
        float specAmt = specular(lightDir, viewDir, nrm, 4.0) * falloff;

        diffCol = texture(diffuseTex, fragUV).xyz * lightCol * diffAmt;

        float specMask = texture(specTex, fragUV).x;

        specCol = specMask * lightCol * specAmt;
        vec3 envSample = texture(envMap, reflect(-viewDir, nrm)).xyz;

   vec3 envLighting = envSample * specMask * diffAmt;
```

```
        specCol = mix(envLighting, specCol, min(1.0,specAmt));
    }
    outCol = vec4(diffCol + specCol, 1.0);
}
```

可以将代码清单 14-4 看作第 12 章中点光源着色器的一个轻微修改版本。这里的区别在于，我们不总是对点光源执行光照计算，而是使用条件来确保不要为距离较远的片元执行光照计算。如果这是 CPU 代码，这将是一个明显的改进，但在 GPU 上事情并不是那么简单。作为一条简单的经验法则，评估动态分支在着色器代码中是否正确使用是两个因素的组合：分支大小和一致性。动态分支在这些类别中的得分越高，该分支是正确选择的可能性就越大。

第一个标准"分支大小"是指在条件块中封装了多少工作。一般来说，封装在动态分支中的工作越多越好。无论不使用分支可以节省多少工作，都将导致分支的性能惩罚，因此跳过的工作越多，动态分支就越有可能赢得性能。在代码清单 14-4 中，如果 falloff 值太低，则会跳过包括 3 个纹理采样在内的所有光照计算。但是，在总体方案中，这仍然是一个非常简单的着色器。与我们在本书中编写的着色器相比，此分支在"分支大小"标准上得分较高，但它仍然太小而无法赢得性能。

第二个标准"一致性"是指一个线程组中的所有线程在分支中采用相同路径的可能性有多大。这是一件很难确定的事情，但一个好的经验法则(至少对于片元着色器)是，彼此靠近的片元在着色器代码中采用相同路径的可能性越大，分支在性能方面是正确选择的可能性就越大。对于代码清单 14-4，很有可能相邻片元在着色器中的大多数时间都采用相同的路径，因为我们的分支依赖于世界空间距离计算，并且相邻片元的位置非常相似。因此，这个分支在"一致性"标准上也会得分很高。

将这两个标准结合在一起，最后提出两个非常简单的问题来帮助我们评估动态分支的性能影响。

(1) 靠得很近的片元通常会采用相同的代码路径吗？

(2) 条件语句的主体是否有足够的工作量来证明分支的性能成本？

当然，这些仅仅是一个评估工具，一个分支需要封装多少工作才值得，这在很大程度上取决于你所运行的硬件。但它可以帮助你决定使用动态分支的正确时机，以及何时应该重构着色器逻辑以避免根本不需要的分支。

14.3　使用 MAD

我们在第 3 章中简单地讨论过 MAD 操作，但现在将对其进行更仔细的研究。MAD 操作是指 GPU 可以将乘法和加法(按该顺序)组合执行计算。MAD 操作在 GPU 硬件上的速度非常快，通常是你需要进行优化计算的最佳方案。如果你能在一个 MAD 操作(或其中几个)中表达你的逻辑，则应该选择这样做。在尝试使用 MAD 操作进行优化时，最棘手的是顺序(正如我们刚才提到的)，这意味着在代码中放置括号也很重要。考虑代码清单 14-5，其中显示了两个非常相似的计算。

代码清单 14-5　一个使用 MAD 计算方法，另一个不使用 MAD

```
float X = 0.0;
float Y = 1.0;
float Z = 2.0;

float mad = (X * Y) + Z; ❶.
float not_mad = X * (Y + Z); ❷
```

你可能已经从变量的名称中猜到，这两个计算中只有一个是 MAD 操作(❶是 MAD)。请注意，这两行之间的唯一区别是移动了圆括号，将运算顺序从"乘法然后加法"转换为"加法然后乘法"，这将使计算性能降低。尽管助记符 MAD 表示先乘后加，MAD 操作也可以涉及减法，如代码清单 14-6 所示。它还显示了 MAD 操作除了可以应用于单个浮点变量外，还可以应用于向量类型。

代码清单 14-6　更多 MAD 操作的示例

```
vec3 val = (value * 2.0) - 1.0;
vec3 val2 = (value * -2.0) - 1.0;
```

需要注意的是，虽然 MAD 操作在性能上非常出色，但就图形性能而言，执行加法再执行乘法操作可能并不会对图形性能造成毁灭性影响，因此请将此技巧应用于有意义的地方(或者当你确实需要从应用程序中压榨更多性能时)，但不要太拘泥于此。一个MAD 操作不太可能使着色器从太慢变为极快。

14.4　优先使用 GLSL 函数而不是自己编写的函数

谈到不要过于专注于着色器逻辑的微优化时，我的建议是：如果可以使用内置的GLSL 函数来编写逻辑，那么应该始终选择使用它而不是自己的手写代码。内置 GLSL函数可以在你的硬件中使用快速路径，而这些路径是我们自己编写的客户端代码无法使用的，并且经过测试和文档记录的次数远远超过你编写的任何代码。代码清单 14-7 展示了一些可以重构以使用单个 GLSL 函数的代码示例(包括在本书中尚未看到的代码!)，但是一旦你理解了这些示例，便可以在搜索引擎上搜索"GLSL 快速参考"，以查找到

GLSL 函数的简短列表，并查找每个函数的功能。你的 GPU 和用户将会感谢你。

代码清单 14-7　用内置 GLSL 函数替换自定义代码的两个示例

```
//例 1：计算向量长度的平方

//坏主意
float lengthSquared = vec.x*vec.x + vec.y*vec.y + vec.z*vec.z;

//好主意
float lengthSquared = dot(vec,vec);

//例 2：把值约束在最小值和最大值之间
float x=1.2;

//坏主意
x = x < 0.5 ? 0.5 : x;
x = x > 1.0 ? 1.0 : x;

//较好
x = min(1.0, max(0.5, x));

//最佳
x = clamp(x, 0.5, 1.0);
```

14.5　使用 Write Mask(写掩码)

在着色器代码中处理向量或纹理时，你会发现自己通常只关心所处理向量的某些通道。例如，可以对纹理采样(并从中获取 rgba vec4)，但着色器只需要该纹理采样的红色和绿色通道。在这些情况下，可以指定一个 write mask，该掩码看起来像是在赋值中等号的左侧应用了一个 swizzle，告诉 GPU 只使用已完成计算的某些分量。代码清单 14-8 显示了两个示例。

代码清单 14-8　write mask 示例

```
vec4 myVal = vec4(1,2,3,4);

myVal.xw = vec4(5,0,0,5); ❶
//输出是(5,2,3,5)
```

```
//仅使用纹理采样的红色通道
myVal.x = texture(myTexture, fragUV);
```

虽然 write mask 看起来像一个 swizzle，但有一个重要的区别：在 write mask 中不能重复或重新排列通道。这意味着，虽然.xxzy 的 swizzle 是完全有效的 GLSL，但它不是有效的 write mask，这是因为 x 通道被复制，而且 z 通道是在 y 通道之前指定的。但是，只要你确保 write mask 使用的通道的顺序，仍然可以跳过 write mask 中的通道，如代码清单 14-8 所示。

14.6　避免不必要的 overdraw(过度绘制)

游戏最终会使用太多 GPU 资源的一种常见方式是 overdraw。当一个场景渲染到一个已经被写入的像素并在上面绘制时，它被称为 overdraw。不透明和半透明的几何体都可能出现这种情况，但更容易查看半透明网格的情况，因此先从它们开始。考虑图 14-1 中渲染的场景。这个屏幕截图的右侧显示了一组半透明的立方体在另一个立方体前面被渲染，可以清楚地看到有多个立方体写入了哪些像素。

图 14-1　不透明与半透明物体

当然，将颜色与已存储在后置缓冲区中的值混合是半透明渲染的工作原理，因此在渲染半透明几何体时，没有太多可以避免 overdraw 的操作。然而，知道 overdraw 的数量还是很重要的。一个巨大的浮云漂浮在屏幕上会很快导致一个帧需要两倍的像素写入量、处理的片元和混合操作。这会增加大量帧时间，因此在向场景添加半透明元素时，务必时刻关注帧时间，这一点很重要。

如果你根本没有任何半透明的材料，则会有一些 overdraw，这不是一件坏事。然而，就像大多数事情一样，overdraw 最好适度。如果你发现性能随着屏幕上的变化而波动，请检查性能下降是否与屏幕上有许多半透明几何体的区域或时间相匹配。如果是这样的话，加快速度的方法可能就简单到不渲染那么多的这些类型的对象。

同样的问题也会出现在不透明的几何体上，尽管它更难看到。在图 14-1 中，实心立方体可能和半透明立方体一样 overdraw。然而，这并不能得到保证。这是因为不透明的几何体会阻挡在其后面渲染的对象，从而阻止它们被渲染。例如，如果已经在场景中绘制了实心砖墙，则该墙将存储有关其在深度缓冲区中的位置的信息。每当试图在墙后绘制对象时，该对象的片元将看到墙的深度缓冲区信息，而不会被绘制。但是，如果最后才绘制墙，则在覆盖所有内容之前，我们要付出在墙后渲染所有内容的代价。

为了帮助缓解这个问题，不透明物体通常按从前到后的顺序绘制，这样深度缓冲区就可以由最有可能被用户首先看到的物体填充。许多引擎也会选择执行所谓的 depth prepass(深度预通路)，即先将对象渲染到深度缓冲区(使用非常简单的片元着色器)，然后再使用其真实片元着色器再次渲染对象。如果你使用的是当今市场上的主流引擎，则很可能已经为你解决了这一问题，但是用 Nsight 这样的工具检查帧以确定这个问题是绝对不会有坏处的。

14.7　最终想法

这就结束了关于着色器优化的小章节。如前所述，本章省略了许多针对单个特定平台或 GPU 供应商的优化技巧，但这些技巧可能会对它们所应用的项目产生巨大的影响。许多 GPU 供应商都会发布“性能建议”或“最佳实践”文档，为你提供针对其特定平台的易于遵循的优化建议。如果这些文档适用于你的项目，那么你绝对应该查找这些文档并尽可能多地遵循它们的指导原则。网络上也有许多优秀的资源为着色器开发提供了更具体的优化建议，只要确保在更改前后进行评测，以确保所获得的建议适用于你的项目。

14.8　小结

下面是本章中介绍的所有优化技巧的快速列表。

- 将计算移至顶点着色器
- 避免动态分支
- 尽可能使用 MAD 操作

- 优先使用现有的 GLSL 函数，而不是自己编写的函数
- 使用 write mask
- 避免不必要的 overdraw

第 15 章

精　　度

为了结束关于着色器调试和优化的部分，我想花一些时间深入探讨一个主题，这个主题是我职业生涯中遇到的着色器问题最常见的来源之一：精度问题。这些问题在任何平台上都可能表现为视觉故障，但是，如果你要为移动电话等平台或基于 Web 的应用程序编写着色器，则精度问题也可能是导致性能问题的重要原因。幸运的是，一旦你了解发生了什么情况，这类问题就相对容易找到并修复。

在开始本章之前，将简要介绍什么是浮点精度，然后深入探讨如何将其应用于编写着色器。一旦我们掌握了这个理论，将研究一些存在精度问题的着色器的案例，并了解如何解决这些问题。

15.1　什么是浮点精度

浮点数或 float 是程序用于存储小数的最常见的数据类型。术语"浮点数"指的是，根据数字的值，浮点变量将在小数点两边存储不同数量的数字。这使我们可以使用相同的数据类型来存储 0.000000000001 和 100000000.0 之类的值，而不必太担心浮点数字实际如何存储数据。对于大多数着色器开发也是如此，如果你可以将一个值存储在一个完整的 32 位浮点中，你通常不必太担心该数据类型是如何工作的。

但是，对于某些 GPU 来说，处理小于标准 32 位浮点的数据类型要快得多。在着色器代码中使用 16 位或更小的变量来加快速度是很常见的,而且一旦开始缩小浮点数的大小，了解事物在幕后是如何工作的就变得非常重要。如果你已经编程了很长一段时间，可能会遇到 IEEE 754 标准，该标准详细定义了浮点数的工作原理，甚至可能会遇到数学符号表示浮点数的工作方式，如下所示。

$$-1^s \times 1.M \times 2^{(e-127)}$$

对浮点数工作原理的标准解释从未真正吸引我，因此我们不会花太多时间解释上面的等式。相反，我想分享一种不同的方式来理解浮点数的工作原理，我相信这是由 Fabien Sanglard 提出的，他是优秀的"游戏引擎黑皮书"系列的作者。

常规的浮点是 32 位，内存被分成三部分。第一位是"符号"位，它决定值是正还是负。接下来的 8 位通常被称为"指数"位，但出于解释的原因，将称它们为"范围(range)"位，原因将在稍后解释。最后的 23 位通常被称为"尾数(mantissa)"，但这个术语对我们来说从来没有真正意义，因此将这些数字称为"偏移"位。图 15-1 直观地展示了此内存布局。

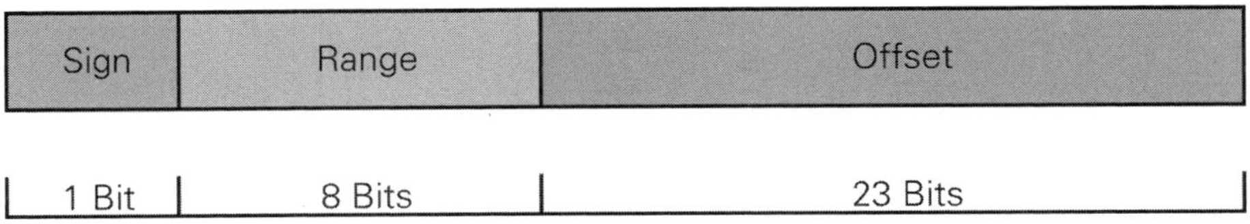

Sign	Range	Offset
1 Bit	8 Bits	23 Bits

图 15-1　32 位浮点的内存布局

使用这 32 位表示一个十进制值可以看作一个三步过程，每个步骤分别由符号位、范围位和偏移位来处理。这些步骤如下：

(1) 确定值是正值还是负值；

(2) 定义一个范围来封装要表示的值；

(3) 在定义的范围内选择一个值。

第一步非常简单。如果符号位为 1，则浮点值为负；反之亦然。

第二步要复杂一点，但也不会太复杂。8 个"范围"位用于定义整数。由于我们有 8 位可以使用，因此该整数可以是 0～255 之间的任意整数。但是，也希望能够得到负值，因此在定义整数之后，从最终得到的数字中减去 127。这样可以表示的值范围是-127～+127，而不是 0～255。为此，如果我们想得到一个 0 值，则需要将范围位设置为 0111 1111，这是数字 127 的二进制(译注：因为要减去 127，故最终表示的是 0)。

现在，我更喜欢将这些位称为"范围"位，是因为最后得到的这个整数用于定义浮点数可以表示的值的范围。为此，将整数视为一个指数，即 2 的幂次。例如，如果将范围位设置为 0000 0001(或者对于那些不用二进制的人设置为 1)，则浮点数可以表示的最低可能值将是 $+/-2^1$。浮点数所能代表的最高值是以 2 为底，以这个整数的最大值加 1 为指数，所得到的值，因此，如果 2^1 是下限，那么 2^2 一定是上限。

最后，第三步是从第二步提供的范围中选择一个值，这就是浮点数的最后几位的用途。为了让事情开始变得简单一点，假设浮点数在此步骤中只使用 2 位数据，而不是真正浮点数具有的 23 位。只能用 2 位表示的值是 00、01、10 和 11，它们分别是 0～3 的数字。这意味着浮点数可以表示在第 2 步中定义的范围内的 4 个可能值之一。为了直观地查看，想象一下范围的上限和下限放置在数轴的两端，如图 15-2 所示。

图 15-2　浮点数范围显示在数轴上

2 位"偏移量"数据可以表示的 4 个值均匀地分布在数轴的上下限之间,如图 15-3 所示。注意,4.0 不是数字的可能值;如果想表示 4.0,需要增加范围位中的值,而不是偏移位。

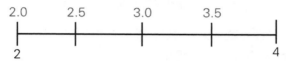

图 15-3　2 个"偏移"位可以表示的值,显示在图 15-2 的数轴上方

为了以不同的方式显示图 15-3 中的内容,偏移量位可以表示的值是上下限之间的差值的小数再加下限的值。在图 15-3 中,2^1 和 2^2 之间的差是 2,因此偏移位可以用来选择数字 2.0、2.5、3.0 或 3.5。为了理解我们是如何得到这些数字的,查看它们的计算方式可能会有所帮助,如图 15-4 中的表格所示。

值	计算的过程
2	$2^1 + (\frac{0}{4} \times 2)$
2.5	$2^1 + (\frac{1}{4} \times 2)$
3.0	$2^1 + (\frac{2}{4} \times 2)$
3.5	$2^1 + (\frac{3}{4} \times 2)$

图 15-4　计算出 4 个可能值的过程

图 15-4 左栏中的 4 个值是我们想象中的浮点数只能表示的值。如果代码试图在该浮点数中存储一个类似 2.4 的值,那么这个值将被"捕捉"到最接近的可能值,即 2.5。当我们的边界是 2^1 和 2^2 时,这看起来很不方便,但至少仍然可以得到每个整数和一个有用的小数值。但是,如果范围在两个更大的数字之间,比如 2^{10} 和 2^{11},想想这对我们意味着什么,如图 15-5 所示。

现在,该系统已真正崩溃了。由于只有 4 个可能的值可以使用,随着数字范围越来越大,在表示边界之间的值时就越不准确。这意味着,随着在浮点中存储的值增加,对它的表示就越不准确。

1024	$2^{10} + (\frac{0}{4} \times 1024)$
1280	$2^{10} + (\frac{1}{4} \times 1024)$
1536	$2^{10} + (\frac{2}{4} \times 1024)$
1792	$2^{10} + (\frac{3}{4} \times 1024)$

图 15-5　如果指数设置为 10，可以表示的值

可是，一个真正的浮点数有更多的位可以用来"偏移"数据，实际上有 23 个。这并没有改变数学运算的方式，它只是改变了用来计算可能值的分数的分母。23 位偏移数据意味着可以代表 2^{23} 个可能的不同数字。2^{23} 等于 8388608，这意味着一个完整的 32 位浮点可以表示的 2^1 到 2^2 之间的前 4 个值，如图 15-6 所示。为了使这个数字更易于阅读，将左边列中的值四舍五入为只显示它们的前 12 位数字。

2	$2^1 + (\frac{0}{8388608} \times 2)$
2.00000023842	$2^1 + (\frac{1}{8388608} \times 2)$
2.00000047684	$2^1 + (\frac{2}{8388608} \times 2)$
2.00000071526	$2^1 + (\frac{3}{8388608} \times 2)$

图 15-6　可以用 23 个"偏移"位表示的前 4 个可能的值

显然，使用 23 位而不是 2 位意味着可以用更高的精度表示数字，但是需要注意的是，即使在全精度浮点中，这种精度也不是完美的。可以在图 15-6 中看到，仍然无法准确地表示 2.0000003 的值。相反，值将被捕捉到表的第 2 行，就像 2 比特位示例一样，随着范围的增加，精度会降低。唯一不同的是，在整个 32 位浮点数的精度下降到足以在大多数游戏场景中引起注意，范围需要变得非常大。

可以自己用代码来测试。在一个简单的 C 或 C++项目中，创建一个浮点并将其赋值为 2.0000003。然后，要么在运行时使用调试器检查该值，要么使用 printf()打印出该浮点数值。在这两种情况下，将看到赋值给你的浮点值的值已经捕捉到图 15-6 第二行所示的值。

15.2　案例研究：时间轴动画

所有这些本身就非常有趣，但是与许多其他类型的编程相比，动画更适用于使用着色器编写。这既因为我们经常处理较小的浮点值(16 位或更少)，还因为即使处理全精度

浮点数，任何精度损失都可能在渲染中表现出非常明显的问题。为了理解我的意思，考虑代码清单 15-1 所示的顶点着色器。

代码清单 15-1　随时间变化的顶点着色器

```
#version 410

layout (location = 0) in vec3 position;
uniform mat4 mvp;
uniform float time;

void main() {
    vec3 finalPos = position + vec3(0,sin(time),0); ❶
    gl_Position = mvp * vec4(finalPos, 1.0);
}
```

此顶点着色器将使用位于❶的 sin()函数使网格随时间上下波动。这是第一次看到着色器中使用的 sin()函数，但是它完全和 C++中的 sin()函数一样：不管将什么值传递给该函数，它都会返回一个-1 到 1 之间的值。sin()函数的输出是一条正弦曲线，因此可以从图 15-7 所示的图形形象地看出 sin 函数的输入和输出。

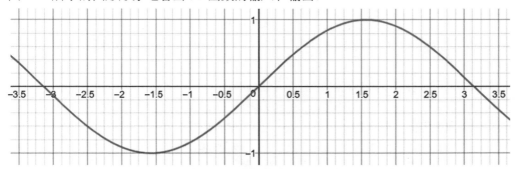

图 15-7　正弦曲线的图形，sin()函数的输出。此曲线沿 X 轴无限重复

如果你设置了一个快速的示例来测试这个函数(或者运行网上提供的示例)，你将看到它的工作方式与我们预期的完全一样：任何被渲染的物体都将随着时间的推移而上下波动。随着时间值越来越大，问题渐渐开始浮现。如果时间值从 0 开始，并且随着演示的运行而增加，我们不会发现任何问题，但如果将时间值从一个较大的数字开始，比如 131 072(即 2^{17})，以前平滑的动画开始变得不稳定。这是因为当时间值变大时，它所具有的精度就会降低，而当一个足够大的数字时，精度会下降很多，以至于无法准确地表示时间在一帧到下一帧之间的差异。需要注意的是，着色器仍然可以正常工作，但输入的内容似乎有问题。代码清单 15-2 显示了一个 draw()函数，它被设置为会立即引起问题。

请注意，时间变量的起始值很大。

代码清单 15-2　糟糕的 draw()函数

```
void ofApp::draw(){
    using namespace glm;

    static float t = 1310729999;
    t += ofGetLastFrameTime();

    mat4 proj = perspective(radians(90.0f), 1024.0f / 768.0f, 0.01f, 10.0f);
    mat4 view = inverse(translate(vec3(0,0,10.0f)));
    mat4 mvp = proj * view;

    moveCubeShader.begin();
    moveCubeShader.setUniformMatrix4f("mvp", mvp);
    moveCubeShader.setUniform1f("time", t);
    cube.draw();
    moveCubeShader.end();
}
```

这个示例有些虚构，但即使在大型项目中工作，这类动画故障也很常见。在我的职业生涯中，这些类型的问题都出现在水着色器、使按钮带有脉冲颜色效果的着色器，甚至使树木的叶子动起来以使其看起来在风中摇曳的着色器等问题上。每当你编写依赖于稳定增加的统一变量值的着色器时，都需要担心该统一变量的精度。诸如此类的精度问题的棘手之处在于，如果你通过小批量测试来测试游戏，你就不会发现它们。相反，你要么强制着色器输入较大的数字进行测试，要么让游戏在空闲状态下运行足够长的时间，以使输入变量增加到足够大的值，就像玩家可能会让自己的游戏闲置了一个夜晚，然后在早上醒来继续玩游戏。

解决这类问题有时有点棘手。如果你有幸拥有一个随时间不断重复的动画(比如 sin()函数)，那么你需要准确计算出动画完全完成一次迭代所花费的时间。有时将其称为函数的"周期"，如果你搜索 sin()的周期，你会发现它等于 $2 \times PI$。一旦知道动画的周期，就可以使用 fmod()函数相应地调整输入。这是代码清单 15-2 中的 draw()函数，修改后可以正确地处理着色器动画的周期。见代码清单 15-3。

代码清单 15-3　不那么糟糕的绘制函数

```
void ofApp::draw(){
    using namespace glm;

    const double two_pi = 2.0 * 3.14159;

    static double t = 1310729999; ❶
    t += ofGetLastFrameTime();

    mat4 proj = perspective(radians(90.0f), 1024.0f / 768.0f, 0.01f, 10.0f);
    mat4 view = inverse(translate(vec3(0,0,10.0f)));
    mat4 mvp = proj * view;

    moveCubeShader.begin();
    moveCubeShader.setUniformMatrix4f("mvp", mvp);
    moveCubeShader.setUniform1f("time", fmod(t, two_pi)); ❷
    cube.draw();
    moveCubeShader.end();
}
```

在此更新过的示例中最重要的一点是，修复的核心是提高时间变量(见❶)的精度。由于无法在不破坏该变量用途的情况下减去或重置时间值，因此，唯一的选择是增加用于存储该变量的位数。double 是 64 位的浮点数，对于我们的目的来说，它有足够的精度。可以按原样将这个双精度值传递给着色器。GLSL 实际上有一个 double 数据类型，但是很多 GLSL 函数不支持双精度值，这使得它们难以使用，而且在实际中也不常见。

相反，可以利用动画的周期来调整传递到着色器的值，使用 fmod()函数(见❷)。如果你不熟悉 fmod()，我简单介绍一下，它所做的只是将第一个参数除以第二个参数，然后返回剩余的值，就像求模运算符(%)所做的那样，除了这里使用浮点值。这将保持着色器的输入足够低以保持精度，同时不会在视觉效果中引入任何问题，因为每次动画都会重置值。

在下一节中，我们将看到这类问题的一些更复杂的示例，但是任何类型的精度问题的解决方案总是非常相似的：要么减小所使用的值的大小(就像刚才使用 fmod 那样)，要么提高出问题的值的精度。

15.3   使用低精度变量

虽然这本书的重点是为桌面 PC 上运行的游戏编写着色器，但移动游戏变得越来越流行，而为这些设备编写着色器时，精度是一个更重要的问题。考虑到本章都是关于精度与着色器编写的关系，我想从桌面着色器的世界中转移一下话题，讨论精度如何在移动设备上工作。

当涉及每个不同的移动 GPU 如何实现低精度浮点数时，手机上的状况有些混乱。这些设备的 GPU 制造商除了要考虑硬件的性能外，还要考虑功耗、发热量以及物理硬件的尺寸大小。影响这些功能的一个因素是它们的 GPU 支持多少浮点数精度。除了使用给常规浮点的位数外，移动 GPU 还定义了可在着色器中使用的两种新型浮点数据类型：半精度(half precision)和低(或"固定")精度值。它们的比特数甚至比"全"精度的常规浮点数还要少，但是对于移动 GPU 来说，速度要快得多。在 GLSL 中，可以通过在变量声明前面添加 highp、medium 或 lowp 来选择 3 种类型的浮点类型，如代码清单 15-4 所示。请注意，还可以为向量和矩阵指定精度限定符，它将指定构成该数据类型的每个浮点数的精度。

代码清单 15-4   如何声明不同精度的浮点值

```
highp float fullPrecision;
mediump vec3 halfPrecision;
lowp mat4 lowPrecision;
```

这些浮点变量的新前缀被称为精度限定符，需要注意的是，如果你在为桌面 GPU 编写着色器时尝试使用它们，它们几乎总是会被忽略(唯一值得注意的例外是，如果你为 WebGL 编写着色器，WebGL 是在 Web 浏览器中运行的 OpenGL 版本)。但是，在支持它们的平台上(比如移动电话)，这些限定符允许你在 3 种非常不同的浮点数据类型之间进行选择。这些类型的最小保证范围和精度取决于程序正在运行的 OpenGL 版本。通常，支持这些限定符的平台使用 OpenGL 的一个子集 OpenGL ES。图 15-8 中显示的值来自 OpenGL ES 3.0 规范，如果要使用其他 API 版本，则该值会有所不同。

数据类型	范围位数	偏移位数	范围
"highp" or "full precision"	8	23	$-2^{126}, 2^{127}$
"mediump" or "half precision"	5	10	$-2^{14}, 2^{14}$
"lowp" or "fixed precision"	1	8	$-2^1, 2^1$

图 15-8   3 种不同类型的浮点数变量

需要注意的是，图 15-8 中的范围和偏移位的数量是每种数据类型的"保证"位数，最后一列中列出的范围是 GPU 必须给该数据类型的最小范围，以符合标准。对于每种数据类型，手机都可以自由实现超过这一最低精度要求的精度，很多手机都可以实现。例如，在新一代 iPhone 中，GPU 将所有低精度值视为半精度值，因为这些 GPU 是为处理半精度数字而优化的。这就是为什么你有时会遇到一个着色器，它在某些手机上工作正常，但在其他手机上却存在精度问题；每个移动 GPU 实现其浮点数的方式都有所不同。

值得一提的是，lowp 数据类型有点奇怪，因为它只有 1 个范围位。这是因为规范只要求 lowp 值能够表示−2 和+2 之间的数字，精度恒定为 8 位(接近 2 时不会造成精度损失)。这意味着 lowp 浮点值根本不是真正的浮点值，因为它们在其范围内的精度是固定的(因此也称为"固定精度")。

所有这些都使得发现和处理精度问题变得更加重要，也更加复杂，因此，让我们看看另一个案例研究，以了解精度较低的变量如何导致游戏的视觉效果出现问题。

15.4　案例研究：点光源问题

我们将要研究的第一个着色器是使用了一个平行光和一个点光源的着色器。在关卡中，点光源的位置设置为(0,5,0)。如果将几何体放置在点光源附近，则场景将正确渲染。但是，如果将几何体放置在离关卡灯光位置很远的地方，例如在距离它大约 300 个单位的位置，则场景看起来出现严重错误。可以在图 15-9 中看到这两种情况。

图 15-9　场景在点光源附近时的渲染效果，以及场景离点光源非常远时的渲染效果

这个着色器在游戏引擎(使用桌面 GPU)的编辑器中运行时完全正确，但是当部署到手机上时，出现了严重渲染错误。当你遇到只有在部署到移动设备时才会出现问题的着

色器时，精度问题应该是你开始寻找的首要问题之一。在本例中，导致问题的片元着色器只使用了半精度变量，如代码清单 15-5 所示。为了节省篇幅，省略了点光源和平行光的结构定义，以及 diffuse() 函数的函数体，因为它与我们前面使用的相同。

代码清单 15-5　有问题的着色器

```
#version 410

precision mediump float; ❶

uniform DirectionalLight dirLight;
uniform PointLight pointLight;
uniform vec3 cameraPos;
uniform vec3 ambientCol;
uniform vec3 meshCol;

in vec3 fragWorldPos;
in vec3 fragNrm;

out vec4 outCol;

void main() {
    vec3 nrm = normalize(fragNrm);
    vec3 viewDir = normalize( cameraPos - fragWorldPos);

    vec3 finalColor = vec3(0,0,0);

    float dirDiffAmt = diffuse(dirLight.direction, nrm);
    finalColor += dirDiffAmt * dirLight.color * meshCol;

    vec3 toLight = pointLight.position - fragWorldPos;
    vec3 lightDir = normalize(toLight);
    float distToLight = dot(toLight, toLight); ❷
    float falloff = max(0.0,1.0 - (distToLight / pointLight.radius));
    float pointDiffAmt = diffuse(lightDir, nrm) * falloff;
    finalColor += pointDiffAmt * pointLight.color * meshCol;

    outCol = vec4(finalColor + ambientCol, 1.0);
}
```

这个着色器中唯一的新内容是在❶处的代码行。这是一种简写："除非另有说明，否则使用此着色器中的每个浮点数都是半精度(或中等精度)浮点。"如果没有这行代码，将不得不把 mediump 添加到每个声明的变量前，以便指示着色器使用半精度值。这一行之后的代码，实际上是在第 12 章中所写的着色器的精简版本，除了这里只处理了漫反射光照，这意味着我们不必花费太长时间来理解发生了什么，以便直接查明精度出了什么问题。

查看代码清单 15-5 中的着色器，最明显的出错地方是将片元的世界位置或光源的位置设置为超过半精度变量范围的值。这很危险，因为超过浮点数值的范围会导致该值被设置为无穷大(或负无穷大)，这可能会在之后的数学运算中导致出现各种问题。对我们来说遗憾的是，即使在我们的问题案例中，一切都在我们应该能够代表的范围内。这意味着，如果我们的问题与精度有关(我们能猜到本例中肯定是的，因为本章的主题是精度)，那么问题一定是着色器所执行的一些数学运算最终得到的值要么太小，要么太大。

关于这个场景中出现的问题的真正线索来自这样一个事实，即只有当几何体位于远离点光源的位置时才会出现问题，这意味着应该在计算片元距离的所有地方查看。由于这是点光源着色器，需要获得该距离值来计算衰减(如❷处所示)。正如在第 14 章 "优化着色器" 中看到的，为了避免执行代价高昂的 length() 操作，该着色器使用点光源和当前片元之间的距离平方(而不是实际距离)来计算衰减值。这对于性能非常有用，但意味着距离值甚至可以在场景中的物体远离原点之前就可能超过全精度浮点数的范围。如果回头查看图 15-8 中的表，可以看到能够存储在半精度数字中的最小保证值是 2^{14}，即 16384。2^{14} 的平方根是 2^7，这意味着一旦片元距离世界原点大于 128 个单位，片元的距离平方值就超过了半精度浮点数的保证范围，当在❷处计算点积时，着色器可能就引入了有问题的值。

这并不一定意味着正好 256 的值会导致视觉问题。由于不同手机上的 GPU 和驱动程序之间存在差异，你可能要等到距离值大得多后，才能看到问题。而在某些手机上，直到你的值足够大到超过全精度浮点变量时，才可能看到问题。不同型号的移动 GPU 之间处理精度的方式存在很大的差异，这就是为什么在制作手机游戏时测试尽可能广泛的硬件是很重要的：仅仅因为在一部手机上一切正常并不意味着在其他手机上也会一样。

对于该案例研究着色器，将通过将距离值的精度提高到 highp float 来解决这个问题，如代码清单 15-6 所示。

代码清单 15-6　指定距离变量的精度

```
highp float distToLight = dot(toLight, toLight);
```

但是，这还不是全部，因为现在我们有一堆数学运算，它们将尝试使用这个高精度变量来生成新的半精度值，如果这个高精度浮点值导致这个数学运算结果的值对于

mediump 着色器的其余部分来说太大，那么事情仍然可能会出错。在我们的例子中，只在计算光的衰减(falloff)时使用 distToLight 变量，falloff 应该保持在 0～1 的范围内(如果试图在该数学运算中使用无穷大的 distToLight，尽管仍会破坏这里的计算)，因此我们很清楚了，但在很多情况下，事情并不是那么简单。每当你开始更改某个值的精度时，务必仔细考虑以后如何使用该值，以确保你不只是将精度问题更深地引入着色器代码中。

将在这里结束关于降低变量精度的讨论，因为本书并不是完全针对移动着色器开发的。所有这些(事实上是整章)的要点是，了解要发送到着色器的数据，并确保用于存储和操作这些数据的数据类型具有足够的精度。

有了这些最后的建议，是时候放下关于精度的讨论，开始研究如何在常用的几个游戏引擎中使用迄今为止学到的所有知识。每种引擎处理着色器的方式都有点不同，但是现在我们已经在游戏图形学上有了扎实的基础，并且了解了如何编写着色器代码，那么对于你来说，上手你选择的引擎并开始开发着色器应该不会太难。接下来的 3 章(书中的最后几章!)将提供一个简短的指南，帮助你开始使用目前最流行的 3 个游戏引擎: Unity、UE4 和 Godot。如果你只对这些引擎中的其中一个感兴趣，则可以直接跳到你所需的引擎，但是每一个引擎都以自己的方式处理事情，对每一个引擎都有一点了解也会很有用。因此，如果你只使用一个引擎，或者没有具体讨论你所选择的引擎，不要觉得这些章节对你来说毫无用处。

15.5　小结

以下是本章介绍的内容:

- 小数作为"浮点数"存储在着色器中。
- 浮点数使用固定数量的位表示较大范围的值。由于这种实现方式的性质，它们不能准确地表示每个数字。随着所存储值的增加，这种精度损失变得更加明显。
- 使用非常大的值时，这种精度损失可能会在渲染中表现为视觉瑕疵。我们展示了一个着色器示例，该着色器随着时间值的增加而出现动画问题。
- 某些平台允许着色器指定浮点值所需的精度，以便进行优化。精度越低意味着存储值所需的位数越少，计算速度也越快。
- 在处理较小的浮点数据类型时，务必确保了解计算结果的可能值范围，以避免与精度相关的错误。

第 16 章

在 Unity 中编写着色器

我们要研究的第一个引擎是 Unity。Unity 是一个非常强大而灵活的平台，可以用来构建游戏，并且是我个人制作新的着色器或图形技术原型最喜欢的环境。但 Unity 是一个非常复杂的引擎，本章并不是如何使用 Unity 的基础教程，只是介绍如何为它编写着色器。如果你想学习如何使用 Unity，但以前从未使用过，建议你在尝试学习本章内容之前先在线阅读一些教程，否则你可能会有点迷茫。虽然你不需要成为 Unity 专家就可以开始为引擎编写着色器，但你至少需要能够使用 Unity 编辑器并在屏幕上显示物体。

关于 Unity 的这一章将分为 3 节。首先介绍 Unity 如何处理着色器资源。之后，将快速查看 Unity 提供的标准着色器，最后，将深入研究如何编写与引擎一起工作的着色器。

16.1　Unity 中的着色器和材质

游戏引擎为你做的最重要的事情之一就是为游戏内容提供一个资产管理系统。各个引擎的实现方式略有不同，因此了解你选择的引擎如何决定存储游戏将使用的数据非常重要。为此，我们对 Unity 的两种类型的资源感兴趣：着色器和材质(Material)。

毫不奇怪，着色器是存储项目中将用于在屏幕上渲染物体的实际着色器代码的资源类型。但是，Unity 的着色器资源还包含如何设置渲染物体的图形管线的信息，以及有关着色器期望输入的元信息(meta information)。如果你回顾第 12 章中编写的演示程序，可能会记得我们每个不同的网格都需要自己的函数来设置网格的图形管线。这些函数包括设置深度比较函数和指定混合方程之类的内容。在 Unity 中，这些类型的任务在着色器资源本身中处理。我们将在本章了解如何完成此操作。

Unity 不直接将着色器应用于网格，而是使用第二种资产类型，称为"材质"，它包含一个着色器和该着色器的所有输入。Unity 的材质可以为你节省大量时间，因为它们允许你指定着色器将使用的所有输入，而无须编写代码来渲染游戏中的每种特定类型的物体。

这些资产实际应用于物体以定义其视觉外观。

在 Unity 中创建材质非常简单，只需要单击项目面板中的 Create 按钮，然后从下拉菜单中选择 Material。即使你没有编写任何着色器代码，Unity 附带了许多内置着色器供你使用，你可以选择其中任何一个作为材质资源使用。默认情况下，你创建的材质将被指定为 Unity 的"Standard(标准)"着色器，但有许多不同的着色器可供选择，而无须打开着色器编辑器。这些内置着色器的代码可以从 Unity 的网站下载。

不过，使用内置着色器并不是我们本书的目标。我们要编写自己的、完全手工制作的着色器！为此，再次选择 Create 按钮，这次导航到 Shader 子菜单。此菜单有 4 个选项，你选择哪个选项取决于要开始编写的着色器类型。我们将从尽可能空白的开始，因此选择 Unlit Shader 选项。这将在项目面板中创建一个新的着色器资源。如果你打开这个文件，会看到 Unity 已经添加了很多代码。将删除其中的大部分以便从头开始，但是在此之前，可以使用此默认代码讨论 Unity 着色器的结构。

16.2　ShaderLab 简介

Unity 中的所有着色器均使用所谓的 ShaderLab 语法编写。ShaderLab 是 Unity 的自定义数据格式，它封装了管线设置、着色器代码以及有关着色器期望的统一变量的信息。如果从新的 Unlit shader 文件中删除所有真正的着色器代码，那么剩下的文本就是使一个简单着色器正常工作所需的所有 ShaderLab 数据，类似于代码清单 16-1 所示。仅这几行代码中就有很多新内容，因此在开始编写着色器之前，查看这些样板代码的含义。

代码清单 16-1　删除了着色器逻辑的简单 Unity 着色器

```
Shader "Unlit/SolidColor" ❶{
    Properties ❷{
        _MainTex ("Texture", 2D) = "white" {}
    }
    SubShader ❸{
        Tags { "RenderType"="Opaque" }
        LOD 100

        Pass{ ❹
            CGPROGRAM

            //真正的着色器代码在这里

            ENDCG
```

```
            }
        }
    }
```

首先，需要为 Unity 中的所有着色器指定一个名称，以便它们可以显示在下拉菜单中，让你选择材质使用的着色器。可以在任何着色器文件(❶)的第一行进行设置。着色器文件中的其余数据包含在着色器名称声明下方的一组花括号中。通常，在 Unity 着色器中，接下来会看到的是 Properties(属性)块(❷)。本部分允许你定义着色器统一变量，可以在实际的 Unity 编辑器中使用 Unity 材质 GUI 进行设置(如图 16-1 所示)。"属性"块还允许你为这些统一变量指定默认值，这非常方便。需要注意的是，Properties 块实际上并没有声明着色器统一变量。你仍然必须在着色器代码中声明。它只是向 Unity 编辑器提供有关这些统一变量的信息。

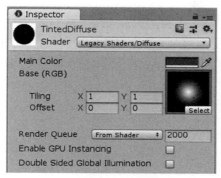

图 16-1　具有许多可修改属性的材质

在 Properties 块之后，Unity 中的着色器将包含一个或多个 SubShader 块(❸)。每个 SubShader 块将包含一个或多个完整着色器的代码以及有关它们的一些信息。当 Unity 尝试渲染物体时，它将选择使用包含用户机器第一个可以运行的着色器的 SubShader 块。示例着色器都将只包含一个 SubShader 块，但如果你正在编写一个可以在多个平台上运行的游戏，可以编写专门针对每个平台定制的自定义着色器。Unity 通过支持多个 SubShader 块提供了这种灵活性。

最后，在每个 SubShader 块中，都会有几行有关该着色器的信息，比如它是不透明的还是半透明的，以及该着色器应该与哪个 LOD 级别一起使用；然后会有一个或多个 Pass 块(❹)。每个 Pass 块将包含一个完整着色器的源代码，并且当使用 SubShader 时，将为该 SubShader 中与引擎设置的当前使用标志相匹配的每个 Pass 渲染一次正在渲染的物体，并按顺序执行。这对于进行多 Pass 渲染非常方便，就像我们在第 12 章中所做的那样，每种类型的光源都需要一个不同的着色器来照亮物体。在 Unity 中，可以在一个着色器中将各种不同类型的灯光编写为不同的 Pass。我们将在本章后面看到一个示例。

代码清单 16-1 中有一个注释，它表示一个 Pass 的着色器代码必须位于标签 CGPROGRAM/ENDCG 之间。这是因为 Unity 着色器通常是用 CG 着色器语言而不是 GLSL 编写的。CG 是一种高级着色器语言，可以转换为 Unity 应用程序可能使用的任何平台或特定 API 着色器语言(HLSL、GLSL、Metal 等)。从技术上讲，在 Unity 中编写 GLSL 着色器是可以的，但是你失去了 CG 提供的所有跨平台的可移植性，因此在 Unity 项目中看到纯 GLSL 是比较少见的。如果你真的愿意，可以用 GLSLPROGRAM/ENDGLSL 替换 CGPROGRAM/ENDCG 标签，但仍然需要记住许多 Unity 特定的内容，因此我建议在 Unity 项目中尝试使用 GLSL 之前先通读 Unity 文档。

我们将遵循惯例，使用 CG 编写着色器。幸运的是，CG 编程语言与 GLSL 非常相似，因此切换到使用它不需要做太多的工作。

16.3 纯色着色器

现在我们已经大致了解了 ShaderLab 的工作原理，让我们看看 Unity 中一个非常简单的着色器会是什么模样。将编写一个着色器，它接收一个 vec4 统一变量，并将每个片元设置为存储在 vec4 中的颜色。首先，如果没有实际的 CG 着色器代码，ShaderLab 代码会是什么模样。如代码清单 16-2 所示。

代码清单 16-2　用于 SolidColor 着色器的 ShaderLab

```
Shader "Unlit/SolidColor"{
    Properties{
        _Color ("Color", Color) = (1,1,1,1)
    }
SubShader{
        Tags { "RenderType"="Opaque" }
        LOD 100

        Pass{
            CGPROGRAM
            //实际的着色器代码在这里
            ENDCG
        }
    }
}
```

这几乎与开始时使用的 ShaderLab 代码完全相同，除了 Properties 块外，该块现在包含了着色器将要使用的 _Color 统一变量的信息。在本例中，告诉 Unity 这个统一变量的名字是 Color，希望它代表一种颜色而不是一个常规向量，并且这个统一变量的默认值应该是白色(1,1,1,1)。当着色器完成后，这个属性块将生成一个如图 16-2 所示的材质 GUI。请注意，有两个属性[Render Queue(渲染队列)和 Double Sided Global Illumination(双面全局光照)]会自动添加到每个着色器。暂时将其忽略，但在本章后面将讨论 Render Queue 属性。

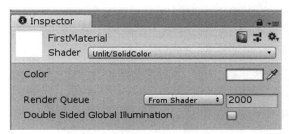

图 16-2　材质的 Unity 编辑器图形用户界面。注意，统一变量有一个颜色选择器，
因为我们指定了它将存储颜色数据

有了这些，现在看看在 SubShader 的 pass 中，将在 CGPROGRAM/ENDCG 标签之间放置什么内容。这是第一次查看 CG 着色器代码，将逐步进行介绍。首先，查看 CG 着色器的结构，如代码清单 16-3 所示。

代码清单 16-3　CG 着色器的骨架

```
CGPROGRAM
#pragma vertex vert ❶
#pragma fragment frag

v2f vert (appdata v) ❷ {
    //顶点着色器逻辑在这里
}

float4 frag (v2f i) : SV_Target ❸{
    //片元着色器逻辑在这里
}
```

GLSL 和 CG 最大的区别之一是 CG 将顶点和片元程序的代码合并到一个文件中。这节省了多余的输入操作，因为你只需要在一个地方定义统一变量，但这意味着需要在程序中添加几行代码，以指定哪个函数是顶点程序的主函数，哪个函数是片元程序的主

函数。在代码清单 16-3 中可以看到，着色器(见❶)的第一行正是这一用途。❶处的 pragma
声明，名为 vert 的函数将是顶点程序的 main()，frag 将是片元程序的 main()。在谈论 CG
着色器时，你经常会听到术语"顶点函数"和"片元函数"，因为顶点着色器和片元着色
器位于同一个程序中，并以函数表示。不过，不要被命名差异弄糊涂了，在引擎之下，
最终还是有两个独立的着色器。

将两个着色器合并到一个文件中意味着可以共享代码和统一变量，但这也意味着
GLSL 样式的 in 和 out 变量没有多大意义。相反，CG 着色器定义结构来表示在不同管线
阶段之间发送的数据。在代码清单 16-3 中，vertex 函数将以 appdata 类型的结构形式接
收它的输入，并通过返回 v2f 类型的结构(顶点到片元)将数据发送给片元函数。这也意味
着 CG 中的着色器函数实际上会有 return 语句，而不是像我们在 GLSL 中那样写入输出
变量。不要被新语法弄糊涂了，这只是表面上的改变。每个着色器函数使用的数据类型
将与 GLSL 基本相同。顶点函数的输入将是诸如顶点位置、法线和 UV，而片元的输入
将是我们决定顶点着色器应该发送给它的任何内容。代码清单 16-4 显示了着色器将要使
用的两个结构。

代码清单 16-4　着色器函数的 I/O 数据类型

```
struct appdata
{
    float4 vertex : POSITION; ❶
};

struct v2f {
    float4 vertex : SV_POSITION; ❷
};
```

由于着色器只是要从片元函数输出一个纯色，因此没有太多的数据可以传递。对于
顶点函数的输入，需要的唯一数据是顶点位置，如❶处所示。请注意，在 CG 中，有些
变量在声明时末尾带了"语义(semantics)"标识，以表示它们的用途或来源。在❶中，
POSITION 语义标志表示顶点变量应接收顶点位置。我们将位置数据存储在 float4 变量
中，而不使用 vec4。与 GLSL 不同，GLSL 使用诸如 highp 和 mediump 这样的精度限定
符来指定所有 vec 数据类型的精度，而 CG 的类型在名称中直接包含了精度。因此，CG
中与"highp vec4"等价的是 float4。同样，"mediump vec3"等价于 half3，"lowp vec2"
等价于 fixed2。为了简单起见，我们将所有值都保留为高精度变量，但由于 Unity 在移
动游戏中的应用非常广泛，因此，在网上找到的着色器或在资产商店里购买的着色器上
经常会看到 half 和 fixed 的数据类型。

顶点着色器输出结构 v2f 也需要一些解释。与 GLSL 不同的是，在 GLSL 中将顶点

位置写入 gl_Position，然后再也不用关心它，但是在 CG 中，需要显式地将顶点位置传递给片元着色器。通过创建一个成员变量(几乎总是一个 float4)并用语义"SV_position"将其标记为顶点位置变量。"SV_"代表"系统值(system value)"，在 Unity 的 CG 着色器中，它们通常仅用于标记将由图形管线的非着色器部分读取的数据。在顶点位置的情况下，这些数据最终将被管线的"形状组装"和"光栅化"阶段读取，这两个阶段发生在片元着色器开始运行之前。在图 16-3 中包含了我们的图形管线图作为参考。将在后面看到，包含在顶点输出结构中的其他数据(我们希望片元着色器读取这些数据)将不需要 SV_语义。

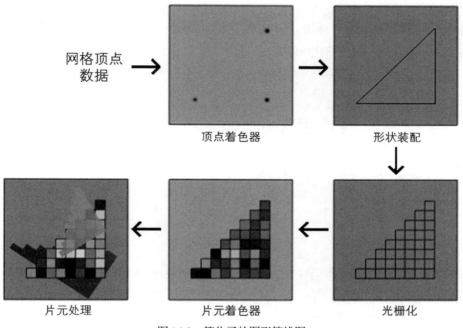

图 16-3　简化了的图形管线图

了解了结构，让我们看一下顶点函数的主体，如代码清单 16-5 所示。

代码清单 16-5　CG 顶点函数的主体

```
v2f vert (appdata v)
{
    v2f o;
    o.vertex = mul(UNITY_MATRIX_MVP, v.vertex); ❶
    return o;
}
```

除了返回一个值而不是写入 gl_Position 外，此函数的主体应该看起来很像我们在 GLSL 中编写的顶点着色器。着色器需要执行的唯一逻辑就是将网格顶点位置转换为裁剪空间(clip space)，就像之前一样，我们将通过将顶点位置乘以网格的模型视图投影矩阵来实现这一操作。Unity 通过统一变量 UNITY_MATRIX_MVP 自动为每个物体提供 MVP 矩阵，因此不需要在着色器代码中声明它或在项目中动手设置它。

Unity 定义了几个内置的着色器统一变量，这些统一变量自动提供给每个着色器，诸如通用矩阵或全局数据(如游戏时间)。所有这些变量的列表都可以在网上找到(搜索 "Unity Built-In Shader Variables")，但是到目前为止，最常见的一个是我们刚刚看到的模型视图投影矩阵。你还将注意到，将向量乘以矩阵的语法发生了轻微的变化：GLSL 使用重载乘法运算符，CG 使用 mul()函数来实现同样的操作。这只是语法上的区别，在功能上，mul()与 GLSL 中的矩阵乘法相同。

着色器中的最后一段代码是片元函数，如代码清单 16-6 所示。还包括了在 Properties 块中描述的统一变量 Color 值的声明，因为这似乎也是讨论它的最合理的时机。

代码清单 16-6　CG 片元函数

```
float4 _Color; ❶

float4 frag (v2f i) : SV_Target ❷ {
    return _Color;
}
```

在 CG 着色器中声明统一变量非常简单，甚至不需要 uniform 关键字！只需要在结构或着色器函数范围之外声明变量，然后顶点着色器和片元着色器都可以访问该统一变量的值。如❶处代码所示。

片元函数 frag()如❷处所示。你会注意到 frag()的函数签名也有一个系统值语义 "SV_Target"。CG 中的片元着色器可以选择性地写入 SV_Target，这意味着它们将向着色器渲染到的缓冲区写入颜色，也可以写入 SV_Depth(这意味着它们将直接写入深度缓冲区)。在 Unity 中看到着色器写入 SV_Depth 比写入 SV_Target 要少得多，因此，除非你确定自己在做什么，否则可以盲目地添加 SV_Target，而不必太担心它。最后，就像顶点函数一样，Unity 中的片元着色器实际上返回它们要写入的颜色值，而不是将其写入输出变量。这意味着片元函数的返回类型始终是颜色类型(尽管通常也会使用 fixed4 和 half4)，并且任何 CG 片元着色器的最后一行都会返回此类型的值。

现在着色器已经编写好了，是时候在 Unity 项目中使用它了。创建新材质并从"着色器选择"下拉列表中选择着色器 "Unlit/SolidColor"。因为我们为_Color 颜色统一变量提供的默认值是白色，所以将此材质放在物体上会使该物体渲染为纯白色。因为在 properties 块中设置了这个统一变量，所以可以使用编辑器 GUI 来更改材质要使用的颜色。例如，将材质设置为输出浅绿色，并将其添加到立方体网格中。结果如图 16-4 所示。此着色器的源代码可以在本章的示例代码文件 SolidColor.shader 中找到。

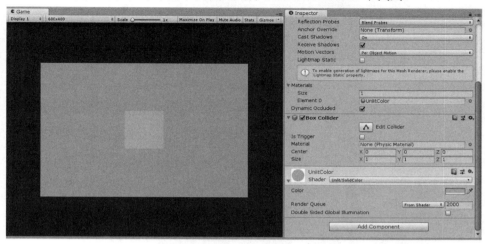

图 16-4　编辑器的屏幕截图，其中的网格添加了 Unlit/Color 材质

16.4　移植 Blinn-Phong 着色器

接下来，将把 Blinn-Phong 着色器移植到 Unity。这将涉及学习许多 Unity 特定的信息，因此将从实现对单个平行光的支持开始。首先，在 Unity 中创建一个新的着色器文件，打开它，然后删除自动生成的所有文本。我们要从头开始编写所有内容。

首先，需要命名着色器(我选择了"BlinnPong")，并为统一变量设置属性块。Blinn-Phong 着色器使用 4 种纹理作为输入：漫反射贴图、法线贴图、镜面贴图和立方体贴图。总之，着色器名称和属性块将如代码清单 16-7 所示。

代码清单 16-7　Blinn-Phong 着色器的前几行

```
Shader "BlinnPhong"
{
    Properties
    {
        _Diffuse ("Texture", 2D) = "white" {}
        _Normal ("Normal", 2D) = "blue"{}
        _Specular ("Specular", 2D) = "black"{} ❶
        _Environment ("Environment", Cube) = "white"{} ❷
    }
}
```

251

Blinn-Phong 着色器还需要一堆统一变量来存储光源信息。幸运的是，Unity 将在默认情况下为我们提供这些，因此不必在这里设置它。

我们已经讨论过 ShaderLab 的属性块，但是我想在代码清单 16-7 中强调两个新的东西。首先，镜面反射贴图的默认纹理设置为全黑而不是全白(见❶)。这是因为镜面贴图中的黑色对应于无法获得镜面照明的区域，而我更倾向于使用默认的镜面贴图使物体完全无光，而不是闪亮。第二，请注意，当指定属性是立方体贴图时，使用 Cube(如❷所示)，而使用纹理类型 3D。3D 纹理与立方体贴图非常不同，不要混淆它们。

属性块已经完成，现在需要设置 SubShader 块。我们将从只含有一个 SubShader 和一个 Pass 开始。这两者都需要一点额外的信息来确保 Unity 知道我们希望如何使用着色器。如代码清单 16-8 所示。

代码清单 16-8　设置 SubShader 和 Pass

```
SubShader{
    Tags { "RenderType"="Opaque" "Queue"="Geometry" } ❶

    Pass{
        Tags {"LightMode" = "ForwardBase"} ❷

        CGPROGRAM
        ENDCG
    }
}
```

第一件事是在 SubShader 的 Tags 块(见❶)中添加了一些信息。此块用于提供有关引擎应如何使用着色器的元数据。在代码清单 16-8 中，添加了 Queue 标签并为其指定了一个值。Unity 绘制网格的顺序部分取决于网格分配到的队列。这是必需的，因为半透明物体需要在绘制完所有不透明物体后才能正确绘制，并且有许多着色器技术可以利用显式指定某些网格的绘制顺序的优势。如果未在 Unity 着色器中指定队列，则假定它是 Geometry 队列，我只是在着色器中明确地指定了队列。

Pass 块也有自己的标签，这里是 LightMode 标签(见❷)。此标签很重要，因为它告诉 Unity 此 Pass 如何与光照系统交互。就像我们在第 12 章中编写多光源着色器光照一样，你可以在 Unity 中设置着色器，以便为不同类型的灯光使用不同的着色器 Pass。ForwardBase 光照模式意味着 Pass 将用作正向渲染中的基础 Pass。基础 Pass 是多光源着色器光照设置的不透明 Pass，就像我们自己构建此系统时一样，是平行光和环境光 Pass。

设置好标签后，就该开始编写 CG 代码了。我们将从设置编译指令开始，以指定 CG 代码中的函数，并定义顶点着色器的输入和输出结构。现在有更多的数据要在着色器之间传递，如代码清单 16-9 所示。

代码清单 16-9　Blinn-Phong 着色器的语法和数据结构

```
CGPROGRAM
#pragma vertex vert
#pragma fragment frag
#include "UnityCG.cginc"
#pragma multi_compile_fwdbase  ❶

struct vIN{
    float4 vertex : POSITION;
    float3 normal : NORMAL;
    float3 tangent : TANGENT;
    float2 uv : TEXCOORD0;  ❷
};

struct vOUT{
    float4 pos : SV_POSITION;
    float3x3 tbn : TEXCOORD0;
    float2 uv : TEXCOORD3;  ❸
    float3 worldPos : TEXCOORD4;
};
```

代码清单 16-9 中有一些新内容。首先，是❶处的 pragma。此 pragma 是 CG 代码，相当于我们为 Pass 指定的 ForwardBase 标签，它只是告诉 Unity 着色器编译器做一些额外的工作，以确保这个着色器代码可以用作 ForwardBase Pass。紧接此 pragma 后面有一个#include 语句，包括了"UnityCG.cginc"，这是一个辅助文件，包含了几个 Unity 特定的着色器函数，将使用这些函数使编程更轻松。

接下来是顶点着色器 I/O 结构：vIN 用于输入顶点着色器的数据，vOUT 表示从顶点着色器发送到管线其余部分的数据。首先讨论 vIN。我们使用了许多新的语义来指定应该为结构中的每个变量分配哪些顶点数据。从功能上讲，这些语义与我们在 GLSL 中手动为变量分配顶点属性相同，只是换了一种包装。然而，有一点不同的是 TEXCOORD0 语义(❷)。Unity 的着色器使用语义 TEXCOORD0 来引用 UV 坐标。语义末尾的零是因为一个顶点可以同时有许多不同的 UV 坐标，所以需要指定我们想要的坐标。

接下来讨论顶点输出结构。和前面一样有 SV_POSITION 值，但是代码清单 16-9 还添加了 TBN 矩阵和片元的 UV 坐标。这两个数据块都被赋予了 TEXCOORD 语义，乍一看可能没有什么意义。实际上，Unity 着色器使用 TEXCOORD 语义在顶点输出结构中指定通用的高精度数据。每个 TEXCOORD 在引擎底层下都是一个 float4，这就是为什么 float3x3 矩阵占据了 3 个插槽，以及为什么 uv 变量需要分配给 TEXCOORD3，而不是 TEXCOORD1。就像 GLSL 中的 out 变量一样，这些值将在片元着色器读取之前进行插值。

现在我们已经掌握了它将要处理的数据类型，是时候讨论顶点函数了。它看起来非常类似于在前几章中进行法线贴图的时候，顶点函数要做的大部分工作是创建一个矩阵，以便正确地变换出法线贴图的法线。唯一的区别是语法上的细微差别和一些 Unity 特有的变量名。如代码清单 16-10 所示。

代码清单 16-10　Blinn-Phong 着色器的顶点函数

```
vOUT vert(vIN v)
{
    vOUT o;
    o.pos = UnityObjectToClipPos(v.vertex); ❶
    o.uv = v.uv;

    float3 worldNormal = UnityObjectToWorldNormal(v.normal); ❷
    float3 worldTangent = UnityObjectToWorldDir(v.tangent.xyz);
    float3 worldBitan = cross(worldNormal, worldTangent);

    o.worldPos = mul(unity_ObjectToWorld, v.vertex).xyz; ❸
    o.tbn = float3x3( worldTangent, worldBitan, worldNormal);

    return o;
}
```

尽管数学运算与将法线贴图添加到 GLSL 着色器时相同，但我们使用的语法非常具有 Unity 风格。首先，使用 Unity 提供的函数 UnityObjectToClipPos() 替换了之前用 MVP 矩阵乘以顶点位置的代码行。这个函数的作用相同，同时还确保了在构建跨平台游戏时处理可能遇到的各种平台相关特性的问题。你会注意到，我们在 ❷ 处还有一个 Unity 特定的函数，它处理矩阵乘法，否则我们将不得不自己实现。有趣的是，目前还没有将位置从物体空间变换到世界空间的函数，因此我们必须自己为 worldPos 变量(见 ❸)进行矩阵乘法。最后，将 T、B 和 N 向量组合到我们所熟悉和喜爱的 TBN 矩阵中，并从顶点函数返回新填充的 vOUT 结构。

代码清单 16-11 显示了着色器的片元函数。请记住，现在只实现 Blinn-Phong 着色器的平行光处理。与之前一样，片元函数的代码片段还包含了在属性块中定义的统一变量的 CG 声明，主要是因为示例代码段中没有更好的地方安放它们。

代码清单 16-11　Blinn-Phong 着色器的片元函数

```
sampler2D _Normal;
sampler2D _Diffuse;
sampler2D _Specular;
samplerCUBE _Environment;
float4 _LightColor0;

float4 frag(vOUT i) : SV_TARGET
{
    //公共向量
    float3 unpackNormal = UnpackNormal(tex2D(_Normal, i.uv)); ❶
    float3 nrm = normalize(mul(transpose(i.tbn), unpackNormal));
    float3 viewDir = normalize(_WorldSpaceCameraPos - i.worldPos); ❷
    float3 halfVec = normalize(viewDir + _WorldSpaceLightPos0.xyz);
    float3 env = texCUBE(_Environment, reflect(-viewDir, nrm)).rgb;
    float3 sceneLight = lerp(_LightColor0, env + _LightColor0 *
    0.5, 0.5); ❸

    //光量
    float diffAmt = max(dot(nrm, _WorldSpaceLightPos0.xyz), 0.0);
    float specAmt = max(0.0, dot(halfVec, nrm));
    specAmt = pow(specAmt, 4.0);

    //采样贴图
    float4 tex = tex2D(_Diffuse, i.uv);
    float4 specMask = tex2D(_Specular, i.uv);

    //计算镜面颜色
    float3 specCol = specMask.rgb * specAmt;

    //合并光源和环境光的数据
    float3 finalDiffuse = sceneLight * diffAmt * tex.rgb;
```

```
float3 finalSpec = specCol * _ sceneLight;
float3 finalAmbient = UNITY_LIGHTMODEL_AMBIENT.rgb * tex.rgb; ❹

return float4( finalDiffuse + finalSpec + finalAmbient, 1.0);
}
```

除了明显的语法差异外，此函数中还有很多 Unity 特定的内容。首先，就像我们编写 GLSL Blinn-Phong 着色器一样，需要从法线贴图中解压法线向量。在 GLSL 代码中我们手动完成了这项工作，但是 Unity 提供了 UnpackNormal()函数(如❶所示)来处理这个问题。这很重要，因为这意味着如果 Unity 决定在某些平台上以不同的方式在法线贴图中编码法线向量，就不必更改着色器代码。处理法线向量的另一个非常重要的区别是 CG 中的矩阵数据类型逐行存储其数据，这与 GLSL 的情况相反，后者逐列存储数据。为了校正这个问题，需要用 transpose(i.tbn)而不是常规的 TBN 矩阵来乘以法向量。transpose() 函数的作用是：返回一个新矩阵，它的列是原始矩阵的行。图 16-5 显示了 transpose()函数的一个简单示例。

$$transpose(\begin{bmatrix} 0 & 1 & 2 \\ 3 & 4 & 5 \\ 6 & 7 & 8 \end{bmatrix}) = \begin{bmatrix} 0 & 3 & 6 \\ 1 & 4 & 7 \\ 2 & 5 & 8 \end{bmatrix}$$

图 16-5　transpose()函数的作用

代码清单 16-11 中"公共向量"部分的其余代码应该与旧着色器非常相似，只使用了一些新变量：_WorldSpaceLightPos0 和_WorldSpaceCameraPos(❷)。这两个变量由 Unity 自动提供给我们，因此我们不必手动将它们传递到着色器中。值得注意的是，当处理平行光时，就像当前着色器中一样，_WorldSpaceLightPos0 指的是灯光的方向。

这个函数的核心几乎与 GLSL Blinn-Phong 着色器完全相同，这是因为 CG 和 GLSL 在语法方面没有太大区别，而且 Blinn-Phong 光照的数学是相同的，无论使用哪种着色器语言。一个显著的语法差异是 CG 版本的 mix()函数称为 lerp()，你可以看到它在❸中使用。但是，除了名称外，该函数与 mix()相同。此外，一些光照计算使用了 Unity 提供的另外两个变量：_LightColor0 和 Unity_LIGHTMODEL_AMBIENT(见❹)。这些变量分别存储当前灯光的颜色和当前场景的环境光。函数的结尾是返回片元的颜色，而不是像本章之前所介绍的写入 out 变量。

准备好所有这些，你应该能够使用这个着色器在 Unity 中重新创建我们在 openFrameworks 应用程序中使用的盾牌网格。如果从以前的演示程序中导入纹理和网格，并在 Unity 场景中使用新的着色器进行设置，最终应该得到类似于图 16-6 的结果。本章的示例代码包含一个完整的 Unity 项目，它应该完全如图 16-6 所示，因此，如果你遇到困难，请查看第 16 章示例中的 BlinnPhong 项目。

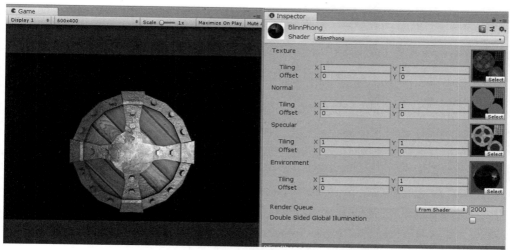

图 16-6　使用 Blinn-Phong 着色器在 Unity 中渲染盾牌网格

我们将在此着色器中添加对多个点光源和聚光灯的支持，来结束本章的内容，但首先我想快速绕道，转而讨论如何在 Unity 中编写半透明材质，因为掌握它之后可以更容易地理解以后需要编写的多光源代码。

16.5　Unity 中的半透明着色器

在 openFramework 中，当我们想要渲染半透明物体时，在发出一个绘制调用之前，必须在 C++代码中设置该物体使用的混合模式。在 Unity 中，着色器所需的混合模式可以在该着色器的代码中指定。我们要做的就是将 SubShader 的 queue 标签设置为 Transparent，并在每个 Pass 中指定一个混合函数。代码清单 16-12 显示了用于此操作的 ShaderLab 代码，它展示了如何创建一个半透明着色器，将物体渲染为纯色。

代码清单 16-12　半透明着色器的 ShaderLab 代码

```
Shader "AlphaBlendColor"{
    Properties{
        _Color("Color", Color) = (1.0,1.0,1.0,1.0)
    }
    SubShader{
        Tags {"Queue" = "Transparent"}
        Pass{
            Blend SrcAlpha OneMinusSrcAlpha ❶
```

```
        CGPROGRAM
        //输出 _Color 的着色器
        ENDCG
     }
   }
 }
```

除了简单地展示 ShaderLab 语法外，代码清单 16-12 也是我们第一次看到用混合方程表示的混合模式(❶)。在 openFrameworks 中，我们想要使用的两个混合方程被设置为预设：OF_BLENDMODE_ALPHA 和 OF_BLENDMODE_ADD。Unity 不提供类似的预设，而是要求填写我们想要使用的实际混合方程式。我们在第 4 章讨论了如何阅读混合方程，如果你对 "SrcAlpha OneMinusSrcAlpha" 指的是什么有点生疏的话，请花点时间回顾一下第 4 章的相关内容。

我不打算在这里填写 CG 代码，因为它与我们在本章中编写的第一个着色器相同，它返回了一个纯色。唯一不同的是，现在该颜色的 alpha 通道将产生真正的变化，因为已经设置了队列和混合方程式来使用它。这就是在 Unity 中制作半透明着色器的全部内容，这意味着我们已经准备好返回到 Blinn-Phong 着色器，然后完成添加对多个光源的支持。

16.6　处理多个光源

就像第 12 章中所做的那样，我们将为 Blinn-Phong 着色器添加对任何数量的附加光源的支持，方法是对照射在物体上的每个灯光发出一个 draw 调用，并混合每个调用的结果。我们已经有了处理单个平行光的基本 Pass，现在将在该着色器的基础上构建。

与其编写一个全新的着色器，不如将新的 Pass 添加到 Blinn-Phong 着色器的 SubShader 中。第一个 Pass 使用了 ForwardBase 标签来指定它应该用于使用平行光渲染物体。新 Pass 将使用 ForwardAdd 标签，它声明此 Pass 将是一个叠加的光照 Pass(additive light)。代码清单 16-13 展示了如何在着色器中设置这个新 Pass。

代码清单 16-13　在着色器中设置 ForwardAdd Pass

```
//旧 pass
Pass{
    Tags { "RenderType"="Opaque" "Queue"="Geometry" }
    CGPROGRAM
    ENDCG
```

```
}
//新 pass
Pass{
    Tags {"LightMode" = "ForwardAdd" "Queue"="Geometry" }
    Blend One One ❶

    CGPROGRAM
    ENDCG
}
```

我们为每个光源发出的额外绘制调用需要使用加法混合模式，因为我们希望这些
Pass 只能使之前的绘制调用已经渲染的物体变亮。对于加法混合的方程是"One One"
(见❶)，这意味着从片元着色器输出的颜色中提取 100%的颜色，然后简单地将其添加到
后备缓冲区中已经存在的颜色中。设置好之后，就可以继续填充 CGPROGRAM 标签，
并拥有一个功能齐全的 Blinn-Phong 着色器。

新 Pass 的第一部分是 pragma 和 includes。这次我们要包含一个额外的文件
AutoLight.cgin，这将使我们在使用不同类型的光源时省去很多麻烦。还需要将
mutli_compile 编译指令更改为使用 fwdadd 而不是 fwdbase。代码清单 16-14 显示了这些
代码。

代码清单 16-14　Forward Add Pass 的 Pragmas 和 Includes

```
#pragma vertex vert
#pragma fragment frag
#include "UnityCG.cginc"
#include "AutoLight.cginc"
#pragma multi_compile_fwdadd
```

用于顶点函数的结构将与基本 Pass 使用的结构几乎相同，但有一个明显的例外：需
要在 vOUT 结构的末尾添加一个 Unity 特定的宏。这个宏将定义两个变量，Unity 的光照
代码将使用这些变量为我们计算光衰减。当你在代码中看到它时，它看起来有点像魔法，
但除非你想深入研究 Unity 的光照系统，否则这个魔法是计算当前正在处理的光源的光
衰减的最佳方法。代码清单 16-15 展示了将使用的这两个结构。

代码清单 16-15　Forward Add Pass 的 vIN 和 vOUT 结构

```
struct vIN{
    float4 vertex  : POSITION;
    float3 normal  : NORMAL;
    float3 tangent : TANGENT;
    float2 uv  : TEXCOORD0;
};

struct vOUT{
    float4 pos : SV_POSITION;
    float3x3 tbn : TEXCOORD0;
    float2 uv : TEXCOORD3;
    float3 worldPos : TEXCOORD4;
    LIGHTING_COORDS(5,6) ❶
};
```

为了使 LIGHTING_COORDS 宏正常工作，需要给它两个未使用的 TEXCOORD 槽的数量，以供其定义的变量使用。在代码清单 16-15 中，代码允许宏在 TEXCOORD5 和 TEXCOORD6(❶)插槽中定义变量。

顶点函数也与基本 Pass 的函数相同，只是在函数末尾添加了一个光照宏。这个宏"TRANSFER_VERTEX_TO_FRAGMENT"负责计算当前光源的正确值并将其写入 LIGHTING_COORDS 宏定义的变量中。代码清单 16-16 显示了代码中的内容。

代码清单 16-16　需要添加到顶点函数中的一行代码

```
vOUT vert(vIN v){
    vOUT o;
        //此部分与基本 pass 中的 vert 函数相同

        //以下是 forward add pass 的新内容
        TRANSFER_VERTEX_TO_FRAGMENT(o); ❶
        return o;
}
```

传递给 TRANSFER_VERTEX_TO_FRAGMENT 宏的单个参数是要从函数返回的结构的名称。在代码清单 16-16 中，这个结构被简单地命名为 o(表示输出)，因此这就是我们传递给光照宏的参数。重要的事情再说一遍：我知道这些宏很奇怪，但它们会带来回报。

　　forward add pass 的最后一部分是片元函数，在片元函数中整合所有元素。使用这些宏的好处是，可以使用完全相同的代码来处理点光源和聚光灯，而不需要为每一个单独编写一个 pass。这意味着将要使用的着色器实际上比在第 12 章中编写的着色器功能更全面，因为在第 12 章中为了节省时间，省略了编写聚光灯着色器。代码清单 16-17 显示了片元函数。为了节省篇幅，将省略声明片元函数使用的统一变量的代码行，因为它们与forward base pass 所需的一致。

代码清单 16-17　Forward Add Pass 的片元函数

```
float4 frag(vOUT i) : SV_TARGET{
    //公共向量
    float3 unpackNormal = UnpackNormal(tex2D(_Normal, i.uv));
    float3 nrm = normalize(mul(unpackNormal, i.tbn));
    float3 viewDir = normalize(_WorldSpaceCameraPos - i.worldPos);
    float3 toLight = (_WorldSpaceLightPos0.xyz - i.worldPos.xyz);
    float3 halfVec = normalize(viewDir + toLight);

    float falloff = LIGHT_ATTENUATION(i); ❶

    //光量
    float diffAmt = max(dot(nrm, toLight), 0.0) * falloff;
    float specAmt = max(0.0, dot(halfVec, nrm));
    specAmt = pow(specAmt, 4.0) * falloff;

    //从这里到最后一行与 forward base pass 相同

    //不要在 forward add pass 中添加环境光照
    return float4( finalDiffuse + finalSpec, 1.0);
}
```

　　如代码清单 16-17 所示，光照衰减计算现在由 LIGHT_ATTENUATION 宏(❶)处理。这使得我们的编程变得异常轻松，代价是在代码中引入一些黑盒宏。幸运的是，如果你真的很好奇这些宏在做什么，可以从 Unity 网站下载 Unity 所有内置的 cginc 文件和着色器的源代码(尝试在搜索引擎上搜索"Unity built-in shaders"以获得正确的页面)，并查看到底发生了什么。然而，深入研究 Unity 的内置着色器已经超出了本章的范围。

　　在 Unity 中手动编写多光源着色器可能会有点麻烦，尤其是当你刚入门时。如果在阅读上一章时遇到了困难，请查看本章示例代码中包含的 MultiLightBlinnPhong 项目，以了解在实践中一切是如何工作的。

16.7 将数据从 C#传递到着色器代码

最后要介绍的是如何在 Unity 项目中通过 C#代码设置着色器变量。我们已经看到了无数示例，这些示例演示了 Unity 的内置变量如何使我们不必自己设置很多统一变量，但总会有一些特定视觉效果需要一些自定义数据。有两种方法可以实现此目的：可以在特定的材质对象上设置统一变量，也可以设置项目中所有着色器都可以访问的全局统一变量。这两种方法迟早都可以派上用场，因此在代码清单 16-18 中同时展示了这两种方法。

代码清单 16-18 在 Unity 项目中通过 C#设置着色器统一变量

```
public class SettingUniforms : MonoBehaviour {

    public Material mat;
    public Texture2D myTexture;

    void Start() {
        mat.SetFloat("_FloatName", 1.0f); ❶
        mat.SetVector("_VectorName", Vector4.zero);
        mat.SetTexture("_TextureName", myTexture);

        Shader.SetGlobalFloat("_GlobalFloat", 1.0f); ❷
        Shader.SetGlobalVector("_GlobalVector", Vector4.one);
        Shader.SetGlobalTexture("_GlobalTexture", myTexture);
    }

}
```

Unity 的 Material 类有几个用于设置统一变量值的函数，其中 3 个函数如代码清单 16-18 所示(❶)。可以在 Unity 的 material 类的 API 文档中找到完整的列表。要注意的一点是，你不需要声明通过着色器属性块内的代码设置的统一变量。这部分着色器代码是为了能够在 Unity 编辑器中使用界面设置材质的统一变量。对于只通过代码设置的统一变量，只需要在 CG 文件本身中声明就可以了。

Unity 中的 Shader 类还有一组静态函数，如前面的代码中所示，用于设置项目中所有着色器都可以访问的统一变量值。这些函数对于设置需要应用于场景中的每个网格的颜色值或所有发光物体都需要能够读取的立方体贴图纹理非常有用。只需要小心为这些变量选择尚未被项目中的任何着色器使用的名称，即变量名不要重复了。

16.8　下一步、ShaderGraph 和未来

即使对着色器的工作原理有了明确的了解，我们仍需要在本章中涵盖许多主题，以便能够将这些知识应用到 Unity 中，而本章所介绍的内容只触及了引擎中可以使用的多种着色器技术的基础。Unity 的一个主要优点是它的灵活性。如果你想深入了解着色器和图形开发的基本原理，可能自己已经在学习 Unity 的 deferred renderer(延迟渲染器)或 Scriptable Render Pipeline(可编写脚本的渲染管线)系统。然而，如果你觉得所学的这些知识对于只想开发一些简单的着色器来说仍然过于复杂，有一个好消息，Unity 团队正在开发一种名为 ShaderGraph 的工具，旨在完全消除编写着色器代码的需要。

ShaderGraph 将允许用户使用可视化的、基于节点的编辑器创建着色器，而不必编写着色器代码。我们将在下一章讨论 UE4 时看到这样的系统。在撰写本章时，ShaderGraph 功能仍处于预览阶段，因此，对于商业项目来说，可能有点过于粗糙。然而，当你阅读这本书的时候，ShaderGraph 很可能会全面正式推出，并且很可能是用户为 Unity 项目创建着色器的最流行的方式。重要的是要记住，像这样的可视化工具，在引擎底层下，它仍然是着色器代码。无论是编写 GLSL、CG，还是在可视化编辑器中拖动节点，核心原理都是相同的。

尽管如此，虚幻引擎几乎完全由视觉样式着色器编辑器驱动，因此，如果你想看看这些可视化着色器编辑器如何在主流引擎中工作的示例，你所要做的就是翻开下一页，继续学习下一章！

16.9　小结

以下是本章中介绍的内容：
- Unity 将着色器代码存储在 shader 资产文件中。若要使用这些着色器渲染网格，需要创建"材质"资产，该资产包含着色器输入以及要使用的着色器。
- Unity 的着色器资产以 ShaderLab 格式编写，这是一种自定义的 Unity 格式，它将着色器代码与有关如何设置图形管线以正确使用该代码的信息相结合。
- Unity 中的着色器代码通常使用 CG 着色器语言编写，我们已经看到了一些示例。
- Unity 要求在为半透明几何体编写着色器时手动指定要使用的混合方程。我们看到了一个如何编写简单的 alpha 混合着色器的示例。
- Unity 支持使用 ForwardBase 和 ForwardAdd 标签编写 multi-pass(多通路)光照着色器。我们介绍了如何将第 12 章编写的着色器移植到 Unity。
- 要将数据从代码传递到材质，可以直接在材质上设置统一变量的值，也可以全局设置所有材质的值。介绍了一个如何在 C#中执行此操作的示例。

第 17 章

在 UE4 中编写着色器

我们将研究如何将所学的知识应用于 Unreal Engine(UE4)项目。UE4 的特点之一是为在引擎内创作内容提供了高质量的工具。这一点最明显的莫过于 UE4 的材质编辑器，它是当今市场上最好的可视化材质创建工具之一。本章将首先深入探讨如何使用该工具。与上一章一样，本章假设你已经对 UE4 有足够的了解，可以在屏幕上显示一个物体并对其应用材质。如果你还没有达到这一条件，网上有很多很好的资源，建议你先阅读这些资源，然后再回到本章。

本章分为 3 节。首先讨论 Unreal 如何处理着色器和材质资源。但是，与 Unity 不同的是，在 UE4 中创建着色器的主要方法是通过材质编辑器，该编辑器使用可视化编程语言定义着色器逻辑，而不是以文本形式编写代码。因此，本章将介绍如何使用材质编辑器创建着色器，而不是在 UE4 中编写着色器代码，然后讨论如何通过幕后的引擎将我们在材质编辑器中所做的工作转换为着色器代码。

最后提一点，在编写本章时，UE4 的最新版本是 4.20。当你阅读本章时，很可能会发布新版本的引擎，因此，如果有一些改动，请不要感到惊讶。核心概念保持不变。

17.1 着色器、材质和实例

UE4 处理着色器的方式与目前看到的任何着色器都不同。用于渲染任何给定网格的真正着色器代码是用 HLSL 着色器语言编写的代码和用可视化编程语言定义的着色器逻辑的结合。其背后的思想是，虽然游戏可能使用许多着色器来渲染场景中的所有不同物体，但这些物体使用的光照计算基本上保持不变。我们在盾牌和水面着色器中已经见识了这一点，它们只是在计算光照函数的输入时有所不同。两种方法中使用的实际光照数学是相同的。

UE4 将这一想法向前推进了一步，并在用于为光照代码提供值的逻辑和光照代码本身之间创建了一个物理隔离层。UE4 的光照代码是用 HLSL 着色语言编写的，并存储在

引擎源代码所在的.usf 文件中。这些文件不包含完整的着色器。相反，它们定义了 UE4
所谓的"着色模型"，即骨骼(skeleton)着色器，其中包含渲染物体所需的所有光照函数，
但这些函数的输入参数却被剔除了。填充这些函数的代码来自 UE4 的"材质"资源。
UE4 材质包括一个对要使用的着色模型的引用和一个包含用于填充该着色模型中的存
根函数的逻辑的节点图。可以在图 17-1 中查看这些节点图的示例。此外，材质可以定义
"参数"，这些参数是可以由材质实例修改的统一变量值。

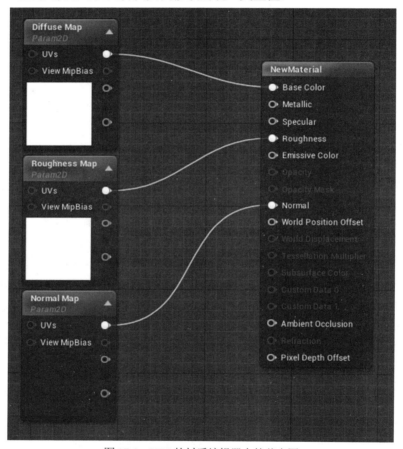

图 17-1　UE4 的材质编辑器中的节点图

　　材质实例(Material Instance)是一种资源，它引用了材质但可以为其父材质作为"参
数"公开的任何统一变量提供新值。重要的是，材质实例不能提供任何新的着色器逻辑(它
们甚至没有节点图)。一般来说，UE4 项目的材质实例比材质数量多，因为许多对象通常
可以重用相同的材质逻辑，但会有不同的纹理和统一变量的输入。例如，图 17-1 中的材
质实现了一些基本的逻辑，用于使用 3 种不同的纹理渲染物体，但所有这些纹理都被设

置为占位符值。如果我们想将盾牌网格的纹理与此材质一起使用，则可以创建该材质的实例，并把用于物体的纹理覆盖这些默认值。图 17-2 是一个实例。

图 17-2　使用盾牌纹理的材质实例

总之，UE4 中的材质资源通过指定"着色模型"来选择要使用的着色器代码。然后，这些材质可以使用材质编辑器的节点图将自己的着色器逻辑添加到此着色模型中。最后，材质实例可以引用材质来重用其逻辑，同时提供自己的统一变量输入来替换材质中的输入。如果现在这些内容让你头晕目眩，不必担心，UE4 材质模型与目前为止我们与着色器交互的方式非常不同，但在创建第一个材质的那一刻，你就会更加明白它的意义。

实际上，UE4 项目最终会有许多材质实例、较少的材质以及很少(如果有的话)自定义光照模型。不建议初学者在 UE4 中创建自己的光照模型，对于许多项目来说完全没有必要。因此，本章将重点介绍如何使用 UE4 提供的着色模型和材质编辑器来创建各种材质。

17.2　使物体变红

使用 UE4 材质编辑器与我们在本书中所做的所有事情都不同，因为我们将不编写代码，而是将节点连接在一起。一开始可能会觉得很陌生。对于第一个示例材质，不要奢望能马上理解所有内容。我们将在下一节讨论"材质编辑器"如何工作的基本原理，但先快速介绍一下如何制作一个简单的材质，以便你在深入了解 UE4 材质节点图如何工作的具体细节时有一些背景知识。第一个示例更多的是从总体上介绍"材质编辑器"的工作方式，而不是死抠小细节。

首先，创建一个材质，该材质为物体的每个片元输出红色。与在 Unity 中进行操作时不同，UE4 中我们的第一个红色材质也将支持引擎中的所有光源类型，因为在 UE4 中实现这一点比创建一个不发光的材质要容易得多(尽管不是很多)。首先，单击 Content Browser 面板上的 Add New 按钮，然后从要创建的资源类型列表中选择 Material。将此材质命名为你喜欢的名称，然后在 Content Browser 中双击它。这将打开 Material Editor 窗口，如图 17-3 所示。

图 17-3　UE4 材质编辑器窗口

UE4 中的所有材质都以一组材质输入开始，等待我们为其提供数据。这些输入取决于你为材质选择的着色模型。在图 17-3 中，可以看到与 Default Lit 光照模型相关联的输入，这将是用于创建不透明物体常用的光照模型。如前所述，光照数学完全包含在材质所使用的着色模型中。我们所要做的就是填充物体表面想要的外观，然后引擎在幕后为我们应用着色模型的数学运算。可以在预览窗口中看到，如果我们不做任何事情，我们的材质已经创建了一个完美发光的、相对闪亮的黑色球体。这是可能的，因为 Default Lit 光照模型正在为我们自动处理光照。

对于我们的第一种材质，只需要将这个球体改为红色，这意味着需要为材质的 Base Color 输入提供红色。若要执行此操作，请在"材质编辑器"的"节点图"中右击(背景中有网格线)。这应该会打开一个上下文菜单，显示可以创建的所有不同类型的节点。输入单词 constant 并选择选项 Constant3Vector。这将在"材质编辑器"视图中创建一个新节点，如图 17-4 所示。

图 17-4　Constant3Vector 材质节点

我们要对新节点做的第一件事是将其值从黑色更改为红色。如果单击该节点，将注意到 Material Editor 窗口的 Details 面板将更改，以显示高亮显示的节点的详细信息，而不是材质的详细信息。对于节点，需要考虑的是"常量"值，即节点的值。如果单击颜色选择器旁边的小箭头，Details 面板将显示一组 3 个文本框，可以使用这些文本框设置节点的值。将此设置为(1,0,0)以生成红色。如果你有点迷茫，请查看图 17-5，它显示了节点的 Details 面板。

设置好节点的值后，剩下的就是将该节点连接到要设置为红色的材质输入上。为此，请单击位于节点右上角的圆圈，并将其拖动到 Base Color 材质输入旁边的圆圈。这将在两者之间绘制一条线，并立即将预览窗口中的球体更改为实心红色球体。如果你也看到了同样的效果，那么，单击编辑器窗口右上角的保存按钮保存你的工作，恭喜你，你已经成功地创建了第一个 UE4 材质！

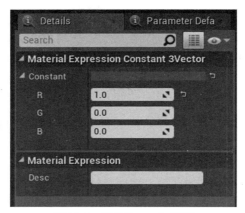

图 17-5　节点的 Details 面板

17.3　UE4 Material Node Graph 基础

我们已经快速介绍了 Material Editor，新的内容有点让人应接不暇，现在让我们喘口气，回顾一些基础知识，首先仔细研究节点的结构。图 17-6 显示了刚刚使用的两个节点：Dot(点积)和 Multiply(乘法)节点。

图 17-6　点积和乘法材质节点

你可以看到的圆圈是节点的输入和输出插槽。输入插槽位于节点的左侧，而输出插槽位于节点的右侧。例如，如果要将两个向量的点积乘以其他值，可以将点积节点的输出连接到乘法节点的输入节点之一。要连接这些插槽，只需要单击其中一个并将光标拖动到另一个插槽。这将在 Material Editor 中创建一条线以显示连接。

你会注意到 Multiply 节点的顶部标题有一个数字。这是因为某些节点(通常是可以包含标量输入的节点)允许你为输入指定常量值，而不必将常量节点连接到输入插槽。这纯粹是节省时间的便捷做法。可以通过单击某个节点并修改该节点的 Details 面板中显示的默认值来调整这些值，或者使用常量节点提供输入。在图 17-7 中可以看到这两种方法。

图 17-7　使用乘法节点的两个例子。左侧，第二个值由常量节点提供；右侧，该值已在节点本身上设置

　　有些节点，例如 Multiply 节点，可以接收不同类型的数据作为输入，比如标量和向量类型。在这些情况下，节点图足够智能，仅根据输入类型即可确定你想要什么，并且不会让你使用没有意义的输入类型来设置节点。在 UE4 材质中有很多不同的节点可以使用，在这里无法一一介绍。但是在许多情况下，这些节点将能用于在本书中所使用的数学运算，如 Dot、Cross 和 Multiply。

　　本节的最后，有一种节点类型需要特别注意：Texture Sample 节点。如图 17-8 所示，这个节点有很多不同的输入和输出，并且是 UE4 中经常使用的最复杂的节点之一，因此在它上面多花点时间是有意义的。

图 17-8　Texture Sample 节点

　　让我们从该节点的输入插槽开始讨论。UVs 插槽用于提供对纹理采样的 UV 坐标。它接收 float2 作为输入，如果希望节点使用该网格的第一组 UV 坐标，则可以将其保留为空。如果要访问网格的 UV 坐标，以便对其进行操作(就像对滚动材质一样)，则可以通过纹理坐标节点访问它们。图 17-9 显示了如何获取网格上的第二组 UV 坐标，并将其随时间向右滚动。

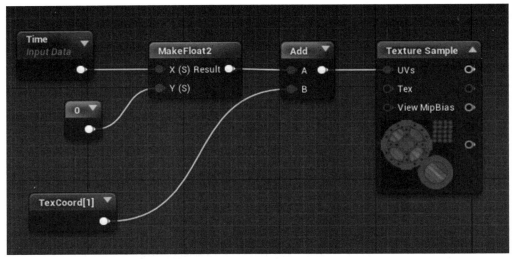

图 17-9　向右滚动 UV 坐标的节点图

　　下一个输入是 Tex 输入。在此处提供纹理采样节点将使用的纹理对象。可以使用"纹理对象"节点来指定该值，也可以单击纹理采样节点并在纹理采样节点本身的 Details 面板中提供纹理值，这两种方法都有效。最后一个输入是 ViewMipBias 输入，它与 mip map 有关，这是我们在本书中没有涉及的概念。暂时可以忽略这个输入，许多材质不需要它。

　　尽管纹理采样节点的输出很多，却更容易理解。如果要获取纹理采样的全部 vec4 颜色值，将使用顶部的输出插槽(颜色为灰色)。下面的每个输出插槽对应于纹理的单个通道。如果只需要纹理采样的红色值，只需要将红色输出插槽连接到所需的地方即可。

17.4　制作边缘光材质

　　我们已经掌握了方向，并且了解了如何连接节点和修改节点值，让我们更进一步，制作一种具有红色边缘光效果的材质。如果你忘记了什么是边缘光，可以随时跳回第 8 章温习一下。我们要做的是得到每个片元的法线向量和摄影机的观察方向向量之间的点积，然后用它确定需要给物体添加多少红色。如果一切正确，不管从哪个方向看球，球体的边缘应该有一个红色的圆环。这意味着，我们将连接到 "Emissive(自发光颜色)" 材质输入，而不是连接到 Base Color 输入，以指定我们希望此红色发射自己的光。

　　在 UE4 节点图中，首先断开红色的 Base Color 输入的连接。可以通过右击连接点(拖动的圆圈)并选择 Break 选项来断开节点。节点和材质输入之间的连线应该就消失了，并且预览窗口中的球体应该恢复为黑色。

　　现在，需要得到两个方向向量。这些值由两个特殊节点提供，即 PixelNormalWS 节点和 CameraVector 节点。将这两个节点与 Dot 节点一起添加到材质中，Dot 节点是执行点积的节点。在材质中添加了这些节点之后，将两个向量节点连接到点积节点的输入插槽，并将结果拖到 Emissive 材质输入。连接起来之后，会看到一个白色的球体，其边缘是黑色的。这是因为要从 1 减去这两个向量的点积，然后用它作为 emissive 输入。幸运的是，这是一个非常常见的操作，因此存在 OneMinus 节点。创建一个 OneMinus 节点，将点积连接到它，并将其连接到 emissive 输入。如果设置正确，这时的节点图应该如图 17-10 所示。

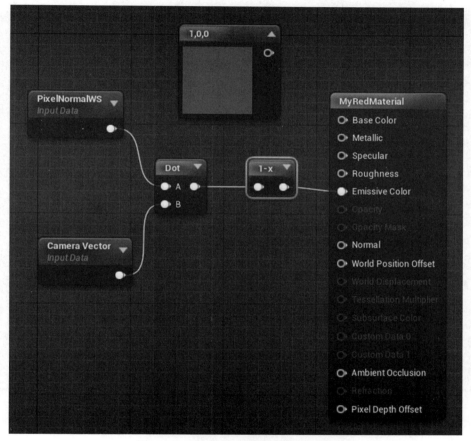

图 17-10　到目前为止我们的边缘光材质

请注意，红色节点还没有连接到任何东西，我们的物体当前已应用了白色的边缘光。我们的目标是一个红色的边缘光，因此需要将当前输入到 Emissive 材质的值乘以红色节点的值。正如你所料，需要一个 Multiply 节点用于此目的。创建其中一个，将 OneMinus 节点的输出乘以红色节点，然后再传递到 Emissive 材质输入。完成的材质应如图 17-11 所示。这个节点图大致相当于代码清单 17-1 中的着色器代码。

代码清单 17-1　与节点图连接 Emissive Color 等效的 GLSL 代码

```
emissiveColor = vec3(1,0,0) * (1.0 - dot(PixelNormalWS, CameraVector));
```

图 17-11　完成的边缘光材质

17.5　Default Lit 材质输入

现在，你应该对 UE4 材质中着色器逻辑是如何编写的有了一个基本的了解，但是对连接节点的材质输入可能仍然有点神秘。这一方面是因为到目前为止我们一直在编写着色器代码，而不需要将着色器代码的某些部分视为对材质的不同输入，另一个原因是我们一直在使用 Blinn-Phong 光照，而 UE4 中的输入是针对基于物理的着色器。介绍基于物理的着色的细微差别超出了本章的范围，但是除非你编写自己的着色模型，否则将需要使用这些材质输入，因此，有必要简要描述一下我们迄今为止所见的输入。

- Base Color(基础颜色，RGB 值)：这大致对应 Blinn-Phong 着色器中的 Diffuse Color。但是，由于这是基于物理的着色器，因此该输入更准确的名称是"反射率(albedo)"。漫反射和反射率纹理之间的主要区别在于，反射率纹理本身不应包含任何光照信息。

- Metallic(金属质感，浮点值)：描述片元是否为金属。在基于物理的着色中，金属与非金属的处理方式不同。在大多数情况下，该输入应为 0(非金属)或 1(全金属)。

- Specular(镜面反射，浮点值)：对于非金属对象，此输入可调整曲面反射的光线量。

- Roughness(粗糙度，浮点值)：描述了物体表面的粗糙度。较低的粗糙度意味着片元将反射更多的环境并具有更紧密的镜面反射高光。

- Emissive Color(自发光颜色，RGB 值)：表面发出的光的颜色。即使没有光线照亮片元，插入该插槽的任何颜色也将可见。还可以使用该选项使曲面的某些部分发光，方法是使用值大于 1.0 的颜色(例如，5.0,5.0,5.0)。

- Normal(法线，RGB 值)：片元的法线向量。如果具有法线贴图，这里就是插入法线的输入插槽。如果这里没有插入任何内容，物体将默认使用顶点法线。

- World Position Offset(世界位置偏移，XYZ 值)：此节点允许你使用自定义逻辑来设置物体顶点位置的动画。例如，你可以用正弦函数使所有顶点摆动。

- Ambient Occlusion(环境光遮挡，浮点值)：用于模拟物体裂缝处产生的自阴影(self-shadowing)。通常使用灰度纹理为该输入提供数据。

- Pixel Depth Offset(像素深度偏移，浮点值)：用于调整给定片元写入深度缓冲区的值。

网络上有很多指南可以帮助你理解如何最好地使用这些输入，但由于我们更感兴趣的是本章其余部分中所学内容如何应用到 UE4 的具体细节，因此不再赘述，然后继续其他内容。

17.6　顶点着色器还是片元着色器

Material Editor 会尽力抽象出着色器在幕后如何工作的所有细节，以便内容创建者尽可能轻松地制作所需的材质，而不必真正了解着色器代码的工作原理。遗憾的是，这种抽象还意味着，如果你确实了解着色器的工作原理，那么有时想弄清楚如何最终得到所需的着色器代码，这个过程会有点令人沮丧。当尝试将逻辑放入顶点着色器而不是片元着色器时，这一点尤为明显。

Material Editor 没有顶点着色器或片元着色器的概念，但如果你检查它生成的着色器代码，就会看到，在大多数情况下，使用 Material Editor 创建的所有逻辑最终都会出现在片元着色器中。为了将逻辑移到顶点着色器，需要告诉你的材质使用"自定义 UVs"。可以在材质的"细节"面板中设置，但默认情况下它是隐藏的。要使用这个选项，请在"详细信息"面板中找到 Material 部分，如图 17-12 所示。在该部分的底部，有一个向下的箭头小按钮。如果单击此按钮，该区域将展开以显示更高级的材质选项，材质使用的自定义 UV 数量就是其中之一。

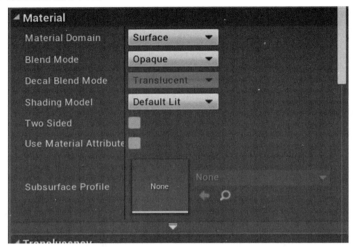

图 17-12　"详细信息"面板的 Material 部分

　　如果将自定义 UV 的数量设定为非零值，将看到在节点图中创建了一些其他材质输入。这些输入允许你提供两个分量的向量，这些向量可以用来代替材质的标准纹理坐标，但是有一点没有公布，那就是任何连接到自定义 UV 输入的逻辑都是在顶点着色器中处理的。如果要将某些工作移至顶点着色器，你需要创建一个自定义的 UV 输入，并将一些逻辑连接至该输入。仅仅因为该输入是针对 UV 坐标的，并不意味着你不能将任何其他类型的数据(可以打包到 vec2 中)放入该输入插槽中。

　　要了解其工作原理，请考虑图 17-13 中的材质图。已经继续向该材质添加了 3 个自定义 UV 输入，以及 3 个纹理采样节点。由于要使用自定义 UV 材质输入，因此了解材质编辑器如何解释材质图中其余的输入非常重要。请注意，Texture Sample 节点有一个可选的 UV 坐标输入，用于采样它们引用的纹理。如果不向该输入提供任何数据，纹理采样节点默认使用第一组 UV 坐标，在 Material Editor 中称为 texcoord[0]。这意味着在图 17-13 中，BaseColorMap 和 SpecMap 节点都使用 UV 坐标 texcoord0 对其纹理进行采样，尽管 BaseColorMap 也执行了一些数学运算来操作这些坐标。

　　知道这些很重要，因为如果向材质输入"Customized UV0"提供数据，则提供的任何数据都将覆盖 texcoord0 中的默认值。在图 17-13 的材质中，我们还有一个纹理，它使用 texcoord1 查找纹理。因此，如果想将任意数学运算移到顶点着色器，首选的安全输入将是"Customized UV2",因为它是第一个未在节点图中使用的纹理坐标。需要注意的是,如果将自定义 UV 输入留空,材质将默认使用网格的 UV 坐标,因此可以创建"Customized UV0"输入而不将任何内容连接到它,以保持节点图的其余部分正常工作。

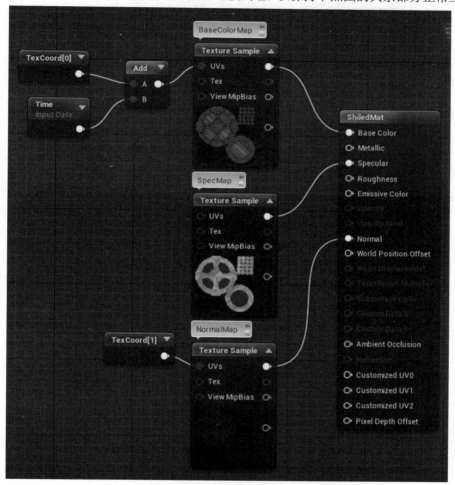

图 17-13　使用多个纹理坐标采样纹理的材质示例

　　假设要做一些数学运算来确定金属材质输入值是多少,我们希望在顶点着色器中进行数学运算。现在知道了可以使用哪个 Customized UV 而不会弄乱其他材质,我们所要做的就是把要进行数学运算的节点连接到该材质输入,然后使用"纹理坐标"节点(设置为"使用坐标索引 2")在其他地方引用该数据,因为我们将把逻辑连接到 Customized UV2。这将如图 17-14 所示。对于此图,删除了法线贴图纹理采样节点以节省空间。

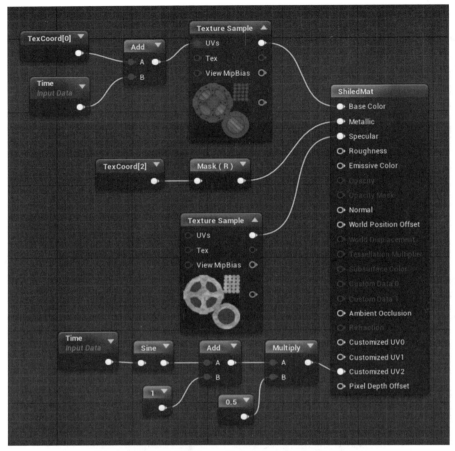

图 17-14　使用自定义 UV 输入将逻辑移到顶点着色器

17.7　使用不同的着色模型

负责将材质输入转换为最终的、完全照亮的片元颜色的着色器代码在 UE4 中被称为
"着色模型"。到目前为止，只使用了默认的 UE4 着色模型，称为 Default Lit 模型，但
这远远不是引擎提供的唯一模型。在本章中，我们没有时间浏览每个默认的着色模型，
但如果你使用 Unreal 工作，那么值得花时间阅读关于每个模型的文档并自己进行实验。
其中一个特别有用的着色模型是 Unlit 着色模型，它只提供一个材质输入，并在材质逻
辑执行后完全禁用着色模型将应用的任何光照数学运算。在图 17-15 中，可以看到 Shading
Model 下拉列表的"详细信息"面板。更改着色模型还将启用或禁用不同的材质输入，
相关内容将在下一节中讨论，届时我们要创建一个不发光的半透明材质。

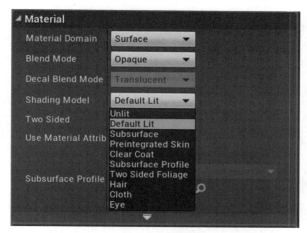

图 17-15　UE4 中提供的不同着色模型

17.8　混合模式和纹理采样节点

除了材质所使用的着色模型外，还可以指定材质的"混合模式"。就像 openFrameworks 中一样，可以通过调用 ofEnableBlendMode()来使用几个预设的混合公式，UE4 提供了几种预设的混合模式，材质可以使用这些模式，而不必手动编写混合方程。可以在 Blend Mode 下拉菜单中选择材质的混合模式，如图 17-16 所示。

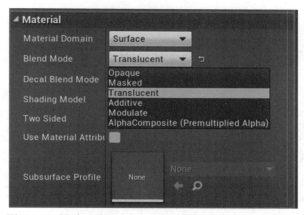

图 17-16　材质"详细信息"面板中的 Blend Mode 下拉菜单

到目前为止，本书已经使用了 3 种不同的混合模式：alpha 测试、alpha 混合和加法混合。在 UE4 中，这些混合模式由"Masked(遮罩)""Translucent(半透明)"和"Additive(加法)"混合模式提供。正如你在图 17-16 中看到的，还有其他现成的混合模式。虽然解释它们各自的功能超出了本章的范围，但我强烈建议你尝试一下，以便你了解在 UE4 项目中可以使用哪些选项。

无论何时更改混合模式或着色模型，都需要预料到部分或全部材质输入也会更改。例如，将"混合模式"更改为"半透明"，将启用我们以前没有见过的两种新的材质输入：Opacity(不透明度)和Refraction(折射)。Opacity用于为曲面提供alpha通道的输入。我们现在不打算使用折射，但是这个输入用于提供有关光线在半透明曲面中移动时如何弯曲以及如何与引擎提供的后处理效果相互作用的信息。对于闪烁材质，只需要关注Emissive和Opacity的材质输入，将使用单个纹理采样来驱动这两者。

17.9   将数据从代码传递到材质

诸如Material Editor的缺点之一是，试图将着色器编写转换为无须编写任何代码即可完成的操作，这意味着代码中容易执行的某些操作会变得更复杂一些。其中一个例子是尝试将统一变量数据传递给UE4材质。

在UE4中，如果你希望材质有可配置的参数，则必须首先使用要配置的值创建材质，并使用"参数节点"进行设置。这些节点(通常是标量、向量或纹理采样节点)的工作方式与非参数对应节点相同，其额外好处是可以公开这些节点的值，以便对其进行修改。

设置了参数节点后，就需要创建材质的材质实例。如前所述，材质实例是一种资源，它使用材质的节点图，但可以为参数提供自己的值。材质实例提供了用于改变纹理或值的逻辑，这些纹理或值被输入这些参数，这些参数可以通过C++或UE4的蓝图系统访问。

17.10   所有这些与着色器代码有何关联

在花了整整一本书讨论了编写、调试和优化着色器代码之后，最后使用这样的可视化工具可能会觉得有点奇怪。请放心，在幕后，引擎正在将材质节点图转换为着色器代码，就像我们在本书其余部分中所做的那样。在幕后，UE4有一个着色器编译器，它将为每个光照模型编写的着色器代码与在节点图中创建的逻辑相结合，并将其打包成完整的着色器文件。这使得不知道如何编写着色器代码的开发人员可以创建项目所需的视觉效果，而不必寻找着色器程序员。

这并不是说你不能为UE4编写着色器代码，它只是更复杂。为引擎编写的着色器是由专业程序员创建的，其目的是提高效率与材质编辑器的互操作性，而不是提高可读性。此外，UE4渲染器非常复杂，并且被设计为不容易为其编写着色器代码，因此在许多情况下，最好只使用材质编辑器。

如果你想窥视一下这些着色器长啥模样，需要从GitHub获取引擎源代码(任何使用UE4的人都可以免费获得)，然后打开Engine/Shaders目录。有很多着色器代码可以浏览，但最好从下面两个文件开始：BasePassPixelShaders.usf，其包含可在材质编辑器中选择的所有着色模型提供的像素(或片元)着色器代码；以及 MaterialTemplate.usf，这是编译着色器时插入材质编辑器生成的代码的地方。

UE4 有很多东西需要学习，遗憾的是，我们时间有限，只能浅尝辄止。如果你想深入了解使用 UE4 创建材质，可以在网上找到很多资料，以及 Epic 在 Unreal Engine 网站上提供的许多优秀文档。

17.11 小结

以下是我们在本章中介绍的内容：

- UE4 着色器是 HLSL 着色器代码和使用可视化材质编辑器定义的逻辑的组合。
- 该引擎配有一组预定义的"着色模型"，提供灵活的光照功能，可满足各种项目需求。
- 通过 Material Editor 的"节点图系统"自定义这些光照功能的输入。我们通过几个示例，演示了如何使用此系统构建不同类型的材质，而不必创建新的光照模型。
- 材质编辑器还具有自定义用于渲染半透明几何体的混合方程的设置。使用这些设置创建了一个简单的 alpha 混合着色器。
- 从代码中设置统一变量的值需要创建材质参数和材质实例，然后使用 UE4 的材质实例提供的 API 将数据传递给这些参数。

第 18 章

在 Godot 中编写着色器

我们要研究的最后一个引擎是 Godot 引擎。Godot 是游戏引擎领域的新人，2014 年首次向公众发布。

在 Godot 中编写着色器有点混合了 Unity 和 UE4，在 Unity 中，必须手工编写所有着色器代码，而 UE4 提供了光照代码，只需要我们提供填充材质输入的逻辑。本章将使用代码文件而不是可视化编辑器，但是我们编写的代码将从 Godot 引擎获得很多帮助，包括为我们提供许多不同的光照数学运算。这使得 Godot 是应用在本书中所学知识的一个很好的选择。

就像前两章一样，本章假设你对 Godot 引擎有了基本的了解。在继续之前，你至少应该知道如何将网格添加到场景并将材质应用于该网格。Godot 的文档编写得非常好，因此，如果你是第一次使用该引擎，我建议你在继续本章之前先阅读 Godot 的教程的前几部分。

本章分为两个部分。首先，讨论 Godot 引擎如何处理着色器和材质资源，然后将着手编写自己的着色器。与前两章不同，我们不打算花时间讨论 Godot 为渲染网格提供的默认着色器，因为 Godot 引擎文档已经在提供这些信息方面做了大量工作。如果你想了解有关如何使用此材质的更多信息，请查看 Godot 引擎网站上的 Spatial Material 教程。

最后提一点，由于我们要在 Godot 中创建的着色器文件都将以相同的方式设置，而不是将每个着色器拆分为单独的示例项目，因此本章的所有示例代码都可以在本章示例代码包含的 "ExampleShaders" Godot 项目中找到。

18.1　着色器和材质

与大多数引擎一样，Godot 将着色器代码和填充着色器统一变量的数据视为两种独立的资源。在 Godot 引擎中，这些资源称为着色器和材质。着色器是磁盘上的资源，其中包含用于在引擎中渲染物体的着色器代码。若要将着色器应用于场景中的物体，需要一个材质资源，该资源指定要使用的着色器资源以及该着色器统一变量所使用的数据。

Godot 在本书所讨论的引擎中是独一无二的，它为我们提供了 4 种不同类型的材质资源。所有这些材质类型都能够配置用于在屏幕上渲染物体的着色器。但是，在大多数情况下，这些材质引用的着色器在视图中默认是隐藏的。Particle Material(粒子材质)、Spatial Material(空间材质)和 CanvasItem Material(画布项目材质)都引用引擎代码中指定的着色器，而不是我们自己编写的着色器。Spatial Material 是引擎提供的用于在 Godot 项目中渲染网格的材质类型，并与引擎的默认物理着色器一起工作。

要使用自定义着色器，需要使用 ShaderMaterial。幸运的是，只需要按一下按钮，其他材质就可以转换为着色器材质，这样，如果你想保持大多数默认着色器逻辑不变，只进行一两个小的调整，就可以这样做，而不必重新实现所有内容。要进行此转换，只需要切换使用这些材质的物体的 Inspector 面板，然后从材质属性下拉菜单中选择 Convert to ShaderMaterial 选项。如图 18-1 所示。

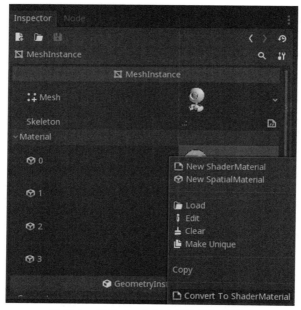

图 18-1　在 Godot 中创建新的着色器材质

如果你想从头开始编写一个着色器(这正是我们本章的目的)，也可以直接创建一个 ShaderMaterial。还需要创建材质要使用的着色器资源。在 Godot 中创建着色器和材质资源非常简单。你需要做的就是在编辑器 GUI 中找到检查器面板，然后单击 Create 按钮，该按钮位于面板左上角。可以在图 18-2 中看到这个按钮的屏幕截图。

图 18-2　检查器面板的顶部。Create 按钮是 Inspector 文字下面最左边的按钮

单击该按钮后，将显示你希望创建的资产类型。首先创建着色器资源并将其保存到项目中。接下来，创建一个 ShaderMaterial 并将其指向你刚刚在材质的检查器面板中创建的着色器资源。指定要使用的着色器后，可以双击着色器文件的名称以打开 Godot 的着色器编辑窗口。此窗口对于处理着色器资源非常方便，一方面是因为你不需要在 Visual Studio 之类的辅助编辑器中打开文件，另一方面是因为它会在你工作时自动检查错误，这样就可以立即知道是否犯了错。如果希望使用不同的编辑器，当然可以在任何文本编辑器中打开着色器资源。

18.2　Godot 着色语言

现在已经介绍了如何创建一个新的着色器文件供我们使用，需要讨论一下 Godot 引擎使用的着色器语言。Godot 项目中的着色器是用简化的着色语言编写的，该语言基于 GLSL 的一个子集。这对我们来说是个好消息，因为这意味着，一旦你了解了 Godot 着色器的结构，其余的语法看起来几乎与我们在 openFrameworks 中所用的相同。

普通 GLSL 和 Godot 着色器语言的最大区别在于，Godot 着色器的所有光照代码都是由引擎提供的。我们需要做的就是指定要使用的光照模型，并编写着色器代码，在 out 变量中输出一些关键信息，然后由光照代码使用。这使实现自己的光照模型变得更加困难，但如果你可以使用引擎提供的众多选项之一，则不必编写几乎相同的代码。为了实践这一点，请考虑代码清单 18-1 所示的着色器，它是一个功能齐全的 Blinn-Phong 光照着色器，它使任何物体都渲染为闪亮的红色。

代码清单 18-1　Godot 中一个功能齐全的 Blinn-Phong 着色器

```
shader_type spatial; ❶
render_mode specular_blinn; ❷

void fragment() ❸
{
    ALBEDO = vec3(1,0,0); ❹
    ROUGHNESS = 0.5;
}
```

　　事实上，如果你只想使用一些灯光渲染一个物体，使用一两个纹理来表示反射率(表面的颜色)、金属区域、法线贴图等，那么你根本不需要编写任何代码。Godot 的 SpatialMaterial 被设计为只需要单击检查器面板中的几个按钮即可达到效果。这意味着如果你想做一些独特的事情，仅需要在 Godot 中编写你自己的着色器代码。如果需要，可以设置刚刚用这个材质编辑器制作的着色器；但是，在这里学习如何编写着色器代码，因此详细分析一下在闪亮红色着色器中发生了什么。

　　首先，Godot 中的所有着色器都首先声明文件将是什么类型的着色器。在我们的例子中，要编写一个着色器来应用于网格，这意味着要编写一个"spatial(空间)"着色器，我们在❶处指定。其他可能的着色器类型是"particle"和"canvas_item"，它们与可以使用这些着色器的材质类型完全匹配。在本章中，将继续使用空间着色器。

　　着色器的下一行定义了渲染物体时要使用的光照数学。仅在指定要在漫反射或镜面反射计算中使用非默认光照模型时才需要指定此选项。在我们的例子中，使用的是 Blinn-Phong 镜面反射模型，而不是引擎默认的模型，因此我们自己指定它❷。在 render_mode 声明中，还可以定义要使用的混合方程以及物体应该如何与深度缓冲区交互。在本章中，将看到一些不同的 render_mode 值的示例，但是我们不会涵盖所有可能的输入的内容。Godot 文档在其教程中有一个完整的所有 render_mode 的列表，在学习完本章之后，这将是一个非常好的参考资料。

　　在 render_mode 声明之后，我们进入着色器代码的核心部分。在 Godot 着色器中，顶点着色器和片元着色器组合到一个文件中，其中顶点着色器的函数名为 vertex()，片元着色器的函数名为 fragment()。如果不编写这些函数之一，引擎将为你填充一个默认函数。闪亮红色着色器不需要在顶点着色器中做任何额外的事情，因此我没有提供 vertext()函数，这就是为什么代码清单 18-1 中的着色器只有一个 fragment()函数的原因。Godot 中的片元着色器不是输出单个颜色，而是写入一组输出变量，然后与引擎中的光照数学一起使用，以创建完整的着色器。如果不为这些变量指定值，则使用默认值。在代码清单 18-1 中，我们只想覆盖曲面的颜色和曲面的粗糙度(见❹)。

　　这些值(反射率和粗糙度)与我们之前编写自己的 Blinn-Phong 着色器时有点不同。在着色器中，表面的颜色被称为漫反射颜色，而光泽度被称为镜面反射颜色。Godot 的渲染器使用基于物理的计算，这意味着其输入略有不同。就我们的目的而言，在 Godot 中，我们只需要知道片元的粗糙度，而不是指定它的光洁度。更光滑的片元将反射更多的光，看起来更亮。还可以无视基于物理的渲染的细微差别，并将反射率视为漫反射颜色值。实际情况要比这复杂得多，但是基于物理的渲染的细微差别不在本书的讨论范围之内。本章将重点讨论 Godot 着色器如何组合在一起。

18.3　片元着色器输出变量

第一个 Godot 着色器将值写入两个引擎提供的输出变量：ALBEDO (反射率)和 ROUGHNESS (粗糙度)。Godot 中的片元着色器可以写入各种此类变量，以控制渲染的物体的外观。下面是这些变量中最常见的一些，以及它们的作用。完整的列表可以在 Godot 网站上找到，但是下面列表中的变量是我们在本章中需要知道的。

- ALBEDO (反射率,RGB 值)：这大致对应 Blinn-Phong 着色器中的"漫反射颜色"。但是，由于这是基于物理的着色器，因此该输入更准确的名称是"反射率"。漫反射和反射率纹理之间的主要区别在于，反射率纹理本身不应包含任何光照信息。默认值为白色。

- METALLIC (金属质感,浮点值)：描述片元是否为金属。在大多数情况下，该输入应为 0(非金属)或 1(全金属)。默认值为 0。

- ROUGHNESS (粗糙度,浮点值)：描述物体表面的粗糙度。较低的粗糙度意味着片元将反射更多的环境并具有更紧密的镜面反射高光。默认值为 0。

- EMISSIVE (自发光颜色,RGB 值)：表面发出的光的颜色。即使没有灯光照亮片元，插入该插槽的任何颜色都是可见的。如果你想让某物看起来发光，这很有用。默认值为黑色。

- NORMALMAP (法线贴图,RGB 值)：该值应包含当前片元的网格法线贴图中的 RGB 颜色。如果不写入该值，Godot 将使用网格几何体提供的法线。

- RIM(边缘光,浮点值)：这允许你指定一个 0~1 的值，该值表示片元应该获得多少边缘光。默认情况下,边缘光将为白色,但你可以使用下面描述的 RIM_TINT 变量来控制它。边缘光效果的外观取决于片元的粗糙度，因此，如果你没有得到预期的结果，请尝试调整粗糙度。此变量的默认值为 0。

- RIM_TINT(边缘光颜色,浮点值)：该值控制片元的边缘光颜色在纯白色和反射率颜色之间进行插值，插值所得的颜色提供给上面的 RIM 变量使用。0 是纯白色(这是默认值)，1 是纯反射率。

- ALPHA_SCISSOR(alpha 修剪,浮点值)：如果写入，允许你为片元指定最小 alpha 值。如果片元的 alpha 值低于 ALPHA_SCISSOR 值，则该片元将被丢弃。这就像第 4 章中编写的 alpha 测试着色器。

- ALPHA(alpha 值,浮点值)：片元的 alpha 值。默认值为 1.0，因此只有在尝试渲染半透明对象时才需要写入此值。

现在我们对可用的一些选项有了更好的了解，让我们试验如何使用这些输出创建比闪亮的红色着色器更有趣的效果。

18.4　制作自定义边缘光着色器

　　尽管我们刚刚看到可以使用 RIM 变量向着色器添加引擎提供的边缘光,但该功能有一定限制。我们无法完全控制灯光的颜色(例如,我们无法在红色物体上创建蓝色边缘光),并且边缘光效果取决于粗糙度,当你需要基于物理的效果时,这非常好,但如果你只想在物体上获得灵活的边缘光效果,则不太好用。因此,我们将转而编写自己的简单边缘光着色器。

　　你可能还记得以前的章节,要计算边缘光,你需要做的就是获得从当前片元到摄像机的向量,将其与片元的法线向量进行点积,然后从 1.0 中减去该点积值。这将得到类似于图 18-3 所示的效果,该图显示了当 Godot 中的默认边缘光应用于物体时的效果。

图 18-3　默认的边缘光效果

　　由于我们不打算使用 RIM 输出变量制作边缘光着色器,因此需要下面几个向量:片元的世界位置、片元的法线向量(在世界空间中)和摄像机的位置(也在世界空间中)。获取这些值需要做一些矩阵运算,而要使用的矩阵只能从顶点着色器访问,这意味着要开发我们自己的边缘光着色器,必须在 Godot 中编写第一个顶点着色器来计算,并将这些值传递给片元着色器。如代码清单 18-2 所示。

　　代码清单 18-2　在 Godot 着色器中的第一个自定义顶点函数

```
shader_type spatial;

varying vec3 world_position; ❶
varying vec3 world_normal;
varying vec3 world_camera;
```

```
void vertex()
{
    world_position = (WORLD_MATRIX * vec4(VERTEX, 1.0)).xyz;
    world_normal = (WORLD_MATRIX * vec4(NORMAL, 0.0)).xyz;
    world_camera = (CAMERA_MATRIX * vec4(0,0,0,1)).xyz;  ❷
}
```

　　这里有很多新内容，但是鉴于我们在 openFrameworks 项目中做了很多类似的事情，它应该看起来不会太陌生。首先，需要声明要传递给片元着色器的变量。在 Godot 着色器中，这些变量称为 varying，而不是 out 变量，因为它们是逐片元插值过的"变化(vary)"的值。这个概念与 in/out 变量是相同的，它们的创建方式与 openFrameworks 中的输出变量完全相同(如❶行所示)。声明它们后，需要用数据填充它们，这意味着要创建顶点函数。这就像创建一个名为 vertex() 的函数一样简单。

　　我们的顶点着色器可能有点令人困惑，不是因为它所做的，而是因为它所忽略或者隐藏的。在 Godot 中，即使是在编写顶点着色器，也不需要手动将网格的顶点转换为裁剪空间，除非你要执行自定义操作。由于我们不想在顶点着色器中改变网格的形状，因此，可以完全忽略修改 VERTEX 变量，Godot 将为我们处理它。

　　使用 Godot 着色器更令人困惑的是，即使它们是在同一个文件中指定的，顶点着色器和片元着色器都具有多个统一变量，却只有一种着色器可以访问，并且输出变量的数量相等，却只有一种着色器可以写入，就像之前的 WORLD_MATRIX 和 CAMERA_MATRIX 统一变量一样。这是合乎逻辑的，因为在幕后我们的一个着色器文件将转换为多个着色器。但是当你刚入门的时候，试图记住哪些变量属于哪个函数可能会有点令人沮丧。我的建议是保持一个浏览器窗口打开 Godot 文档的"着色语言"页面，该页面列出了每种着色器的所有输入和输出，并一直参考它，直到你记得滚瓜烂熟。

　　在继续之前，需要讨论的最后一件事是如何计算摄像机的位置。Godot 没有直接给出摄像机的位置，但是它给出了表示摄像机当前位置和旋转的变换矩阵——本质上就是摄像机的模型矩阵。由于此矩阵用来在世界空间放置摄像机，因此可以用一个零向量乘以该矩阵，以便把一个点放在(0,0,0)上，然后对该点应用与摄像机所用相同的平移和旋转。这将为我们提供摄像机在世界空间中的位置。如❷行所示。

　　综上所述，现在是时候继续编写片元着色器了，需要编写它来制作我们自己的边缘光着色器。为了使着色器可配置，还将声明一些统一变量来存储一些输入数据。Godot 将为使用着色器的任何材质自动调整检查器面板，让我们直接在编辑器中设置这些统一变量的值。首先，简单地定义一个统一变量，以保存我们想要的边缘光的颜色，然后定义第二个值来控制边缘光效果的宽度。代码清单 18-3 显示了这个片元着色器的代码。

代码清单 18-3　边缘光片元着色器的开始

```
uniform vec3 rim_color;
uniform float rim_tightness;

void fragment()
{
    vec3 toCam = normalize(world_camera - world_position);
    float rim = 1.0-dot(normalize(world_normal), toCam);
    EMISSION = rim_color * pow(rim, rim_tightness);
}
```

请注意，我们使用 EMISSION 输出变量来存储边缘光的最终颜色。这使得无论将哪种光照应用于网格，边缘光总是可见的。在一个黑暗的场景中，这将使物体的外观随着边缘光发光，如图 18-4 所示。此图显示了着色器现在外观的屏幕截图，以及材质编辑器面板(包含可用于两个统一变量的插槽)的界面。在截图中，将边缘光的颜色设置为纯红，只是为了证明，与默认的边缘效果不同，着色器将允许我们将边缘光设置为想要的任何颜色。

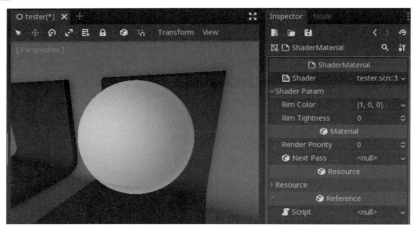

图 18-4　自定义边缘光着色器在白色球体上创建红色边缘

在讨论另一个着色器示例之前，我想做的最后一件事是在着色器中添加对漫反射(或反射率)纹理的支持，这样就可以为网格的表面指定纹理，而不总是纯白色。同时，用第二个纹理替换 rim_color 统一变量，使用一个纹理作为边缘光颜色的来源，使边缘光着色器与引擎提供的边缘光效果更加不同。

在 Godot 中为着色器添加纹理与我们在 openFrameworks 项目中所做的相同。只需要声明两个 sampler2D 统一变量来存储纹理(并让编辑器构建必要的 UI 来设置这些变量)，然后使用 texture()函数在片元着色器中对它们进行采样，如代码清单 18-4 所示。

代码清单 18-4　为边缘光着色器添加纹理支持

```
uniform float rim_tightness;
uniform sampler2D albedo_color;
uniform sampler2D rim_color;

void fragment()
{
    vec3 toCam = normalize(world_camera - world_position);
    float rim = 1.0-dot(normalize(world_normal), toCam);

    EMISSION = texture(rim_color, UV).rgb * pow(rim, rim_tightness); ❶
    ALBEDO = texture(albedo_color, UV).rgb;
}
```

不必显式地将任何纹理坐标传递给片元着色器。相反，使用了 Godot 提供的变量 UV，它将网格 UV 坐标从顶点着色器传递到片元着色器。正如将在本章后面看到的，如果要修改 UV 坐标，可以在顶点着色器中修改该值，但由于顶点着色器没有写入该变量，因此 Godot 将网格的 UV 坐标写入了该变量。

通过这些更改，可以指定网格表面的纹理以及边缘光效果的颜色来源。图 18-5 显示了设置一个使用大理石纹理的材质用于网格，一个木纹纹理作为边缘光颜色的最终效果。

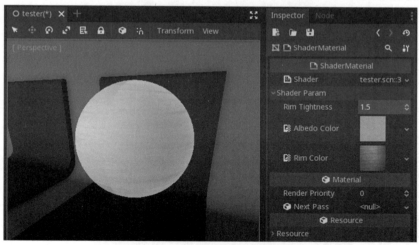

图 18-5　边缘光着色器的最终输出

18.5 自定义顶点着色器

到目前为止，我们非常乐意让引擎处理将顶点位置和 UV 坐标发送到管线正确部分的工作，但是在很多情况下，你可能希望亲力亲为并做一些额外操作。例如，假设我们希望边缘光着色器也添加一些基于时间的顶点动画，就像我们在第 15 章中所见。为此，我们告诉引擎，需要自己处理顶点位置的变换，然后添加所需的数学运算。

为了指定我们将自己处理数学运算，需要在着色器开始处向 render_mode 语句添加一个新的标志。需要添加的标志是"skip_vertex_transform"，它可以根据需要与其他渲染模式标志进行组合。代码清单 18-5 展示了一些示例。

代码清单 18-5 render_mode 标志示例

```
render_mode skip_vertex_transform;
render_mode diffuse_lambert, skip_vertex_transform;
render_mode diffuse_burley,specular_blinn,skip_vertex_transform;
```

指定了 skip_vertex_transform 的着色器需要处理顶点位置和法线的变换。与之前的项目不同，即使启用了 skip_vertex_transform，Godot 仍将为我们处理投影矩阵，因此只需要将数据乘以一个组合了模型和视图矩阵的矩阵——Godot 将其作为变量 MODELVIEW_MATRIX 提供。可以从第 15 章的顶点动画中看到一个示例，如代码清单 18-6 所示。

代码清单 18-6 Godot 着色器中的自定义顶点动画

```
shader_type spatial;
render_mode skip_vertex_transform;

void vertex(){
    vec3 finalPos = VERTEX + vec3(0,sin(TIME),0);

    VERTEX = (MODELVIEW_MATRIX * vec4(finalPos, 1.0)).xyz;
    NORMAL = (MODELVIEW_MATRIX * vec4(NORMAL, 0.0)).xyz;
}
```

18.6 UV 动画

将动画应用于 UV 坐标甚至比设置顶点位置动画更容易，因为如果我们只想修改

UV，就不必自己处理顶点变换。代码清单 18-7 展示了一个简单的着色器，它在网格的
UV 空间的 X 方向滚动纹理。

代码清单 18-7　简单 UV 动画的 Godot 着色器

```
shader_type spatial;
uniform sampler2D albedo;

void vertex()
{
    UV += vec2(TIME * 0.1, 0.0);
}

void fragment()
{
    ALBEDO = texture(albedo, UV).rgb;
}
```

18.7　半透明着色器和混合模式

在 Godot 中制作半透明材质与我们已经编写的着色器没有太大不同。默认情况下，
任何片元着色器都可以写入 ALPHA 输出变量并成为 alpha 混合着色器。要使用不同的
混合模式，只需要将另一个标志添加到着色器的渲染模式中即可。Godot 提供了 4 种可
能的混合模式，总结如下。

- **Blend_Mix**　如果未指定默认值，则使用该值。这是标准的 alpha 混合，我们以
  前见过。Blend_Mix 的混合方程为：

  ```
  vec4 finalColor = src * src.a + (1.0 - src.a) * dst;
  ```

- **Blend_Add**　这是你将用于加法混合的混合模式，我们已经在本书中见过多次
  了。这对应于混合方程：

  ```
  vec4 finalColor = src + dst;
  ```

- **Blend_Sub**　我们以前没有见过这种混合，但它被称为"减法混合"。这对应于
  混合方程：

  ```
  vec4 finalColor = dst - src;
  ```

- **Blend_Mul** 我们以前从未见过的另一种混合模式，称为"乘法混合"。它的混合方程是：

```
vec4 finalColor = dst * src;
```

使用这些混合模式非常简单，只需要指定要在 render_mode 行中使用的混合类型，然后写入 alpha。例如，代码清单 18-8 显示了一个乘法混合着色器。请注意，对于 Blend_Mix 模式以外的混合模式，无须写入 alpha 即可获得该类型的混合，因为如果你不写入，Godot 将自动把 alpha 设置为 1.0。

代码清单 18-8　乘法混合 Godot 着色器

```
shader_type spatial;
render_mode blend_mul, unshaded;

void fragment()
{
    ALBEDO = vec3(5,0,1);
}
```

如果把这个材质球应用在物体上，将得到一个半透明的物体，该物体可以增强在其后面的物体的红色分量，并去掉所有绿色分量。由于它使用乘法混合，红色的增加量将与网格后面渲染的片元中已有的红色成比例。绿色将被完全删除，因为我们将把这个通道乘以 0。图 18-6 显示了一个示例。

图 18-6　使用乘法混合着色器

18.8　将数据从代码传递到着色器

除了通过 Godot 编辑器设置统一变量的值之外，还可以在运行时在代码中设置和更改这些值。与大多数具有材质资源类型的引擎一样，要将统一变量的数据传递给材质，可以编写代码在材质对象本身上设置该属性。要完成此操作，需要对要向其传递数据的材质调用 set_shader_param()函数。此函数接收两个参数：第一个参数是要写入的统一变量的字符串名称，第二个参数是要写入的数据。代码清单 18-9 展示了如何在GDScript(Godot 的专有脚本语言)中进行此操作的几个示例。

代码清单 18-9　在 GDScript 中设置统一变量的值

```
extends MeshInstance

func _ready():
    var mat = get_surface_material(0);
    mat.set_shader_param("albedo_color", Vector3(5,0,1));

    pass
```

可以使用许多不同的语言为 Godot 项目编写代码，因此你将使用的特定语法当然会根据你选择使用 GDScript 还是 Godot 支持的其他语言而稍有变化。但是，在材质对象上设置参数的核心概念无论如何都将保持不变。

18.9　未来：可视化着色器编辑

本章中我要提到的最后一件事是，如果不想编写着色器代码，或者希望能够使不会编写着色器代码的团队成员能够创建自己的材质，那么有个好消息：Godot 引擎的开发人员正在开发一种可视化着色器编辑器，其外观与 UE4 非常相似。在撰写本章时使用的引擎版本中还没有该功能，但是它似乎已准备在未来版本的引擎中发布，因此也许在你阅读本章时，它将成为你工具箱中的另一个工具。

现在，我们只能手动编写着色器代码，这意味着我们已经结束了关于使用 Godot 引擎的章节。在我们研究过的 3 个引擎中，Godot 的着色语言最接近我们在 openFrameworks项目中编写的内容，如果你希望进一步提高，Godot 可能是一个很好的选择，可以开始使用我们在本书中学到的所有知识。

18.10　小结

你已经完成了本书的所有内容！祝贺你！以下是本章内容的简要小结：

- Godot 着色器使用自定义着色语言编写，该语言基于 GLSL 的一个子集。
- 引擎提供了几个内置的光照模型实现，可以使用传递给"render_mode"声明的参数来选择这些实现。
- 片元着色器可以通过写入引擎提供的 out 变量来控制渲染物体的外观。本章提供了其中常用的一些值的列表，并且我们编写一个使用这些输出创建自定义边缘光着色器的示例。
- 顶点着色器也有几个 out 变量，可以选择写入这些变量。我们编写了一个使用这些变量实现自定义顶点动画的示例。
- "render_mode"语句也可用于指定渲染半透明几何体时要使用的混合方程。我们查看了一个使用乘法混合模式的示例。
- 可以使用 set_shader_param()函数将数据从代码传递到着色器。我们在 GDScript 中查看了一个执行此操作的示例。

附录 A

重要代码片段

本文中引用了两个代码片段，这两个代码片段对于你能够独立完成示例非常重要。如果你在阅读本书时没有访问在线代码示例，在这里包含了这两个代码片段。

A.1　计算网格的切线

代码清单 A-1 包含了计算网格切线向量并将这些向量存储在网格顶点颜色中所需的代码。

代码清单 A-1　CalcTangents()函数

```
void calcTangents(ofMesh& mesh){
    using namespace glm;
    std::vector<vec4> tangents;
    tangents.resize(mesh.getNumVertices());

    uint indexCount = mesh.getNumIndices();

    const vec3* vertices = mesh.getVerticesPointer();
    const vec2* uvs = mesh.getTexCoordsPointer();
    const uint* indices = mesh.getIndexPointer();

    for (uint i = 0; i < indexCount-2; i += 3){
        const vec3& v0 = vertices[indices[i]];
        const vec3& v1 = vertices[indices[i+1]];
        const vec3& v2 = vertices[indices[i+2]];
        const vec2& uv0 = uvs[indices[i]];
        const vec2& uv1 = uvs[indices[i+1]];
```

```
        const vec2& uv2 = uvs[indices[i+2]];

        vec3 edge1 = v1 - v0;
        vec3 edge2 = v2 - v0;
        vec2 dUV1= uv1 - uv0;
        vec2 dUV2= uv2 - uv0;

        float f = 1.0f / (dUV1.x * dUV2.y - dUV2.x * dUV1.y);

        vec4 tan;
        tan.x = f* (dUV2.y * edge1.x - dUV1.y * edge2.x);
        tan.y = f* (dUV2.y * edge1.y - dUV1.y * edge2.y);
        tan.z = f * (dUV2.y * edge1.z - dUV1.y * edge2.z);
        tan.w = 0;
        tan = normalize(tan);

        tangents[indices[i]] += (tan);
        tangents[indices[i+1]] += (tan);
        tangents[indices[i+2]] += (tan);
    }

    for (int i = 0; i < tangents.size(); ++i){
        vec3 t = normalize(tangents[i]);
        mesh.setColor(i, ofFloatColor(t.x, t.y, t.z, 0.0));
    }
}
```

A.2 ofxEasyCubemap 类

代码清单 A-2 和 A-3 包含了 ofxEasyCubemap 类的源代码, 编写该类的目的是允许你在示例过程中创建自己的 cubemap 对象, 而不必自己编写 OpenGL 代码。

代码清单 A-2 ofxEasyCubemap.h 文件

```
#pragma once

#include "ofURLFileLoader.h"
#include "uriparser/Uri.h"
```

```cpp
#include "ofTexture.h"
#include "ofImage.h"

class ofxEasyCubemap
{
public:
    ofxEasyCubemap();
    ~ofxEasyCubemap();
    ofxEasyCubemap(const ofxEasyCubemap& other) = delete;
    ofxEasyCubemap& operator=(const ofxEasyCubemap& other) = delete;

    bool load(const std::filesystem::path& front,
            const std::filesystem::path& back,
            const std::filesystem::path& left,
            const std::filesystem::path& right,
            const std::filesystem::path& top,
            const std::filesystem::path& bottom);
    ofTexture& getTexture();
    const ofTexture& getTexture() const;

private:
    ofTexture textureData;
    unsigned int glTexId;
    ofImage images[6];
};
```

代码清单 A-3　ofxEasyCubemap.cpp 文件

```cpp
#include "ofxCubemap.h"
#include "ofGLUtils.h"

ofxEasyCubemap::ofxEasyCubemap()
{
    glEnable(GL_TEXTURE_CUBE_MAP);

    textureData.texData.bAllocated = false;
    textureData.texData.glInternalFormat = GL_RGB;
    textureData.texData.textureID = 0;
```

```
    textureData.texData.textureTarget = GL_TEXTURE_CUBE_MAP;
}

ofxEasyCubemap::~ofxEasyCubemap() {
    glDeleteTextures(1, &glTexId);
}

bool ofxEasyCubemap::load(const std::filesystem::path& front,
                          const std::filesystem::path& back,
                          const std::filesystem::path& right,
                          const std::filesystem::path& left,
                          const std::filesystem::path& top,
                          const std::filesystem::path& bottom)
{
    bool success = images[0].load(right);
    success |= images[1].load(left);
    success |= images[2].load(top);
    success |= images[3].load(bottom);
    success |= images[4].load(front);
    success |= images[5].load(back);

if (!success)
{
    fprintf(stderr, "ERROR: EasyCubemap failed to load an image");
    return false;
}

unsigned int faceWidth = images[0].getWidth();
unsigned int faceHeight = images[0].getHeight();

glGenTextures(1, &glTexId);
glBindTexture(GL_TEXTURE_CUBE_MAP, glTexId);

glTexParameteri(GL_TEXTURE_CUBE_MAP,
                GL_TEXTURE_WRAP_S,
                GL_CLAMP_TO_EDGE);
```

```
glTexParameteri(GL_TEXTURE_CUBE_MAP,
                GL_TEXTURE_WRAP_T,
                GL_CLAMP_TO_EDGE);

glTexParameteri(GL_TEXTURE_CUBE_MAP,
                GL_TEXTURE_WRAP_R,
                GL_CLAMP_TO_EDGE);

glTexParameteri(GL_TEXTURE_CUBE_MAP,
                GL_TEXTURE_MAG_FILTER,
GL_LINEAR);

glTexParameteri(GL_TEXTURE_CUBE_MAP,
                GL_TEXTURE_MIN_FILTER,
                GL_LINEAR);

unsigned char* faceData[6];

for (int i = 0; i < 6; ++i){
    if (images[i].getWidth() != faceWidth ||
        images[i].getHeight() != faceHeight){

        fprintf(stderr, "ERROR: Not all textures are the same size\n");

        return false;
    }

    faceData[i] = images[i].getPixels().getData();

glTexImage2D(GL_TEXTURE_CUBE_MAP_POSITIVE_X+i,
             0,
             images[i].getTexture().texData.glInternalFormat,
             faceWidth,
             faceHeight,
             0,
             ofGetGLFormat(images[i].getPixels()),
             GL_UNSIGNED_BYTE, faceData[i]);
}
```

```
    textureData.texData.textureID = glTexId;
    textureData.texData.bAllocated = true;

     return true;
}

const ofTexture& ofxEasyCubemap::getTexture() const
{
    return textureData;
}

ofTexture& ofxEasyCubemap::getTexture()
{
    return textureData;
}
```